Braun/Gawlas/Schmalz/Dauz

●

Die Coaching-Fibel

Roman Braun ■ Helmut Gawlas ■
Amanda Schmalz ■ Edgar Dauz

Die Coaching Fibel

Vom Ratgeber zum High Performance Coach

LINDE
international

Bibliografische Information Der Deutschen Bibliothek

Die Deutsche Bibliothek verzeichnet diese Publikation in der Deutschen Nationalbibliografie; detaillierte bibliografische Daten sind im Internet über http://dnb.ddb.de abrufbar.

ISBN 3-7093-0043-6

Trinergy®, Team-Formation®, Hypno-Rhetorik® und Timeline-Coaching® sind eingetragene Wortmarken von Roman Braun.

Kontakt: Trinergy International, Linzer Straße 77, A-1140 Wien, Österreich. Tel.: (+43)1 985 10 60, Homepage: www.trinergy.at

Umschlag: AG MEDIA GmbH
LINDE VERLAG WIEN Ges.m.b.H., Wien 2004
1210 Wien, Scheydgasse 24, Tel.: +43/1/24 630
www.lindeverlag.at

Druck: Hans Jentzsch & Co. GmbH., 1210 Wien, Scheydgasse 31

Für meinen Sohn Georg Braun
und seinen ersten Coach,
meine Frau Monika Braun,
in Dankbarkeit.

Roman Braun

INHALT

Inhalt

DIE KUNST DES COACHING

DER COACH

> WENN DU RAT MÖCHTEST, SUCHE JEMANDEN,
> DER WENIGER VON DER SACHE VERSTEHT ALS DU.
> NUR DANN KANN ER WERTVOLL SEIN.
>
> OSCAR WILDE

Der Rhetoriklehrer Isokrates wurde auf dem Platz vor der Akropolis von einem Neider öffentlich zur Rede gestellt: „Du, der du noch nie selbst ein Wort an eine Versammlung gerichtet hast, wie kannst du es wagen, andere in der Kunst des Redens zu unterrichten?"
Isokrates ist zu Zeiten Platons der bedeutendste Rhetoriklehrer Griechenlands. Obwohl er wegen seiner schwachen Stimme von öffentlichen Auftritten und einer eigenen politischen Karriere absieht, geht die geistige Elite in seine Schule: von den Historikern Ephoros und Theopompos über die Politiker Demosthenes und Timotheos, bis hin zu den Königen Euagoras von Zypern und Archidamos aus Sparta, ja selbst der Vater von Alexander dem Großen, Philipp von Makedonien, findet zu ihm.
Neider hatte Isokrates daher viele, aber nach seiner Antwort an jenen wurde er nie wieder öffentlich angegriffen. Seine Replik war: „Wenn du ein Messer schleifen wolltest, was würdest du nehmen: ein anderes Messer oder einen Schleifstein?"

DER KLIENT

> THERE IS A CRACK IN EVERYTHING.
> THAT'S HOW THE LIGHT GETS IN.
>
> LEONARD COHEN

Das Kranseil reißt, als man im Jahr 1955 im Zuge des Umbaus des „Wat Trimitr"-Tempels im Chinesenviertel Bangkoks eine 3,5 Meter hohe Buddha-Statue aus Gips an ihren endgültigen Platz hieven möchte. Die Figur stürzt ab, bekommt einen Sprung, einer der Mönche begutachtet den Schaden, leuchtet in den Spalt und ist geblendet von dem Licht, das ihm aus dem Inneren entgegenkommt.

Ein 700 Jahre alter Buddha aus purem Gold wird freigelegt, viel zu schwer für das Kranseil: 5,5 Tonnen! Ursprünglich stammt er aus Ayuthaya und wurde 1767 von den dortigen Mönchen vor den einfallenden Birmanen hinter Gips versteckt. Danach begingen sie kollektiv Selbstmord, damit keine Folter ihnen das Geheimnis entlocken könnte.

Fast 200 Jahre lang wurde eine Gipsstatue bewacht und verehrt, nicht wissend, was sie verbirgt und was ihre wahre Geschichte ist.

DAS COACHING

> DER ERLEUCHTUNG IST ES EGAL,
> WIE DU SIE ERLANGST.
>
> ZEN-KOAN

Mulla Nasrudin wird um Rat gebeten. Drei Söhne haben von ihrem Vater eine Kamelherde geerbt, 17 Kamele mit dem Auftrag, sie nach dem folgenden Verhältnis untereinander zu teilen, ohne eines der Kamele zu verletzen: Der Älteste soll die Hälfte bekommen, der Zweite ein Drittel, der Jüngste ein Neuntel. Nasrudin denkt nach, holt eines seiner Kamele, fügt es der Herde hinzu und nimmt die Aufteilung vor: 9 für den Ersten, 6 für den Zweiten, 2 für den Dritten, in Summe 17.

Mit dem verbleibenden 18. Kamel geht er wieder heim.

WARUM VERÄNDERUNG KEINE ARBEIT SEIN DARF

> KÖNIG MILINDA ZU MEISTER NAGASENA:
> „ICH WÜRDE GERNE EINE FRAGE STELLEN, WÜRDEST DU SIE BEANTWORTEN?"
> NAGASENA: „STELL DEINE FRAGE!"
> KÖNIG: „ICH HABE SIE SCHON GESTELLT."

NAGASENA: „ICH HABE SIE SCHON BEANTWORTET."
KÖNIG: „WAS HAST DU GEANTWORTET?"
NAGASENA: „WAS HAST DU GEFRAGT?"
KÖNIG: „ICH HABE NICHTS GEFRAGT."
NAGASENA: „ICH HABE NICHTS GEANTWORTET."

MILANDAPANHA

Nur alles. Wir haben seit 20 Jahren die exzellentesten Coachs der Gegenwart und Vergangenheit studiert, die Erkenntnisse in der eigenen Praxis erprobt und eigene Entwicklungen hinzugefügt. Trotzdem wäre die Summe aller Strategien und Techniken zu wenig, um als Coach die gleiche Virtuosität zu zeigen wie unsere Vorbilder. Denn Coaching ist auch und zuallererst Charaktersache, eine Frage der Einstellung.

Der Coach – ein exzellenter Mitmensch. Wollte man die Einstellung lernen, müsste man sich in die Lage der großen Menschenveränderer versetzen, ihren Blick erlernen, dem nichts entgeht, der aber auch nichts zurückhält, ihre Kreativität, die geniale Lösungen gebiert, aber es auch aushält, wenn sie nicht angenommen werden, ihre Sprache, die geschliffen ist wie ein Skalpell, aber auch wie ein Dolch. Geht man all dem auf den Grund, ergeht es einem wie Zenon, der in der Nacht nach den Sternen schaut und dabei fünf Meter tief in eine Grube fällt: Man findet Mitmenschlichkeit in ihrer reinsten Form.

Überraschende Interpretation. Die Grundoperation von Bewusstsein könnte man nach Humberto Maturana und Niklas Luhmann als „das Interpretieren von Überraschungen" bezeichnen. Im Fluss („autopoietisch") wäre das Bewusstsein dann, wenn die Interpretation der letzten Überraschung die nächste Überraschung ermöglicht. Ein Klient wäre demnach jemand, der feststeckt in einer Interpretation von sich selbst, anderen und/oder der Welt. Ein Coach wäre dann jemand, der davon überrascht ist, dass sich der Klient mit seinen unendlichen Möglichkeiten schon seit geraumer Zeit in Bezug auf ein Thema nicht mehr überraschen kann.

WENN DU EIN BOOT IN DEN FLUSS SCHIEBST,
UND ES DANN TAUSEND MEILEN FÄHRT BIS ZUM MEER,
WEM GEBÜHRT DAS VERDIENST FÜR DIE REISE:
DEM SCHIEBENDEN ODER DEM FLUSS?

(AUFLÖSUNG AM ENDE DES BUCHES)

Mut zur Lösung. Für Coaching bedeutet das: Der Coach stellt sein Bewusstsein in den Dienst des Klienten, sodass der Klient gemeinsam mit dem Coach wieder anfangen kann sich selbst zu überraschen. Daher haben Lösungen immer etwas Unerwartetes, sind nicht immer bequem, bisweilen nicht mal angenehm, aber immer hilfreich. Mitmenschlichkeit hat das immer geboten: Der Rat des besten Freundes war oft erschütternd, aber immer ehrlich bemüht. Der Hofnarr hat sein Leben riskiert für das Zeigen des unbequemen Spiegelbildes.

Die Kunst, ein Mitmensch zu sein. Möglicherweise hängt der steigende Coaching-Bedarf mit einer Abnahme der Mitmenschlichkeit zusammen. Weil zu oft das Bequeme, das sich Nichteinlassen auf andere oder auf unbequeme Lösungen gewählt wird, weil wir kein Gegenüber mehr haben oder sein wollen. Daher heißt besser zu werden als Coach: besser zu werden als Mitmensch. Die folgenden Strategien und Techniken sind dafür nur Wegweiser. Wenn Sie das wissen, dann können sie nützlich sein.

Viel **SPASS** *auf der Reise!*

1 ZEHN GEWOHNHEITEN EXZELLENTER COACHS

Coaching ist Charaktersache – Gewohnheiten bestimmen den Charakter

1-Minuten-Gewohnheiten. Wenn Sie es leicht haben wollen als Coach, dann sorgen Sie für die passenden Gewohnheiten, denn dann werden Sie, ohne lange zu überlegen, wissen, wo es langgeht, welcher Weg Sie und Ihren Klienten einer Lösung näher bringt. Daher nützen Sie jede Gelegenheit, um die nötige Einstellung und die dazu passenden Gewohnheiten zu entwickeln; nicht nur, wenn die Coaching-Uhr tickt, sondern jedes Mal, wenn Sie jemandem Mitmensch sein wollen. Denn die besten Coachs hören nicht am Ende der 50-Minuten-Stunde auf Coach zu sein, sondern bleiben Mitmensch, auch wenn die Coaching-Stunde beginnt! Gleichzeitig sind die folgenden zehn Beispiele auch „1-Minuten-Coachings" und wirken, weil sie für Prinzipien stehen, die später im Buch erläutert werden.

1. HÖRBAR ZUHÖREN

Machen Sie den ersten Schritt zuerst – lassen Sie es POPen

Marta hat sich bereit erklärt, mit K, einem Kollegen einer anderen Abteilung, zu reden. Sie bittet K, sein Problem zu schildern.

Ks rechtes Knie wippt auf und ab: „Marta, ich bin verzweifelt. Ich habe mir zu viel aufgeladen. Ich zeige immer auf, wenn mich eine Aufgabe interessiert. Ich habe Spaß an der Arbeit, aber es ist schon viel zu viel. Jetzt habe ich Verantwortung übernommen und kann nicht mehr zurück. Keine Ahnung, wie ich da wieder rauskomme. Wenn ich das nicht löse, gehe ich früher oder später vor die Hunde ...“

Marta: „Ich verstehe. Nehmen wir an, das Problem wäre schon gelöst. Was hätte sich für dich geändert?“

Ks Knie ruhen kurz, wippen dann weiter: „Welche Lösung? Ich weiß einfach keine Lösung. Ich kann nicht von heute auf morgen alles hinschmeißen. Ich habe keine Ahnung, wie es weitergehen soll ...“, versucht K wieder minutenlang glaubhaft zu machen.

Was tun? So könnte es noch stundenlang weitergehen: Ein Pingpong-Spiel zwischen Lösungsversuch und Problembewusstsein. Ist K somit ein hoffnungsloser Fall? Wie würden Sie als Coach handeln, um K aus der Problemecke zu holen?

Das Kind will geschaukelt sein. Martas Idee, die Aufmerksamkeit von K auf Lösungen statt Probleme zu lenken, kommt zu früh. K muss zuerst wissen, dass er mitsamt seinem Problem gehört wurde. Dabei handelt es sich um ein Grundbedürfnis: Die einzige aktive Sozialkompetenz, mit der wir geboren werden, ist laut zu schreien, wenn etwas nicht in Ordnung ist. Alles andere, selbst Lächeln, Gesten, Lautbildung, kommt später dazu. Und die erste Reaktion von Eltern auf das Schreien des Kindes ist, es wissen zu lassen, dass es gehört wird. Anscheinend schlummert in jedem von uns noch dieses Kind, das geschaukelt werden möchte, zeigt eine holländische Studie aus dem Jahr 2003: In einem Restaurant wiederholt die Hälfte der Bedienungen die Bestellungen der Gäste wörtlich. Die anderen Kellner sagen lediglich etwas Positives wie „Kommt sofort“. Kellner und Kellnerinnen erhielten im Schnitt beinahe doppelt so viel Trinkgeld, wenn sie den Wortlaut ihrer Gäste wiederholten!

POPen Sie öfter mal! Auch wenn Sie nicht auf Trinkgeld aus sind: POPen Sie öfter mal, vor allem am Anfang der Sitzung, Sie schaffen damit eine gemeinsame Basis und Vertrauen. So geht's:
Paraphrasieren Sie das Problem-Statement und zeigen Sie damit, es gehört und verstanden zu haben.

Outen Sie sich: Zeigen Sie danach eine nonverbale Reaktion, natürlich nur jene, die Ihrem tatsächlichen Empfinden entspricht. Dadurch beweisen Sie, dass die Botschaft des anderen Sie auch emotional erreicht hat.

Pausieren Sie: Warten Sie, lösen Sie sich von der Idee, etwas sagen zu müssen, und blicken Ihrem Klienten ruhig in die Augen.

Oft genug reduzieren die ersten beiden Schritte den Stress von K genügend, sodass K eigene Lösungsideen entwickeln kann.

> *Marta beugt sich vor zu K: „K, Sie sind verzweifelt, haben sich zu viel aufgeladen, weil Sie immer aufzeigen, wenn Sie eine Aufgabe interessiert. Sie haben zwar Spaß an der Arbeit, aber jetzt ist es Ihnen schon zu viel."*
>
> *K nickt: „Genau."*
>
> *Marta nickend: „Hm."*
>
> *K hat inzwischen aufgehört mit den Fingern zu trommeln. Anfangs fiel es ihm schwer, Martas Blick zu erwidern, jetzt wirkt er gelöst. Er lehnt sich auch zurück: „Natürlich ist es immer leichter, Aufgaben abzugeben, als alles selbst zu machen."*

Effekt. Niklas Luhmann meint, das Ergebnis von Kommunikation sei nicht Übermittlung von Information, sondern Erhöhung der Redundanz, d.h. die Information, die vorher nur einer hatte, haben dann zwei. Für K bedeutet das eine Entlastung: Er ist damit in diesem Dialog nicht mehr der Einzige, der für Problembewusstsein zuständig ist. Jetzt ist es K auch möglich, aus der Distanz auf das Problem zu schauen und darüber hinaus. Marta hat gelernt, dass die Eier erst gelegt werden müssen, bevor man sie kochen kann, und wird sich daran gewöhnen!

2. DIE PARE-FRAGE

Ursachenforschung einmal anders – die PAradoxe REssourcen-Frage!

> *Das Vorstandsmeeting ist zu Ende. Gerhard will den Besprechungsraum verlassen. Da bittet ihn sein Kollege K um ein Gespräch.*

„Gerhard, Sie kennen meinen Pressechef. Ich mache mir Sorgen um ihn: Er hat exzellente Kontakte zur Presse und fand bisher immer die richtigen Worte. Bloß seit einiger Zeit verschläft er die besten Gelegenheiten, unser Unternehmen ins rechte Licht zu rücken. Ich wüsste zu gerne die Ursache: Überarbeitung, Burn-out, familiäre Probleme oder Team-Probleme. Ich muss hinter die Ursache kommen, sonst kann ich ihm nicht helfen. Gerhard, was meinen Sie?"

Gerhard schaut eine Zeit lang zu Boden und meint dann: „Nun ja. Er ist sehr ehrgeizig und selbstkritisch. In letzter Zeit sind ihm ein paar Dinge misslungen. Es kann aber auch sein, dass er eine neue Freundin hat, da vergisst er die Welt. Oder Sie haben ihn irgendwo übergangen. Kann das sein?"

K zuckt mit den Schultern: „Gerhard, ich weiß es auch nicht."

Was tun? Abgesehen davon, dass Ursachenforschung ohne den Betroffenen müßig ist: Welchen Beitrag liefert die Diskussion zur Lösung des Problems? Gerhard und K können noch lange über Ursachen spekulieren, das Ergebnis bliebe gleich: keine Lösung in Sicht. Und selbst wenn sie eine Ursache gefunden hätten, wo wäre dann die Lösung? Soll die Ursache darüber Auskunft erteilen? Wie kann Gerhard das Gespräch lenken, Ks Denken auf Lösungen hin zu orientieren? Was wäre Ihr nächster Satz oder welche Frage würden Sie stellen?

Nicht die beste aller Welten, aber auch nicht die schlechteste. Eigentlich wollen Gerhard und K das Problem lösen und sie meinen, das über den Umweg der Ursache zu schaffen. Es ist aber fraglich, ob K in seiner derzeitigen Denkorientierung fit genug ist, in Lösungen zu denken. Das Denken in Ursache-Wirkungs-Prinzipien ist weit verbreitet, die schlimmste Form davon: Sobald wir eine Situation als Problem bezeichnen, suchen wir nur mehr Problemursachen und vergessen dabei, dass es auch schlimmer hätte kommen können und dass es auch für die Verhinderung des Schlimmsten genügend Ursachen gibt; diese könnten wir Ressourcen nennen!

Die Kehrtwendung. Wir brauchen also eine Strategie, die einerseits dem Ursache-Wirkungs-Denken des Klienten entspricht und ihn andererseits auf Ressourcen hin orientiert. Bauen Sie zuerst eine Beziehung auf, die trägt. Zeigen Sie, dass Sie das Problem und die Suche nach Ursachen verstehen, und dann stellen Sie die PaRe-Frage, die **PA**radoxe **RE**ssourcen-

Frage: „WARUM IST ES NICHT NOCH SCHLIMMER?". Diese Frage zielt weiterhin auf Ursachen ab, aber auf einer subtilen Ebene wurde die Richtung gewechselt: Es wird nicht mehr nach den Verschlimmerungsursachen gesucht, sondern nach Verbesserungsursachen; das Nachdenken über Ressourcen hat begonnen!

> *Gerhard hört K zu, macht eine kurze Pause und antwortet:*
> *„Ja, ich kenne Ihren Pressesprecher gut. Mir ist klar, dass Sie gerade jetzt die Presseabteilung dringend brauchen. Das zu lösen hätte bei mir auch Priorität. Die alles entscheidende Frage, die Sie einer Lösung viel näher bringen kann – und ich denke, darauf sollten wir uns konzentrieren –, ist wahrscheinlich: ,WARUM IST ES NICHT NOCH SCHLIMMER?'"*

> *K setzt zur Antwort an, bricht aber gleich wieder ab und beginnt nachzudenken.*

> *„Interessante Frage, Gerhard, ich glaube, ein Grund ist: Er zieht sich manchmal in sein Büro zurück. Er sagt, er braucht das, um wieder zu sich zu finden. Aber es fehlt ihm die Zeit dazu, vielleicht sollte ich ihm raten, das öfter zu tun."*

Effekt. Nun beginnen sich Ks Synapsen neu auszurichten, andere Vernetzungen einzugehen. Ressource-orientiertes Denken nützt andere neuronale Verbindungen als problemorientiertes Denken. Wenn das geschehen ist, stehen diese neuen Verbindungen K auch in anderen ähnlichen Situationen zur Verfügung. Mit seiner Gewohnheit, mittels der PaRe-Frage Problemdenken auf den Kopf zu stellen, hat Gerhard es geschafft, K eine weitere nützliche Denkstrategie zu schenken, die er gerne annehmen und nützen wird.

3. ALLPARTEILICHKEIT

Kaufen Sie dem Klienten das Drama nicht ab – schauen Sie lieber gemeinsam dahinter

Werner trinkt in der Cafeteria des Unternehmens seinen Kaffee. Er will schon gehen, da stellt sich K zu ihm und flüstert:

„Werner, das kannst du dir nicht vorstellen: Eva hat sich beim Chef über mich beklagt, ich würde den ganzen Tag privat telefonieren und lasse die Kollegen hängen. Ich bin fassungslos, wie stehe ich da? Das macht sicher bald die Runde unter den Kollegen, dann brauche ich mich in der Abteilung nicht mehr blicken lassen. Was hat sich Eva dabei nur gedacht? Kannst du das verstehen? ...“

Die Klage dauert etwa zwei Minuten, Werner spürt, wie die Worte ihn gefangen nehmen und bedrücken. Die Ohren verschließen kann er nicht, er muss sich das anhören und spürt, wie ihm diese Situation die Kräfte raubt und ihn scheinbar hilflos macht. Er kramt verzweifelt nach Ratschlägen, doch sie scheinen verschüttet vom Müll der Klagen.

„Nein, so etwas, das versteh ich auch nicht“, ist dann alles, was Werner einfällt.

Was tun? In Ks Klagelied mit einstimmen und sich über Eva zu empören würde alles nur noch schlimmer machen. Auch seine Freude darüber zu genießen, dass der Chef endlich die Wahrheit über K erfährt, und gehen ohne zu helfen würde keine Verbesserung bringen. Aber was ist dann die Lösung, was kann man tun, wenn sich jemand über andere beklagt?

Die Einsamkeit des Opfers. K erlebt sich als Opfer seiner Kollegin. Typisch dafür ist: Er hat nur mehr sich selbst im Blick. Das macht für Opfer scheinbar Sinn, denn so meint man für sich selbst und die eigene Sicherheit sorgen zu können. Der Nachteil: Die anderen Beteiligten und deren Weltsicht werden ausgeblendet, zuerst kurzfristig zur Herstellung der eigenen Sicherheit, dann aber auch dauerhaft. Mit dieser Strategie sind allerdings Beziehungsprobleme nicht lösbar, im Gegenteil: Das Gefühl des Ausgeliefertseins entsteht, Fronten bilden sich, Grabenkämpfe beginnen oder werden verschärft. Wenn es Werner also nicht gelingt, Ks Sicht der Situation zu weiten, wird auch er Teil der Opfer-Koalition, wird nicht helfen können, Ratschläge werden verschlimmernd wirken und danach wird sich Werner irgendwie ausgelaugt fühlen, ohne zu wissen, warum.

Die anderen Stiefel. Lassen Sie also Ihren Gesprächspartner die problematische Situation aus andern Blickwinkeln betrachten. Stellen Sie Fragen, die ihm helfen, sich in seine Gegenüber hineinzuversetzen; vor allem die Sicht des angeblichen Missetäters ist wertvoll für den Klagenden: „Wenn jemand den anderen fragen würde, wie er die Situation wahrnimmt, was würde der sagen?" Das Nachdenken darüber, wie andere die Problemsituation wahrnehmen, führt den Gesprächspartner aus den eigenen negativen Gefühlen heraus. Er bekommt den Kopf frei für lösungsorientiertes Denken, was vorher unter dem Druck der negativen Gefühle nicht denkbar war.

Werner sucht Blickkontakt und fragt nach: „Hab ich dich richtig verstanden? Du sagst: Eva hat sich beim Chef über dich beklagt, weil sie meint, du lässt die Kollegen hängen? Sag mal, wenn jemand deine Kollegen fragen würde, was würden die sagen?"

Ks Blick wandert über die kleinen Stehtische der Cafeteria. Nach einigem Schweigen antwortet er: „Na ja, der Neue würde zum Beispiel sagen: Manchmal führt K schon Privatgespräche, aber das tun wir ja alle."

Werner: „Aha, und was würde Markus sagen?"

Jetzt überlegt K nicht lange: „Das ist klar. Markus würde sagen: Mit wem K telefoniert, ist mir egal. Und als Kumpel ist er ganz in Ordnung. Thomas allerdings würde wahrscheinlich kritisch anmerken, dass ich ihn nicht immer voll unterstütze. Und da hat er auch Recht. Ich hab mir ohnedies schon mehrfach vorgenommen, mit ihm darüber zu reden. Aber das rechtfertigt noch lange nicht, was Eva getan hat."

Werner nützt die Gelegenheit: „Genau, was würde denn die Eva sagen, wenn sie jemand fragt?" K: „Ach, die ... Ich habe sie ein paar Mal warten lassen während eines Telefonats. Wahrscheinlich nimmt sie mir das krumm ..."

Effekt: Auch wenn die Antworten weiterhin mit Klagen durchwachsen sind, die Reaktion zeigt: K beginnt, die Dinge anders zu sehen, und denkt über Veränderung nach. Von da aus ist der Weg zu ersten Lösungsideen nicht weit. Werner hat mit wenigen Fragen ganze Arbeit geleistet. Er hat sich und K aus dem Opfersumpf befreit, die Denkarbeit dabei hat K geleistet, er kann sich später für die Lösung auch verantwortlich fühlen. Werner hat die Energien aller Beteiligten geschont und hat eine exzellente Coaching-Gewohnheit mehr: Der gemeinsame Blick aufs Ganze!

4. DIE AUSNAHME WIRD ZUR REGEL

Vom Guten des Alten – nützen Sie, was der Klient schon hat!

Angelika erhielt von K, dem Chef eines mittleren Unternehmens, den Auftrag, ihm zu helfen: Er habe Probleme, vor seinen Mitarbeitern zu reden. Manchmal klappt es ganz gut, aber meistens versagt er, oft gerade in entscheidenden Situationen.

Angelika: „K, wann haben Sie die nächste Gelegenheit, vor Ihren Mitarbeitern zu reden?"

Er überlegt kurz: „In drei Wochen ist die Bilanz des Vorjahres fertig; ich will ihnen das Ergebnis präsentieren."

Angelika: „Gut K, gehen Sie gedanklich in die Zukunft, Sie stehen kurz davor, die Rede an Ihre Mitarbeiter zu halten und wissen: das Problem ist gelöst. Was wäre dann anders?"

K: „Ich würde gerade und locker dastehen und frei von der Leber weg sagen, dass ich mich freue, so großartige Mitarbeiter zu haben. Sehen Sie: Jetzt sprudeln die Sätze einfach heraus, aber wenn es so weit ist ..."

Angelika unterbricht ihn: „Gut, dann probieren wir das aus: Stellen Sie sich vor, Sie stehen vor Ihren Mitarbeitern und legen los."

K steht auf und beginnt zu schwitzen.

Was tun? Verhaltenstraining, neue Techniken lernen – vielleicht verringert sich Ks Redeangst dadurch sogar ein wenig. Doch K erkauft die Verbesserung durch weiteren Verlust an natürlichem Auftreten. Schlimmstenfalls werden die Mitarbeiter sagen: „Oje, jetzt hat unser Chef ein Kommunikationstraining absolviert, aber genützt hat es nicht wirklich. Da war uns ja noch lieber, wie er vorher geredet hat." Das ist die Wirkung, wenn Verhalten trainiert und die Einstellung negiert wird. Wenn das nicht der Weg ist, was dann? Es muss doch Wege geben, damit K das tun kann, was viele andere in seiner Situation mit links machen. Was meinen Sie?

Ohne Einstellung keine Fähigkeit! K ist überzeugt davon, dass er nicht vor vielen Menschen reden kann. Dementsprechend verhält er sich auch. K ist nicht davon überzeugt, vor Menschen frei und sicher reden zu können, darum tut er das auch nicht. Unsere Einstellungen prägen unser Verhalten und unsere Fähigkeiten. An der Idee, kein Sprachtalent zu sein, wird das gefinkeltste

Training scheitern. Menschen lernen Fähigkeiten dann leicht, wenn es ihnen wichtig ist UND wenn sie glauben, es zu schaffen. Beides ist Voraussetzung. Wichtig genug wäre es K, allein der Glaube fehlt. Auch Angelikas Coaching-Versuch wird an Ks Wall des Glaubens scheitern.

Ausnahmen bestätigen die Regel. K gab der entscheidenden Hinweis. Er sagte: „Manchmal klappt es ganz gut." K hat einen Schatz in seiner Erfahrungssammlung: Best-Practice aus dem eigenen Leben! Positive Erfahrungen sind die beste Quelle zukünftiger Lösungen. Was der Klient schon mal konnte, ist für ihn machbar. Stellen Sie Fragen nach den positiven Ausnahmen der Vergangenheit:

1. „Wann lief es das letzte Mal besser?" Wenn der Klient mehrere Situationen schildert, wählen Sie jene mit der größten Beteiligung.
2. „Was hat Sie unterstützt, damit es besser lief?" Lassen Sie ihn alles beschreiben: die Umgebung, die Menschen, seine Handlungen und Fähigkeiten.
3. „Was haben Sie dabei anders getan?" Hier erlebt der Klient die Möglichkeiten, die in seinem Handlungsspielraum liegen.
4. „Was wird sich für Sie bei nächster Gelegenheit verändern, wenn Sie das alles zur Verfügung haben?" Der Klient durchläuft die zukünftige Situation ausgestattet mit den Ressourcen der Vergangenheit.
5. „Wofür sind die Veränderungen wichtig?" Lassen Sie den Klienten die Auswirkungen der Veränderungen beschreiben, das gibt der Entwicklung noch mehr Gewicht.

Der zusätzliche Vorteil dieses Vorgehens: K kann sich nachher verantwortlich fühlen für die Veränderung, denn die Quelle der Lösung war er selbst in seinen besten Momenten!

K hat die beste Erfahrung identifiziert, eine Rede letztes Jahr vor Weihnachten. Er überträgt diese Ressource nun auf die Bilanzrede in drei Wochen.

Angelika: „Jetzt, knapp bevor Sie vor die versammelte Mannschaft treten, wissen Sie, dass Sie alle Fähigkeiten, die Sie brauchen, jederzeit zur Hand haben. Das alles stärkt Ihnen den Rücken noch mehr und Sie öffnen die Tür des Büros und betreten den Raum. Erleben Sie, wie es ist."

K: „Ich fühle mich gestärkt und sicher."

Effekt. K wird seine Bilanzrede mit mehr Sicherheit halten und damit eine weitere positive Erfahrung gewinnen, die ihm hilft, das nächste Mal noch freier und sicherer zu reden. Angelika weiß, dass die Einstellung zählt, und sie weiß: In jeder Zeit liegen Schätze bereit, man muss sie nur nützen. Darum hat sie aus Gewohnheit genommen, was da ist: die guten Erfahrungen aus dem Leben von K.

5. ENTSCHLEUNIGUNG

Gipfel sind nicht mit einem Schritt zu ersteigen – machen Sie halblang!

Steven, ein Management-Coach, wurde von K, dem Abteilungsleiter eines Textilproduzenten, gebeten, ihm einen kurzfristigen Termin zu geben:

„Ich schlage mich schon länger mit einem privaten Problem herum. Ich bin zum zweiten Mal verheiratet, meine jetzige Frau brachte ihre Tochter in die Ehe, sie ist jetzt 15. Unsere Ehe funktioniert, aber die Tochter macht mir zu schaffen. Sie bringt mich oft zur Weißglut und stichelt über den Altersunterschied zwischen mir und meiner Frau. Inzwischen beginnt unsere Ehe zu kriseln, das Ganze wirkt sich schon auf meine Arbeit aus."

Steven: „Ja K, dann sollten wir Ihr Familienthema angehen. Was wäre für Sie eine Lösung des Problems?"

K: „Ich möchte mit meiner Frau und ihrer Tochter wie eine normale Familie zusammenleben."

Steven: „Was können Sie tun, um dieses Ziel zu erreichen?"

K blickt Steven mit gefurchter Stirn an:

„Das ist genau das, worüber ich nächtelang nachdenke. Ich weiß es nicht!"

Was tun? Das war K offensichtlich zu viel. Steven hat K mit seiner knallharten Zielorientierung verloren. Wenn Fragen die Unsicherheit noch vergrößern, dann läuft im Coaching etwas schief. Denn eigentlich sollte der

Coach das Gegenteil fördern. Mit einem Schritt gleich im Ziel sein zu wollen ist für einen entmutigten und hilflosen Klienten ein zu großer Happen. Wenn K dazu imstande wäre, säße er jetzt nicht bei Steven. Wie würden Sie vorgehen?

Das Messwerkzeug. Klienten kommen unter dem Druck der Situation. Die Belastung hindert sie, ihre Fähigkeiten zu gebrauchen. Je intensiver der Druck, desto geringer sind Zuversicht und Selbstvertrauen. Steven beginnt sofort mit der größtmöglichen Herausforderung, die für K in seiner Verfassung nicht denkbar ist. Um schwimmen zu lernen, muss man nicht immer ins tiefe Wasser gestoßen werden, im Gegenteil: Lernen geht mit weniger Stress leichter, deshalb lernt man im Seichten auch leichter schwimmen. Doch wo lässt sich in Ks Situation seichtes Wasser finden? Im Büro ist es tief und zu Hause noch tiefer. Also muss Steven für niedrigen Wasserstand sorgen.

Ein kleiner Schritt mit großer Wirkung. Lassen wir den Klienten selbst bestimmen, was ein kleiner Schritt ist. Um die Größe des Schrittes bewerten zu können, brauchen wir ein Maß. Da es zur Bestimmung von Emotionen keine offiziellen Maße gibt, müssen wir eine Maßeinheit einführen. Schlagen Sie dem Klienten zum Beispiel eine Skala von 0 bis 10 vor (0 für „schlechter geht es nicht mehr" und 10 für „besser geht es nicht mehr"). Nützen Sie dann die Skala mit dem Klienten auf folgende Weise:

1. Lassen Sie den Klienten schätzen, wo er sich im Moment auf dieser Skala sieht. Damit hat der Klient sich positioniert und kann später in Zahlen beschreiben, wie sehr er der Lösung näher gekommen ist.
2. Bitten Sie den Klienten anzunehmen, er wäre der Lösung einen kleinen Schritt näher gekommen, also zum Beispiel um einen Punkt.
3. Lassen Sie ihn nun beschreiben, was hier anders wäre. Fragen Sie ein paar Mal nach, um das Bild plastischer werden zu lassen.
4. Fragen Sie den Klienten, wie er die Verbesserung um einen Punkt geschafft hat und was dabei hilfreich war.
5. Fragen Sie, wie diese Erkenntnisse für den nächsten Schritt nützlich sein könnten.

Hier gilt: Qualität ist wichtiger als Quantität: Weniger wichtig als die Größe des ersten Schrittes ist der Übergang vom Stillstand zur Bewegung!

Steven bittet K, sich eine Skala von 0 bis 10 vorzustellen und fragt ihn, wo auf dieser Skala er sich momentan positionieren würde. K wählt 3.

Nun bittet Steven seinen Klienten sich vorzustellen, er wäre schon einen Schritt weiter, auf 4.

Dann bittet er K, zu beschreiben, was hier bei 4 anders ist.

K: „Bärbel, so heißt die Kleine, würde mich etwas weniger spöttisch begrüßen, wenn ich nach Hause komme."

Steven: „Und was würde das für Sie verändern, was würden Sie jetzt anders tun?"

K: „Ich wäre ein wenig erleichtert und würde sie anlächeln."

Steven: „Und wenn Bärbel Sie lächeln sieht, wie würde sie dann anders reagieren?"

K: „Mmhhh, vielleicht denkt sie: Schau an, wenn er lächelt, schaut er viel jünger aus."

Steven: „Was war Ihr Beitrag für die Verbesserung?"

K: „Ich hätte mich als Vaterfigur vielleicht etwas zurückgenommen?"

Steven: „Wie nützt Ihnen diese Einsicht bei den nächsten Schritten?"

Effekt. Was K mit Stevens Unterstützung entwickelte, ist eine Chance, Reaktionsmuster zu verändern. K wird mit erweiterten Erwartungen nach Hause kommen, nicht mehr nur die alten Muster vorwegnehmen, sondern positive Emotionen als Möglichkeit betrachten – die Voraussetzung, um sie auch real werden zu lassen. Steven hat Maß genommen und als erfahrener Coach einen Schritt gewählt, der für K in seiner aktuellen Situation denk- und machbar ist. Er hat dem Klienten und sich selbst das Coaching-Leben erleichtert – mit Maß und Ziel.

6. DIE EBENE WECHSELN

Im unteren Stock ist die Sicht eingeschränkt – gehen Sie einen Stock höher

Tomas greift zum Hörer. K, sein Mitarbeiter, hätte die Monatsstatistik gestern liefern sollen. In Kürze beginnt die Vorstandsitzung und Tomas hat keine Unterlagen. Er fordert K auf, ihm die Statistik zu bringen. K antwortet:

„Sie haben dem Vorstandsprojekt mit der Beratungsfirma höchste Priorität gegeben. Daran habe ich mich gehalten. Sie sollten sich überlegen, welche Aufträge vorrangig sind."

Tomas spürt den Impuls, ihm eine Standpauke zu halten. Schließlich besinnt er sich und antwortet:

„Sie wissen: Ich brauche die Monatsstatistik für den Vorstand; das ist jeden Monat so. Das hat doch nichts mit dem Vorstandsprojekt zu tun."

K: „Sehen Sie, Sie setzen wieder keine klaren Prioritäten."

Tomas knallt den Hörer aufs Telefon und macht sich auf den Weg zu Ks Büro.

Was tun? Ihn niederbrüllen, ihm die Leviten lesen oder mit Sanktionen drohen? In jedem Fall kann Tomas so seine Coaching-Aufgabe gegenüber seinem Mitarbeiter nicht wahrnehmen. Es scheint, als würde K Macht ausüben gegenüber seinem Chef. Irgend etwas in Ks Aussagen bewirkt, dass er seinen Chef mehr beeinflusst als seiner Rolle als Mitarbeiter gut tut. Tomas bleibt diesem Einfluss ausgesetzt, so lange er die Ursache dieses Missverhältnisses nicht wahrnimmt. Wie würden Sie sich an Tomas Stelle verhalten?

In lichter Höhe. Menschen können sich über alles Mögliche verständigen, sie können auch darüber reden, wie sie miteinander reden, Meta-Kommunikation nennt man das. Sie ist ein Mittel, mit dem wir darauf Einfluss nehmen, wie wir miteinander umgehen. Eine Harvard-Studie zeigt, dass derjenige führt, der mehr Meta-Kommunikationsanteile hat; exzellente Coachs haben über 50 Prozent. In unserem Beispiel hat K nicht über Inhalte gesprochen; er hat seine Fähigkeit der Meta-Kommunikation genützt und reflektiert, wie sein Chef mit ihm umgeht. Tomas blieb inhaltlich beim Thema Dringlichkeit. Meta-Kommunikation ist die Sprache der höheren Hierarchie, und die hat Tomas nicht genutzt. Verständlich, dass Tomas ob dieses Einflusses über ihn in Zorn gerät.

Ordnung muss sein. Die Lösung ist, sich in der Kommunikation auf die nächsthöhere Ebene zu begeben – also die Art und Weise der Kommunikation unseres Gesprächspartners zu thematisieren. Der Eindruck, Ihr Gesprächspartner steuere den Fortgang des Gesprächs, ist Indikator dafür, dass Ihr Gesprächspartner durch Meta-Kommunikation auf Sie Einfluss nimmt. Machen Sie sich in dem Moment bewusst, welche Sätze diesen Eindruck erweckten, und prüfen Sie: Ging es um Inhalte oder war die Kommunikation das Thema? Während Sie den entscheidenden Satz des Gesprächspartners wiederholen, haben Sie Zeit, sich den nachfolgenden Ebenenwechsel zu überlegen. Machen Sie dann den Kommunikationsstil Ihres Gesprächspartners zum Thema; war das Meta-Kommunikation, dann machen Sie Meta-Meta-Kommunikation! Mit diesen Worten übernehmen Sie wieder Einfluss auf die Qualität und Ausrichtung der Kommunikation.

Tomas bittet K, zu ihm ins Büro zu kommen:

„K, Sie sagten, dass ich Ihnen keine klaren Prioritäten setze. Die Art und Weise, wie Sie das sagten, lässt mich schließen, dass es Ihnen wichtig ist, von mir Anordnungen zu erhalten, was Sie wann in welcher Reihenfolge tun sollen. Als Vorgesetzter ist mir wichtig, dass meine Mitarbeiter selbstständig und eigenverantwortlich arbeiten. Ich hätte gar nicht die Zeit, jedem Mitarbeiter jede Tätigkeit einzeln anzuordnen. Ich schlage daher vor, ...“

Effekt. Tomas hat seine Aufmerksamkeit nicht nur auf Inhalte, sondern auch auf die Struktur der Kommunikation gerichtet und den Ebenenwechsel des Gesprächspartners erkannt. Er ist wieder in der Position, K zu unterstützen. Er wird K ein Modell der Auftragserteilung anbieten und vereinbaren, das seine Bedürfnisse und die von K erfüllt. Tomas hat gelernt, zwischen Form und Inhalt zu unterscheiden, und er ist gewohnt, auf die Strukturen der Kommunikation zu achten. Damit kann er jederzeit frei wählen, auf welcher Ebene er den nächsten Satz an seinen Gesprächspartner richten wird – Ebenenwechsel inbegriffen.

7. STIMMUNGS-FENG-SHUI

Der Raum wirkt – übernehmen Sie die Verantwortung dafür!

Helmut, Teamleiter in einem Elektronik-Konzern, ist geschockt: Die Präsentation des Projektvorschlags war eine Katastrophe. Der Vorstand hat vor versammelter Mannschaft den Vorschlag in der Luft zerrissen. Nachdem der Vorstand den Meeting-Raum verlassen hat, sitzen die Teammitglieder mit K um den Tisch und lassen die Köpfe hängen. Helmut richtet ein paar ermutigende Worte an seine Mitarbeiter und schlägt vor, gleich jetzt für die Kritikpunkte Lösungsideen zu finden. Doch die Aufbruchstimmung der vergangenen Tage ist verflogen, etwas scheint die Kreativität der Mitarbeiter zu blockieren. Helmut sagt:

„Leute, mir ist klar, dass das vorhin keine schöne Erfahrung war. Aber mir ist auch klar: Ihr seid das beste Team, das ich mir vorstellen kann. Beim nächsten Mal wird es klappen. Ich vertraue auf euch!"

Die Mitarbeiter richten sich auf und nehmen einen neuen Anlauf. Obwohl die Stimmung jetzt besser ist, bleiben die Ideen weiter aus.

Was tun? Das Team ist ermutigt, doch so einfach sind wir Menschen nicht gestrickt. Helmut kämpft mit schwachen Mitteln gegen den demotivierenden Auftritt der Vorstände. Er kann seinen Mitarbeitern alles Mögliche erklären und versprechen, das, was vom Vorstand ausgeht, ist wirksamer. Nach einigen Anläufen wird Helmut sagen: „Ich habe alles versucht, sie wieder an den Tisch zu bekommen, hab' es aber nicht geschafft." Was würden Sie tun, um die Mitarbeiter wieder auf das Ziel auszurichten?

Emotionale Raumhygiene. Helmut hat seine Mitarbeiter ermutigt, doch das reicht nicht! Der weitaus größte Teil unseres Denkens geschieht unbewusst. Selbst wenn die Mitarbeiter gleich wieder die Ärmel hochkrempeln würden, Teile des unbewussten Denkens blieben blockiert, denn: Die Stimmung bestimmt unser aktuelles Potenzial, und die Raumwirkung bestimmt unsere Stimmung. Abseits von den abstrakten Prinzipien des Feng-Shui wirkt unser Umfeld durch die Erfahrungen, die wir dort gemacht haben. Der Prophet gilt im eigenen Land nichts, weil die Raumwirkung sogar über Jahrzehnte anhält, und er dort wieder zum Kind wird. Was ihm jeder nachfühlen kann, der nach jahrelanger Abwesenheit zurückkehrt in sein Elternhaus und im eigenen Kinderzimmer steht. So erst recht bei kurz zurückliegenden, emotional geladenen Situationen.

Neues Setting, neue Ideen. Die entscheidende Maßnahme ist also: raus aus dem Raum, wenn die Köpfe wieder kreative Gedanken generieren sollen. Verändern Sie das Setting, lenken Sie Ihre Gesprächspartner ab von den Wahrnehmungen, die sich mit den negativen Gefühlen verbunden haben könnten: den Raum, die Sitzordnung, die Lichtverhältnisse, was immer Sie in der gegebenen Situation verändern können. Wenn das alles nicht möglich ist, lassen Sie Ihre Gesprächspartner die Körperhaltung verändern. Körperhaltung wird kinästhetisch wahrgenommen und kann sich auch mit den negativen Gefühlen verbunden haben. Gab es im Zusammenhang mit der negativen Erfahrung Hintergrundgeräusche, wie zum Beispiel Musik? Dann verändern Sie auch das: andere Klänge oder abstellen. Je mehr Sie in der Lage sind zu verändern, desto größer ist die Chance, die Köpfe frei zu bekommen für Neues.

Helmut steht auf und sagt: „In diesem Raum haben zu viele Köpfe zu lange geraucht. Bis der Rauch sich wieder verzogen hat, gehen wir in den Park, stellen uns zwei Parkbänke zusammen und machen uns einen vorübergehenden Meeting-Raum. Paul, nimm bitte das Flipchart auch mit. Bei dem herrlichen Sonnenschein haben wir bestimmt die besten Ideen. Und dann starten wir durch ...“

Effekt. Helmut hat es geschafft: Die Mitarbeiter sind froh über die Ortsveränderung und danken es ihm, indem sie mit ihrem Potenzial wieder voll dabei sind. Er weiß aus Erfahrung, was geschehen kann, wenn Menschen unangenehme Situationen erleben, und er kann damit umgehen. Er ist gewohnt, sich zu fragen, ob die Umgebung seiner Gesprächspartner frei ist von belastenden Eindrücken und negativen Erfahrungen. Denn ein positives Umfeld begünstigt positive Veränderungen.

8. WORTE WÖRTLICH NEHMEN

Alte Bilder sind alte Gewohnheiten – lassen Sie sie neu malen

Eva ist Management-Coach, K ist ihr Klient, er zieht an der Zigarette, als wollte er sie mit einem Zug inhalieren.

K: „Ich stehe mit dem Rücken zur Wand. Es ist keine kleine Entscheidung, ob wir in die Ukraine expandieren oder nicht. Mir ist klar: Die Konzernleitung ist nervös wegen der letzten Kennzahlen. Aber ich weiß nicht, ob Expansion in die Ukraine der richtige Schritt ist.“

Wieder zieht K an seiner Zigarette: „Sie wollen eine rasche Entscheidung, aber wir hatten zu wenig Zeit. Jetzt machen sie Druck und drohen, einen anderen Geschäftsführer zu suchen. Wenn die meinen Vertrag kündigen ... Ich stehe wirklich mit dem Rücken zur Wand.“

Eva hält seinem Blick stand. Sie denkt: Als Coach bin ich ihm das schuldig. Sie richtet sich auf, atmet durch und fragt ihn: „K, welche Möglichkeiten sehen Sie, zu einer raschen Entscheidung zu kommen?“

Was tun? Was kann K mit dieser Frage anfangen? Noch einmal durchdenken? Wir können als Coach davon ausgehen, dass der Geschäftsführer eines Unternehmens in solchen Situationen die Alternativen bereits mehrfach durchdacht hat. Oder er beginnt zu resignieren, weil auch die Hilfe eines erfahrenen Coachs ihn nicht auf neue Ideen bringt. Ist das der richtige Zeitpunkt, die Aufmerksamkeit des Klienten auf Handlungsalternativen zu richten? Was würden Sie in diesem Fall tun?

Worte wörtlich nehmen. Eine Fähigkeit, die das Coaching erleichtert, ist präzises Zuhören. Damit wäre Eva aufgefallen, dass Ks Zustand zusammenhängt mit einer dramatischen Formulierung: mit dem Rücken zur Wand stehen! Solche Wortbilder haben immer Bedeutung! Worte sind nicht einfach nur dahergesagt, sie sind klarer Ausdruck innerer Bilder. K steht mit dem Rücken zur Wand, das heißt: Nach hinten kann er nicht fliehen, von vorne droht aber große Gefahr. So lange dieses Bild in K wirkt, sind konstruktive Gedanken nicht denkbar.

Das etwas andere Bild. Wir brauchen eine andere Metapher, eine, die der Klient als angenehm erlebt, die ihm ein breites Spektrum an Handlungsalternativen gibt und die Beteiligten positiv einbezieht. Lassen Sie den Klienten das Bild, das er von der Situation hat, verändern, indem er es weiterentwickelt. Das sind die Schritte dafür:

1. Metapher wahrnehmen: Lassen Sie ihn die Metapher bewusst wahrnehmen: Welche Eigenschaften hat die Wand, wie sieht sie aus, wie fühlt sie sich an, was ist sonst noch zu sehen und zu hören vor und hinter der Wand? Detaillierte Wahrnehmung ist Voraussetzung dafür, die Metapher zu verändern.

31

2. Metapher weiterentwickeln: Unterstützen Sie Ihren Klienten, die Metapher weiterzuentwickeln, sodass sie ihm größeren Handlungsspielraum gibt und Ressourcen eröffnet. Der Klient soll die neue Metapher detailliert beschreiben und genießen.

3. Stellen Sie nun die Frage: „Mit dieser neuen Sichtweise, wie stellt sich die Situation jetzt für Sie dar? Was hat sich verändert?" Lassen Sie dem Klienten in dieser Phase viel Zeit, Lösungen für das aktuelle Problem zu beschreiben.

Obwohl es so aussieht, setzt diese Methode nicht beim Detail an, denn unsere inneren Bilder strukturieren unbewusst unser gesamtes Erleben und Handeln. Dan P. McAdams von der US-amerikanischen Northwestern University berichtet in seinem Buch „The Stories We Live By" von den Veränderungen auf neurologischer Ebene, wenn wir unsere inneren Bilder verändern. Eva nützt diese Hebelwirkung:

K hat mit Evas Unterstützung die Wand als Ziegelmauer mit lockerem Mörtel zwischen den Fugen und eingemauerten Holzbalken beschrieben.

Eva: „Jetzt, wo Sie die Wand so deutlich sehen, was könnten Sie tun?"

K: „Ich sehe die Balken, ich kann einen rausziehen, dann fällt alles zusammen. ... Jetzt sehe ich die Natur, es ist jetzt heller, ich sehe mehr Menschen, Menschen, die warten, ich glaube, auf mich."

Eva: „Was wird möglich hier?"

K schaut eine Zeit lang weiter in die Ferne: „Hier in der Natur sind die anderen auch nur Menschen. Ich kann reden mit ihnen, ohne Druck."

Eva: „Was bedeutet das für Ihre persönliche Situation?"

K erkennt, dass es Sinn macht, das offene Gespräch mit der Konzernleitung zu suchen, ihnen von Mensch zu Mensch zu begegnen.

Effekt. So wie die alte Metapher Ks Denken strukturierte, tut das die neue Metapher von der Natur auch, nur anders. K erkennt, dass dort Begegnungen möglich sind. Eva hat genau hingehört, nicht zugelassen, dass die alte Metapher in Ks Kopf weiter einschränkend wirkt. Sie hat ihm geholfen, sie in eine Ressource zu verwandeln, die K unterstützt – nicht nur in dieser Situation, sondern auch in allen anderen, bei denen er bisher mit dem Rücken zur Wand stand. Denn Eva hat ein Gefühl für Bilder.

9. VORBILDER NUTZEN

Die Lehre ist frei – lassen Sie Einstein für sich arbeiten!

Silvia arbeitet mit ihrem Teamkollegen K im Büro eines Sportarti-kelproduzenten. Sie beobachtet K, der vor dem Fenster auf und ab geht, manchmal stehen bleibt, den Kopf schüttelt und weiter mar-schiert.

„Was ist mit dir K, hast du ein Problem?"

K bleibt stehen, zieht die Schultern hoch und seufzt:

„Ach Silvia, ich brauche eine gute Idee. Du weißt, wir suchen Spon-soren für die Road-Show. Ich kann den Brief an mögliche Sponso-ren doch nicht wie jeden anderen Geschäftsbrief schreiben. Der muss Pfiff haben, die sollen gleich erkennen, für welche großartige Idee sie da Geld hergeben. Und bei solchen Dingen tu ich mir im-mer schwer, das ist nicht meines."

Silvia überlegt und rät ihm dann: „K, dann lauf doch nicht ständig auf und ab. Setz dich hin und trink einen Kakao, das hilft meiner Kreativität immer auf die Sprünge."

Was tun? Wenn alle Menschen gleich funktionieren würden, säßen sie alle herum und tränken Kakao. Aber wie kann Silvia ihrem Kollegen sonst hel-fen? Das Fatale an der Sache ist: K sagte, er tut sich immer schwer. In Ks Kopf sind die kreativen Synapsen eben nicht so schaltfreudig wie in ande-ren Köpfen. Da kann man nichts machen, oder? Wenn K Sie als Coach um Ihre Unterstützung bittet, was würden Sie ihm raten?

Den Kopf zurechtrücken. Jede Art des Denkens ist erfolgreich, wenn eine exzellente Strategie dahintersteht. K hat offensichtlich keine funktio-nierende Kreativitäts-Strategie entwickelt. Auf und ab gehen und sich selbst auffordern, endlich eine Idee zu finden, wirkt offensichtlich nicht. Was K braucht, ist Denkfreiheit, die Kreativität möglich macht, etwas anderes, als er gewohnt ist. Der amerikanische Psychologe Wim Wenger ließ eine Versuchsgruppe im Abstand von zwei Stunden vergleichbare Intelligenztests machen. Dazwischen brachte er der einen Hälfte der Gruppe bei, so zu tun, als hätten sie Einsteins Kopf auf. Diese Hälfte hatte beim zweiten Test ein um 10 Prozent besseres Ergebnis als beim ersten, während die andere Hälfte keine Verbesserung erlebte.

Die besten Köpfe. Nutzen Sie diese erstaunliche Fähigkeit des Menschen, durch Nachahmung zu lernen: Fragen Sie den Klienten, wie es wäre, den Kopf eines Könners aufzusetzen und die Welt aus den Augen des Vorbildes zu betrachten. Es kann jemand aus Familie oder Freundeskreis sein, ein Experte aus Kultur, Politik, Wirtschaft oder dem sozialen Leben, eine berühmte Persönlichkeit aus früheren Jahrhunderten oder eine Kunstfigur, wie der Zauberer von Oz oder Daniel Düsentrieb. Weisen Sie darauf hin, dass dieser Kopf anders mit den Informationen umgeht und anders denkt, daher auch zu anderen Ergebnissen kommt.

K wählt den Kopf von Bill Gates, seine Kreativität hat K immer schon fasziniert. Da er viel über ihn gelesen hat, fällt es ihm leicht, Gates' Kopf aufzusetzen. Silvia:

„Jetzt, mit dem Kopf von Bill Gates, sind Sie Bill Gates und bewegen sich daher auch wie Bill Gates. Tun Sie das, Bill."

K steht auf, geht ein paar Schritte, schaut aus dem Fenster und dann auf Silvia. Seine Körpersprache hat sich verändert.

„Bill, Sie wollen sich jetzt sicher mit dieser Road-Show beschäftigen. Und da gibt es diesen Sponsor-Brief, was könnte das sein, Bill?"

K setzt sich und legt die Füße auf den Schreibtisch:
„Papier ist out, wir nehmen einen Fußball, hellgrün mit dunkelblauer Schrift, wenig Text, nur: ‚Wollen Sie mit uns Tore schießen?' und ein paar erklärende Worte und den Kontakt. Und auf der Homepage bringen wir auch das Motiv: eine spannende Torszene im Hintergrund ..."

K schaut lächelnd auf, sieht die Füße auf dem Schreibtisch und gibt sie mit entschuldigendem Gemurmel runter. Silvia lacht:
„Na Bill, sind Sie damit zufrieden?"

Effekt. K wird als Bill Gates einen großartigen Sponsor-Brief kreieren, der die Empfänger überrascht. Silvia hat sich von Ks Verzweiflung nicht ins

Bockshorn jagen lassen. Denn sie ist es gewohnt, die Struktur erfolgloser Strategien zu erkennen und dem Klienten Gegensätzliches anzubieten. Eine simple Intervention, und alle vorher unüberwindlich scheinenden Hürden sind aus dem Weg geräumt. Sie weiß: Sie braucht sich bloß den Kopf eines exzellenten Menschen zu leihen, und schon sind Ausdauer, Erfindergeist, Weitblick, Verhandlungsgeschick, Brillanz im Vortrag denkbare und machbare Fähigkeiten geworden – mit dem richtigen Kopf auf dem Kopf.

10. Nehmen macht selig

Geben ist seliger denn Nehmen – also lassen Sie sich geben und machen Sie andere selig!

Herbert wollte schon nach Hause gehen. Den Aktenkoffer in der Hand, sieht er K, seine Mitarbeiterin im Vertrieb, die ihr Büro betritt. Er merkt, dass etwas mit ihr nicht stimmt, und spricht sie an.

K antwortet: „Es ist eigentlich alles in Ordnung, mir fehlt vielleicht nur eine kleine Aufmunterung."

Herbert gibt sein Bestes: „Lachen Sie doch ein bisschen!" und erzählt ihr den neuesten Witz der letzten Woche.

K bemüht sich zu lächeln: „Ja, wahrscheinlich haben Sie Recht. Schönes Wochenende."

Was tun? Herbert wollte K aufmuntern, doch das ist ihm offensichtlich misslungen. Es ist einer jener Aufmunterungsversuche, für die man sich bedankt und die man als gut gemeint abhakt. Er fällt in dieselbe Kategorie wie „Es wird schon nicht so schlimm sein" oder „Machen Sie sich doch nichts draus". Der vermeintliche Aufmunterer hat getan, was er konnte, nur helfen wird es nicht. Wie würden Sie an Herberts Stelle K aufmuntern?

Das Leid mit der Lust. „Je mehr es einem um die Lust geht, umso mehr vergeht sie einem", pflegte der Wiener Psychiater Viktor Frankl, der Begründer der Logotherapie und Existenzanalyse, zu sagen. Was er damit meinte, war: Wenn wir uns oder andere mit Lustvollem aufmuntern, macht das die Sache kurzfristig besser, danach aber ist die Unzufriedenheit noch größer, ähnlich wie bei Drogenkonsum. Selbst wenn die Droge wirkt, sie ist kurzlebig und hinterlässt ein schales Gefühl.

Geschenkannahme erlaubt! Der Bonner Neurologe Detlef Linke sagt in seinem Buch „Das Gehirn": Wir aktivieren das gleiche Areal im rechten Präfrontal-Lappen unseres Gehirns für Altruismus (also wenn wir Gutes tun) und wenn wir glücklich sind. Also: Gut sein macht glücklich, Freude empfinden wir, wenn wir Ursache sind für die Freude anderer! Wenden Sie diese späte wissenschaftliche Bestätigung eines biblischen Prinzips an, ermutigen Sie, indem Sie sich ermutigen lassen:

1. Beginnen Sie ein Gespräch, in dem Ihr Gegenüber Gelegenheit hat sich einzubringen: Sprechen Sie Themen an, die Ihr Gesprächspartner anregend, freudvoll und ermutigend kommunizieren kann.
2. Genießen Sie die Worte des anderen und haben Sie Spaß daran, wenn Lachen die Unterhaltung würzt. Nehmen Sie diese Geschenke an.
3. Sprechen Sie am Ende aus, was Sie von Ihrem Gesprächspartner erhalten haben, und geben Sie der Freude darüber Ausdruck.

Das Resultat ist: Ihr Gesprächspartner erkennt, wie sehr Sie diese Gaben schätzen, freut sich über seine eigenen Qualitäten und fühlt sich dauerhaft in seiner Person bestätigt.

Herbert drückt K nach dem Gespräch lächelnd die Hand:

„K, ich genieße die Unterhaltungen mit Ihnen immer sehr! Ihre Pläne inspirieren mich für meine eigenen und Ihr Humor ist für mich der beste Übergang in den Feierabend. Da kann ich die Probleme des Tages viel leichter dalassen und die gute Stimmung mitnehmen zu meiner Familie!"

Mit diesen Worten schwirren Herbert und K ab ins Wochenende, beide mit einem Lächeln, das bleibt.

Effekt. K und Herbert haben das Gespräch genossen, K hat eine weitere positive Erfahrung mehr mit ihrem Chef. Herbert hat nicht auf gängige Floskeln zurückgegriffen. Er hat sich und K etwas Gutes getan, indem er sich von ihr etwas Gutes tun ließ und das Gespräch genossen hat – in der Gewohnheit: Das größte Geschenk ist, Geschenke anzunehmen.

Zᴜsᴀᴍᴍᴇɴғᴀssᴜɴɢ

*Coaching ist Charaktersache –
Gewohnheiten bestimmen den Charakter*

1. Hörbar zuhören

Machen Sie den ersten Schritt zuerst – lassen Sie es POPen. POPen Sie öfter mal, vor allem am Anfang der Sitzung, Sie schaffen damit eine gemeinsame Basis und Vertrauen: durch Paraphrasieren, Outen und Pause.

2. Die PaRe-Frage

Ursachenforschung einmal anders – die PAradoxe REssourcen-Frage! Zeigen Sie, dass Sie das Problem und die Suche nach Ursachen verstehen, und dann stellen Sie die PaRe-Frage, die PAradoxe REssourcen-Frage: „Wᴀʀᴜᴍ ɪsᴛ ᴇs ɴɪᴄʜᴛ ɴᴏᴄʜ sᴄʜʟɪᴍᴍᴇʀ?"

3. Allparteilichkeit

Kaufen Sie dem Klienten das Drama nicht ab – schauen Sie lieber gemeinsam dahinter. Stellen Sie Fragen, die das Denken des Gesprächspartners in die Stiefel seiner Gegenüber lockt.

4. Die Ausnahme wird Regel

Vom Guten des Alten – nützen Sie, was der Klient schon hat! Was der Klient schon mal konnte, ist für ihn machbar; stellen Sie Fragen nach den positiven Ausnahmen der Vergangenheit.

5. Entschleunigung

Gipfel sind nicht mit einem Schritt zu ersteigen – machen Sie halblang! Lassen Sie den Klienten selbst bestimmen, was ein kleiner Schritt ist. Schlagen Sie ihm dazu eine Skala von 0 bis 10 vor.

6. Die Ebene wechseln

Im unteren Stock ist die Sicht eingeschränkt – gehen Sie einen Stock höher. Begeben Sie sich in der Kommunikation auf die nächsthöhere Ebene; machen Sie den Kommunikationsstil Ihres Gesprächspartners zum Thema – Meta-Kommunikation.

7. Stimmungs-Feng-Shui

Der Raum wirkt – übernehmen Sie die Verantwortung dafür! Verändern Sie das Setting, lenken Sie Ihre Gesprächspartner ab von den Wahrnehmungen, die sich mit den negativen Gefühlen verbunden haben könnten.

8. Worte wörtlich nehmen

Alte Bilder sind alte Gewohnheiten – lassen Sie sie neu malen. Lassen Sie den Klienten eine neue Metapher entwickeln, eine, die der Klient als angenehm erlebt, die ihm ein breites Spektrum an Handlungs-Alternativen gibt und die Beteiligten positiv einbezieht.

9. Vorbilder nutzen

Die Lehre ist frei – lassen Sie Einstein für sich arbeiten! Lassen Sie den Klienten den Kopf eines Könners aufsetzen und die Welt aus den Augen des Vorbildes betrachten.

10. Nehmen macht selig

Geben ist seliger als nehmen – also lassen Sie sich geben und machen Sie andere selig! Ermutigen Sie, indem Sie sich ermutigen lassen.

2 C.O.A.C.H. – DIE FÜNF STUFEN DES COACHING

Der gemeinsame Nenner aller Coaching-Prozesse

> WER SIE NICHT KENNTE, DIE ELEMENTE,
> IHRE KRAFT UND EIGENSCHAFT,
> WÄRE KEIN MEISTER ÜBER DIE GEISTER.
>
> JOHANN WOLFGANG VON GOETHE

Was es heißt, ein Coach zu sein. Der Autor Robert A. Heinlein rät uns: „Ein menschliches Wesen sollte in der Lage sein, eine Windel zu wechseln, eine Invasion zu planen, ein Schwein zu schlachten, ein Schiff zu steuern, ein Gebäude zu planen, ein Sonett zu schreiben, Konten abzuschließen, eine Mauer zu bauen, einen gebrochenen Knochen zu richten, die Sterbenden zu trösten, Befehle anzunehmen, Befehle zu geben, zusammenzuarbeiten, allein tätig zu werden, Gleichungen zu lösen, ein neues Problem zu analysieren, Mist zu gabeln, einen Computer zu programmieren, ein schmackhaftes Mahl zu bereiten, wirkungsvoll zu kämpfen und tapfer zu sterben. Die Spezialisierung taugt für Insekten."

Ein Spiegel mit fünf Fähigkeiten. Ganz so viel wird vom Coach zwar nicht verlangt, aber Klienten wagen die Veränderung eher, wenn ihnen ein Mitmensch zur Seite steht, der andere schon oft auf diesem Weg begleitet hat und über genügend Fähigkeiten verfügt, um mögliche Herausforderungen auf dem Weg bewältigen zu können. Unsere eigenen Erfahrungen und unsere Beobachtungen bei exzellenten Coachs aller Richtungen und Schulen zeigen, dass der Coach fünf Anforderungen gewachsen sein muss, um guten Mutes die Reise mit dem Klienten beginnen zu können. Gleichzeitig kann man den Coaching-Prozess in fünf Phasen sehen, wobei jeweils eine der fünf Basis-Anforderungen pro Phase dominiert. Die fünf Phasen sind:

Contracting
Offenlegen
Annähern
Changework
Hoffnung

Alles gleichzeitig. Ist das C.O.A.C.H.-Modell eine Struktur, an der man sich im Coaching stets orientieren sollte? Ja! Und gleichzeitig sollte Ihnen als Coach zu jedem Zeitpunkt Ihrer Arbeit bewusst sein: Es steht jeweils eine Phase im Vordergrund, aber alle anderen sind mit betroffen und wirken mit hinein in die aktuelle. Jede Phase spielt in jeder Phase eine Rolle.

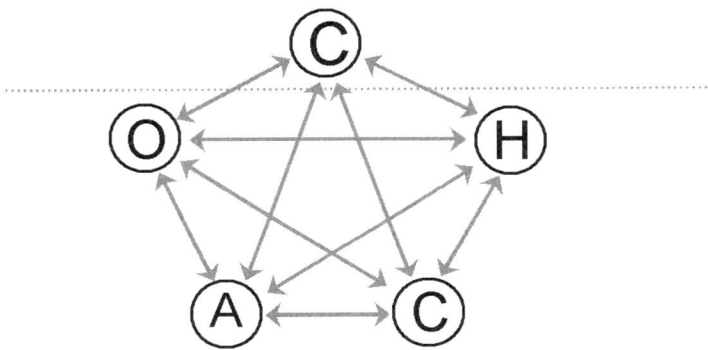

Abbildung 1: Das C.O.A.C.H.-Modell

Bereits in der Contract-Phase werden Sie die Phase des Annäherns vorwegnehmen und die Struktur der Persönlichkeit des Klienten beobachten und registrieren und dabei erste Hypothesen entwickeln. In der Phase Hoffnung haben Sie den Contract im Hinterkopf und überprüfen die Wahrnehmungen mit den Erkenntnissen aus der Phase Offenlegen. Als Newcomer sollten Sie sich noch stärker an der Struktur orientieren. Mit umfangreichen Erfahrungen ausgestattet, können Sie sich mehr und mehr erlauben, den Blick weit zu machen für alle Phasen zu jedem Zeitpunkt. Damit gewinnen Sie die Kraft größter Flexibilität. Folgen Sie dabei einem einfachen Modell:

- Intervenieren
- Feedback nehmen
- Flexibel verändern

Fassen Sie einen Entschluss und beobachten Sie die Reaktion. Nehmen Sie alles, was kommt, als Feedback Ihres Tuns. Sind Sie auf dem Weg, erfüllt das, was Sie tun, Ihre Kriterien für Qualität und kommen Sie und der Klient dem gewählten Ziel näher? Wenn ja – weiter so, wenn nein – nehmen Sie sich kurz zurück, überlegen Sie und bilden Sie neue Ideen. Dann geht's in die nächste Runde: Fassen Sie einen Entschluss. Das ist der Kreislauf erfolgreichen Handelns.

In diesem Kapitel erfahren Sie mehr über
- *die fünf Phasen des Coaching und die dazugehörigen Anforderungen an den Coach,*
- *die fünfzehn Schritte des COACH-Modells.*
- *Eine Beispiel-Sitzung zwischen dem Klienten Peter und dem Coach Robert wird uns begleiten.*

PHASE 1 – CONTRACTING

> WAS WIR AM NÖTIGSTEN BRAUCHEN,
> IST EN MENSCH, DER UNS ZWINGT,
> DAS ZU TUN, WAS WIR KÖNNEN.
>
> RALPH WALDO EMERSON

Vertrag ist Vertrag. Protagoras unterrichtet Euatlos in Rhetorik und vereinbart mit ihm, dass Euatlos das Honorar nur zahlen muss, wenn er seinen ersten Prozess gewinnt. Allerdings führt Euatlos nach dem Ende der Ausbildung keinen Prozess, worauf ihn Protagoras auf die Zahlung eines Honorars verklagt. Protagoras argumentiert dabei folgendermaßen: „Wenn Euatlos gewinnt, muss er mein Honorar zahlen (wegen des Vertrages). Wenn Euatlos verliert, muss er auch mein Honorar zahlen (wegen des Prozessausganges). Also gleichgültig, ob Euatlos gewinnt oder verliert, er wird mein Honorar zahlen!" Euatlos erwidert: „Wenn ich gewinne, werde ich kein Honorar zahlen (wegen des Prozessausganges), und wenn ich verliere, werde ich auch kein Honorar zahlen (wegen des Vertrages). Also gleichgültig, ob ich gewinne oder verliere, ich werde nicht zahlen." So weit kann es kommen!

Wie man sich bettet. In dieser Phase vollzieht sich die erste Begegnung zwischen Coach und Klient, Sie lernen einander kennen, bauen eine Beziehung auf und treffen eine Vereinbarung als Basis der weiteren Phasen. Der Klient äußert seine Problemsicht bzw. seine Wünsche, erfährt die Rahmenbedingungen des Coaching und prüft, ob er unter diesen Umständen den Coach beauftragen möchte. Die Anforderung an den Coach ist: Alle relevanten Informationen über den Anlass des Coaching und die Erwartungen des Klienten sammeln, um damit zu überprüfen, ob er den Auftrag annehmen darf, kann und will. Beide bekennen sich zur Vereinbarung. Die Schritte hier sind:

- Commitment des Coach
- Vereinbarung klären
- Commitment des Klienten

Schritt 1: Commitment des Coach

Aus gegebenem Anlass. Klienten suchen Hilfe, weil sie ein Problem haben oder etwas verbessern wollen. Das ist der Anlass ihres Schrittes, sich an Sie als Coach zu wenden. Die Erwartung des Klienten ist, zu Beginn danach gefragt zu werden. Klienten meinen, das sei die wichtigste Information für den Coach. Viele kommen zum Coach, nur um sich ihr Problem von der Seele zu reden, mit der Idee, dass Information etwas ist, das man geben und nehmen könne, als wäre es eine Ware. Doch informieren heißt Redundanz erzeugen. Wenn Kommunikation funktioniert hat, sind am Ende Geber und Nehmer in deren Besitz, sie hat sich vervielfacht. Darum macht es auch Sinn, sich den Anlass anzuhören: Als Coach haben Sie dann auch Problembewusstsein wie der Klient und entlasten ihn – ein erster kleiner Schritt auf dem Lösungsweg ist getan.

Achtung, Vorannahmen! Die Art und Weise, wie Sie den Anlass erfragen, bestimmt die Richtung der Aufmerksamkeit des Klienten. Mit der Frage: „Haben Sie ein berufliches oder privates Problem?" geben Sie dem Klienten schon eine Menge vor: Der Klient hat ein Problem, es hat entweder mit dem Beruf oder mit dem Privatleben zu tun. Dem Klienten, der sich persönlich in allen Kontexten weiterentwickeln möchte, haben Sie damit alle Möglichkeiten entzogen, sinnvoll zu antworten. Folgt er Ihrer Frage, muss er nach Problemen suchen, die er möglicherweise gar nicht hat. Damit würde der Coach zum Problemproduzenten. Oder der Klient ist stark genug, Ihnen zu widersprechen, dann haben Sie für den ersten Beziehungsbruch Ihrer

Coaching-Sitzung gesorgt. Stellen Sie die Frage nach dem Anlass also möglichst offen, um den Klienten so wenig wie möglich einzuschränken. Zum Beispiel: „Worum geht es Ihnen?"

Der Anlass ist Charaktersache. Der Anlass gibt Ihnen wertvolle Informationen über den Charakter des Klienten:

- **Freiwilligkeit:** Ist der Klient Initiator und aus freien Stücken hier oder wurde er von jemandem dazu veranlasst zu kommen? Mancher Chef schickt seinen Mitarbeiter, weil es mit ihm in der Arbeit nicht gut läuft. Mann schickt Frau oder umgekehrt, weil sie oder er der Meinung ist, dort sei die Lösung eines privaten oder Beziehungsproblems zu finden. Eltern kommen mit ihren Kindern, weil sie unaufmerksam sind oder nicht gut lernen. Sie können nur freiwillige Klienten coachen. Entweder findet Ihr Klient ein Thema, für das er freiwillig da ist, oder Sie haben den ersten Grund entdeckt, das Coaching abzulehnen.
- **Problemebene:** Möchte der Klient ein spezifisches Problem lösen (zum Beispiel die Beziehung zwischen sich und dem Kind verbessern) oder hat er ein Anliegen, das sein ganzes Leben betrifft (zum Beispiel: „Ich will ruhiger werden")? Egal womit der Klient kommt, exzellente Coachs haben stets beides im Blick: das, was Coaching im Kleinen verändert und im Großen. Klienten, die kurative Anlässe nennen, lernen am Ende auch, in welchen Bereichen des Lebens das Gelernte noch positiv wirkt. Klienten mit allgemeinen Anlässen erfahren im Coaching, die Veränderung im Kleinen wahrzunehmen.

Ja, ich will. Der wichtigste Grund, den Anlass zu erfragen, ist, die Erwartungen des Klienten an den Coach und den Coaching-Prozess zu erfahren. Klienten kommen mit einer Idee, was im Coaching geschehen soll und was nicht. Sie haben vorgefasste Meinungen und werden nur dann zufrieden sein, wenn sie am Ende des Coaching diese Erwartungen erfüllt sehen. Klären Sie mit dem Klienten die Erwartungen an Sie und den Coaching-Prozess und dessen Auswirkung auf sein Leben. Der genannte Anlass gibt Hinweise darauf. Achten Sie auf folgende Punkte:

- **Verantwortung.** Ist der Klient sich seiner Verantwortung an der Veränderung bewusst oder will er diese auf Sie übertragen? Solange er diese Verantwortung nicht trägt, ist er kein Klient und sind Sie kein Coach.
- **Ich darf.** Dürfen Sie die Erwartungen des Klienten erfüllen? Handeln Sie nach geltendem Recht, wenn Sie seine Erwartungen erfüllen (zum Bei-

spiel danach besser als Heiratsschwindler durchzugehen)? Menschen, die von Psychotherapeuten als krank bezeichnet werden, sind kein Fall für Coachs. Raten Sie diesen, einen Psychotherapeuten aufzusuchen.

- **Ich kann.** Coaching hat viele Facetten und ist in vielen Bereichen nützlich, im Sport, im Beruf, im Topmanagement, bei Lebensproblemen, zur Entwicklung der Persönlichkeit, in Teams, in der Paarbeziehung etc. Spezialisierung macht da Sinn. Haben Sie ausreichend Erfahrung, Know-how und Möglichkeiten zur Intervention für diesen Fall? Wenn Sie sich dessen nicht sicher sind, sollten Sie sich das eingestehen und den Klienten wenn möglich an einen Coach verweisen, der die Anforderungen Ihrer Meinung nach erfüllt.
- **Ich will.** Entspricht es Ihren Werten, wenn Sie die Erwartungen des Klienten erfüllen? Wenn die Wünsche des Klienten am Ende erfüllt sind, wären Sie aus ganzem Herzen damit zufrieden oder wäre es Ihnen unangenehm (z.B.: der nun veränderte Umgang mit anderen Menschen, Stärkung einer Fähigkeit, die für Sie nicht ethisch ist usw.)?

Nein sagen können. Haben Sie den Mut zu einem der wichtigsten Sätze im Coaching: „Dazu bin ich nicht in der Lage." Wenn Ihre Prüfung ergab, dass es nicht Ihre Sache ist, lehnen Sie ab und empfehlen Sie wenn möglich jemanden, der aus Ihrer Sicht dafür besser geeignet ist.

Peter hat in Roberts Praxis Platz genommen.
„Weshalb sind Sie hier, Peter?"

Peter: „Ich habe Ihnen am Telefon von diesem schwierigen Projekt erzählt, das ich seit einer Woche leite. Es steht unter keinem guten Stern und ich möchte nicht so enden wie die Projektleiter vor mir, alle drei waren erfolglos, zwei von ihnen haben das Unternehmen inzwischen verlassen."

Robert: „Wenn es das ist, was Sie nicht wollen, was wollen Sie dann?"

Peter: „Ich glaube, dass ich das Projekt erfolgreich abschließen kann, aber das geht nur gemeinsam. Ich will, dass meine Projektmitarbeiter an meiner Seite stehen und bereit sind, mit mir den holprigen Weg zu gehen."

Robert wiederholt Peters Anliegen, nickt. Er kann es gut nachvollziehen, war früher selbst in einer ähnlichen Situation. Darum freut er sich auf die folgende Sitzung.

Schritt 2: Vereinbarungen klären

Die Vereinbarung. Coach und Klient bilden ein Team, das erfolgreich ist, wenn die Beziehung trägt und wenn beide ein gemeinsames Verständnis über Ziel, Ablauf und Rahmen haben. Ein guter Coach lässt beim Klienten keine Fragen offen. Er verhindert damit Enttäuschung und Verwirrung und gibt dem Klienten Sicherheit über das Kommende. Der Klient muss einiges wissen, um sich zum Coaching zu bekennen. Klären Sie mit dem Klienten folgende Themen:

Coaching-Prozess

Beschreiben Sie im Groben, wie Sie als Coach vorgehen, was der Klient von Ihnen im Lauf der Sitzung erwarten kann und was nicht.

Ort und Zeit

Vereinbaren Sie Ort, Termine und Dauer der Beratungseinheiten. Selten lässt sich die Zahl der erforderlichen Sitzungen vorhersagen. Vieles kann in einer Sitzung gelöst werden, oft brauchen Sie eine zweite oder dritte. Kurzzeit-Coaching bedeutet nicht unbedingt, dass die Lösung sofort da ist; es ist oft sinnvoll, zwischen den Sitzungen einige Wochen verstreichen zu lassen, sodass der Klient Gelegenheit hat, sein Umfeld in die Lösung zu integrieren. Treffen Sie keine Vorhersagen gegenüber dem Klienten, beschreiben Sie Ihre Erfahrungen und was möglich ist.

Honorar

Vereinbaren Sie die Höhe des Honorars (inklusive eventuelle Spesen) sowie die Art der Rechnungslegung und Bezahlung. Oder bestimmen Sie eine andere Form der Gegenleistung. Als Chef ist es ohnedies Ihre Aufgabe, für Ihre Mitarbeiter auch Mentor zu sein. Als Teil einer liebevollen Paarbeziehung haben Sie zahllose Ideen für Ausgleich. Als Kollege oder Bekannter ist die Coaching-Leistung nicht natürlicher Bestandteil der Beziehung. Vereinbaren Sie in diesen Fällen, was Sie dafür erhalten. Uneigennützigkeit belastet die Qualität der weiteren Beziehung. Die Gegenleistung kann Teil der Nachbarschaftshilfe, die Übernahme einer anderen Tätigkeit, eine Empfehlung oder eine besondere Einladung sein. Der Kreativität sind keine Grenzen gesetzt. Achten Sie auf Ausgewogenheit der Gegenleistung. Treffen Sie eine Regelung über Kostenersatz für entfallene Termine und Abbruch des Coaching.

Erklärungen

Der Klient erklärt sich psychisch und physisch nicht beeinträchtigt für das Coaching. Als Coach erklären Sie Ihre Verschwiegenheit gegenüber Dritten. Sprechen Sie mit Ihrem Klienten die Vereinbarungen durch. Auf unserer Homepage www.trinergy.at finden Sie einen Mustervertrag.

Robert hat eine Checkliste vorbereitet, die er mit Peter bespricht. Darin sind alle Vereinbarungspunkte enthalten. Dann erklärt er Peter den Vertrag.

Schritt 3: Commitment des Klienten

Drum prüfe, wer sich coachen lässt. Nun weiß der Klient, was ihn erwartet, und er kann das mit seinen Erwartungen vergleichen, die er zu Beginn des Gesprächs hatte. Wenn das, was Sie geboten haben, für ihn ausreicht, kann er dem zustimmen, was kommen wird. Holen Sie sich von Ihrem Klienten ein „Ja". Geben Sie dem Klienten ausreichend Zeit, sich das zu überlegen und beobachten Sie, ob sein Entschluss, ab jetzt Ihr Klient zu sein, aus einer Haltung des „Probieren kann man es ja trotzdem" kommt oder aus ganzem Herzen. Lassen Sie den Klienten den Vertrag unterschreiben und seien Sie sich dessen bewusst: Sie haben sich damit einverstanden erklärt, einen Menschen auf einem für ihn bedeutenden Weg zu begleiten.

Peter liest den Vertrag, nickt und unterschreibt ihn.

Robert: „Gut, jetzt können wir beginnen: ..."

PHASE 2 – OFFENLEGEN

HAB ICH DES MENSCHEN KERN ERST UNTERSUCHT,
SO WEISS ICH AUCH SEIN WOLLEN UND SEIN HANDELN.

FRIEDRICH SCHILLER

Der Blick des Genies. Im Frühjahr 1501 fand Michelangelo in der Dombauhütte von Florenz einen vier Meter hohen Marmorblock, der seit 1464 dort lagerte. Michelangelo schlug aus diesem Marmorblock den berühmten David, der nach seiner Fertigstellung vor dem Palazzo Vecchio aufgestellt wurde. Giorgio Vasari schrieb 50 Jahre später darüber: „Er begann die Statue im Dombauhof von Santa Maria del Fiore, machte sich gegen die Mauer einen Verschlag von Brettern rings um den Marmor, bearbeitete diesen ohne Unterlass und führte sein Werk vollständig zu Ende, ohne dass irgend jemand es sah." Michelangelo, dazu befragt, wie er dieses Kunstwerk aus einem Stein schaffen konnte: „David war schon da, ich musste nur den unnötigen Marmor wegschlagen."

Des Pudels Kern. Ziel dieser Phase ist, die Welt des Klienten analytisch zu erkunden. Der Klient erhält Klarheit über seine Ziele und über eventuell übergeordnete Themen und beschreibt den Veränderungsweg, den er gehen möchte. Der Coach sammelt detaillierte Informationen über Struktur und Inhalt des Anliegens, die Wünsche und Ziele des Klienten. Er findet heraus, wie weit der Klient bereit ist, alte Gewohnheiten über Bord zu werfen und sich zu verändern. Die Schritte hier sind:

- Veränderungsbereitschaft des Klienten klären
- Ziel vereinbaren
- Tiefenstruktur des Anliegens erkennen

Schritt 4: Veränderungsbereitschaft des Klienten klären

Ist der Klient ein Klient? Ist der Mensch, der mit Ihnen Vereinbarungen getroffen hat, mit dieser Handlung schon Klient? Nicht zwingend! Der Ehemann, der seine Frau dazu bringen will, mehr Verständnis für seine beruflichen Probleme zu zeigen, hätte gerne, dass sich seine Frau verändert, der

Chef, der seinen Mitarbeiter dazu bringen möchte, genauer zu arbeiten, will eigentlich einen anderen Menschen aus ihm machen. Der verzweifelte Mensch, der sagt: „Ich habe Angst, vor vielen Menschen zu sprechen. Machen Sie mir das weg", will sich nicht verändern, sondern von Ihnen repariert werden. Prüfen Sie, ob sich der Klient seiner Verantwortung über sich selbst bewusst ist.

Sie sind mein Retter! Manchmal kommen Klienten mit der Idee, Sie als Coach wären seine Rettung und sollten ihn verändern. Ein solcher Klient glaubt, die Verantwortung für die Veränderung auf Sie übertragen zu können. Doch Sie können nur eines tun: dem Klienten bestmögliche Angebote machen, sich selbst zu verändern. Der Klient ist Letzt-Entscheider, er bestimmt bewusst oder unbewusst, was er mit diesen Angeboten tut. Wenn der Noch-nicht-Klient damit einverstanden ist, wird er zum Klienten.

Coach, übernehmen Sie! Ähnlich ist die Situation, wenn ein Manager Sie engagiert, um zum Beispiel ein zerkrachtes Team seiner Mitarbeiter wieder zur Vernunft zu bringen. Das Angebot mag für Sie verlockend sein, doch als Coach fehlt Ihnen die Befugnis für diese Aufgabe. Der Chef bleibt der Chef, auch wenn er meint, Ihnen diese Aufgabe übertragen zu können. Nur der Chef hat die Befugnis, im Team für Ordnung zu sorgen, nur er ist auch verantwortlich dafür. Sein Angebot für Sie als Coach wäre also, die Befugnis und Verantwortung an Sie abzutreten. Das mag Sie ehren, doch die Konsequenzen trägt der Chef nachher, ohne sie vorher bedacht zu haben. Wie soll er nachher die Verantwortung wieder übernehmen? Auf dem Papier ist das leicht, aber in der Realität werden es ihm die Mitarbeiter schwer machen. Wenn Sie noch so gute Arbeit geleistet haben: sobald Sie draußen sind, wird die Situation für den Chef mittelfristig noch schlechter als vorher. Wir nennen das daher aus gutem Grund einen „vergifteten Auftrag". Was Sie tun können, ist, den Chef zu coachen, während er seine Verantwortung wahrnimmt und im Team für Ordnung sorgt. Ein Coach kann nur eines tun: bestmögliche Angebote zur Veränderung machen.

Wenn der Klient mit dem Wunsch kommt, andere zu verändern, gibt es zwei Varianten:

- Unterschiedliche hierarchische Ebenen:
    - Beispiel: Mitarbeiter will Chef verändern oder umgekehrt, Vater will Sohn verändern oder umgekehrt.
    - Lösung: Wer den anderen verändern will, ist selbst Klient.

- Gleiche hierarchische Ebene:
  - ☐ Beispiel: Geschäfts- oder Ehepartner will anderen verändern.
  - ☐ Lösung: Beide sind Klient.

Vereinbaren Sie im letzten Fall mit dem Klienten, den anderen zur Coaching-Sitzung mitzunehmen.

Wo ein Wille, da ein Weg. Gewohnheiten sind Denk- und Handlungsmuster, die wiederholt werden, weil sie einmal als nützlich qualifiziert wurden. Gewohnheiten abzulegen ist nicht bequem, einfacher ist, dabei zu bleiben und die Welt im Kopf nach den Gewohnheiten zu orientieren. Jemand kauft eine Zeit lang drei Zeitungen täglich, weil er sie für eine Studie braucht, um Informationen vergleichen zu können. Er schließt die Studie ab, kauft weiter die drei Zeitungen und erklärt sich selbst die Gewohnheit: „Vielleicht lese ich doch mal was Wichtiges." Wir neigen dazu, Gewohnheiten so lange beizubehalten, bis sie wehtun oder uns hindern etwas zu tun, was uns wichtig ist. Dann beginnt das Ringen zwischen Gewohnheit und dem, was uns wichtig, aber unerreichbar ist. Veränderung braucht Bereitschaft. Wie groß ist der Wille des Klienten, hinderliche Gewohnheiten abzulegen? Ist er mutig genug, mit alten Gewohnheiten zu brechen und sich dem Risiko von Neuem auszusetzen?

Robert ist sich noch nicht sicher, ob Peter sich seiner Verantwortung bewusst ist, wenn er möchte, dass die Projektmitarbeiter an seiner Seite stehen, und fragt:

„Peter, was müsste geschehen, dass die Leute mehr an Ihrer Seite stehen?"

Peter richtet sich auf, überlegt eine Minute und antwortet: „Ich müsste sie davon überzeugen können, dass wir es diesmal schaffen. Ich glaube fest daran, aber die Leute haben eine lange Geschichte mit einem Haufen negativer Erfahrungen hinter sich. Dazu hab ich noch keine Idee. Und ich müsste den Chef überzeugen, dass er Geld für Bonifikationen lockermacht. Aber das schaff ich schon."

Robert: „Was sind Sie bereit, dazu beizutragen?"

Peter: „Mir liegt sehr viel daran, es geht auch um meine Karriere. Ich werde da meine ganze Kraft reinlegen."

Robert ist mit dieser Antwort zufrieden.

Schritt 5: Ziel vereinbaren

Das Ziel ist nicht das Ziel. Bei emotionalem Druck reduzieren wir Menschen unser Denken darauf, Fakten und Zusammenhänge bipolar zu betrachten: Wir konzentrieren uns auf die Suche nach DER Ursache und grübeln über Folgewirkungen. Selten denken Klienten selbstständig über Lösungen, Hilfsmittel und Ziele nach. Probleme lassen sich nicht lösen, indem man Probleme analysiert, sondern indem man Lösungen analysiert. Problemanalyse beansprucht andere Hirnareale als Lösungsanalyse. Das Gehirn braucht einen sanften Einstieg, bis es fit ist. Geben Sie Ihrem Klienten die Aufgabe, sein Ziel zu beschreiben, das ist die kleinste Herausforderung. Als Coach wissen Sie aber: Nicht das Ziel ist das entscheidende Ergebnis. Ein Ziel ist ein einziger Punkt auf der Zeitlinie des Lebens, davor ist es nicht vorhanden und danach hat es keine Bedeutung mehr. Unser Leben besteht aus Wegen, die in angestrebte Richtungen führen; was wir eigentlich wollen, ist, die Wege zu genießen. Das Ziel definiert die Richtung. Der Klient beschreibt also eigentlich die gewünschte Ausrichtung und den Weg, den er gehen möchte. Damit können Coach und Klient überprüfen, ob es ein guter Weg ist und ob der Klient während des Coaching und danach auf diesem Weg ist.

Der Prozess zur Zielvereinbarung Schritt für Schritt:

1. *Status quo:* Was ist jetzt noch nicht, was sein soll? Was will der Klient verändern?
2. *Zielzustand:* Der Klient präzisiert seinen Wunsch an die Zukunft und entwickelt dazu ein Zielfoto.
3. *Zielverhalten:* Welches Verhalten führt den Klienten näher zum Ziel?
4. *Wegbeschreibung:* Was macht den Klienten sicher, auf dem Weg zu sein und ihn zu genießen?
5. *Ökologie:* Kann der Klient und können die Menschen, die daran beteiligt sind, damit leben, dass der Wunsch Wirklichkeit wird (Weg-Prüfung)?
6. *Letzter Check vor dem Start:* Sind alle Voraussetzungen für eine „gute Reise" erfüllt?
7. *Zukunft vorwegnehmen:* Der Klient imaginiert die ersten drei Gelegenheiten, in denen der Wunsch Wirklichkeit wurde.

1. Status quo

Lassen Sie den Klienten sein Anliegen wiederholen und erkennen, was der Klient verändern möchte. Damit ist die Startposition fixiert.

2. Zielzustand

Nun lenken Sie seine Aufmerksamkeit auf das gewünschte Ziel. Ihr Klient entwickelt das Foto einer Situation, in der der Wunsch bereits Wirklichkeit geworden ist, und zwar mit möglichst vielen Details. Das Zielfoto soll folgenden Kriterien entsprechen:

- *Realistisch:* Das Ziel muss sich im Handlungsspielraum des Klienten befinden.
- *Positiv formuliert:* Wir können zwar „Nein" sagen, aber nicht „Nein" denken.
- *Konkret formuliert:* Keine Steigerungsformen (leichter entscheiden können) und keine Vergleiche (ich möchte sein wie ...). Der Klient muss wissen können, ob er sein Ziel erreicht hat.
- *Kontextualisiert:* Wo, wann, mit wem will der Klient sein Ziel erreichen?
- *„Sinn-voll":* Der Klient muss mit seinen Sinnen erkennen können, dass er das Ziel erreicht hat.

3. Zielverhalten

Stellen Sie dem Klienten nun die Frage: „Welches Verhalten würde Sie diesem Zielbild näher bringen?" Es geht nicht darum, mit einem Riesenschritt im Ziel zu sein, kleine Schritte führen mit wenig Mühe ins Ziel. Der Klient entwickelt Ideen, was er an sich selbst verändern könnte, um diese kleinen Schritte zu gehen. Kleine Schritte sind rascher gegangen und geben dem Klienten rascher Feedback über das Gelingen. Erfolg stärkt die Zuversicht für den nächsten Schritt.

4. Wegbeschreibung

Fragen Sie Ihren Klienten:

- Woran können Coach und Klient laufend prüfen, ob der Klient „auf Kurs" ist?
- Wodurch kann der Klient schon das Gehen des Weges genießen?
- Woran werden Coach und Klient schon in den nächsten Minuten erkennen können, dass sie auf dem Weg sind?

Achten Sie darauf, dass die Antworten des Klienten auf diese Fragen den vorhin für die Definition des Zielfotos genannten Kriterien entsprechen.

5. Ökologie

Der Weg zum Ziel und die Realität des Zielfotos haben für den Klienten und seine Umgebung Konsequenzen. Veränderung passiert nur dann wirklich, wenn der Klient mit den Auswirkungen einverstanden ist und glaubt, die Auswirkungen bewältigen zu können. Und der Klient muss glauben, dass die Auswirkungen auf die beteiligten Menschen für diese mindestens neutral sind oder etwas Gutes bedeuten.
Machen Sie dem Klienten die Konsequenzen klar.

- Was war das Gute am alten Zustand oder Verhalten? Anfangs wird Ihr Klient über diese Frage erstaunt sein und vorschnell antworten, es hätte nichts Gutes. Bleiben Sie bei der Frage: Etwas muss gut dran sein, sonst wäre es jetzt nicht so!
- Was ist das Schlechte am neuen Zustand oder Verhalten? Auch diese Frage wird überraschen. Der Klient gibt sich Mühe, ein Ziel zu formulieren, und nun soll etwas schlecht daran sein? Bleiben Sie auch hier standhaft: Jede positive Veränderung hat ihren Preis!
- Wofür wird das Neue ein Anfang sein? Ziele sind kein Ende, sondern Meilensteine auf dem großen Weg.

6. Letzter Check vor dem Start

Knapp vor dem Start überprüft der Klient noch einmal alle Voraussetzungen für das Gelingen der Reise. Ist er mit seinem Herzen dabei und hat er alles, was er braucht?

- Was war das Schlechte am alten Zustand oder Verhalten?
- Was ist das Gute am neuen Zustand? Die Antwort auf diese beiden Fragen liefert die Schubkraft für die Veränderungsarbeit des Klienten.
- Welche Ressourcen hat der Klient jetzt schon? Welche Erfahrungen, Hilfsmittel, Menschen können den Klienten unterstützen?
- Welche Ressourcen braucht der Klient noch und wie wird er sie sich beschaffen?

Ein gutes Ergebnis dieser Fragen ist, wenn der Klient zu glauben beginnt, die Lösung ist möglich, weil die Voraussetzungen dafür gegeben sind.

7. Zukunft vorwegnehmen

Nun folgt noch ein kurzes Aufwärmen vor dem Start: Der Klient stellt sich drei Gegebenheiten vor, bei denen er bemerkt, dass er „auf Kurs" ist. Lassen Sie den Klienten diese drei Gegebenheiten so detailliert wie möglich ausführen. Für den Kurs selbst gilt es jetzt noch eine Vereinbarung zu treffen:

- Was wird der Klient gegebenenfalls tun, um sich wieder auf Kurs zu bringen?
- Was wird der Klient tun, um auf Kurs zu bleiben?

Damit sind der Wunsch und der Weg des Klienten ausreichend beschrieben und abgesichert.

Robert: „Peter, was wollen Sie erreichen, was soll Wirklichkeit werden?"

Peter: „Meine Mitarbeiter sollen an meiner Seite stehen, damit wir das Projekt erfolgreich fertig kriegen."

Robert: „Woran werden Sie erkennen, dass Ihnen die Mitarbeiter zur Seite stehen?"

Peter nach einer Pause: „Ich präsentiere ihnen in drei Wochen den Projektstrukturplan. Da werde ich es wissen."

Robert: „Wie?"

Peter: „Na, an den großen Augen, lachenden Gesichtern, ... und dass sie spontan aufstehen, ... ein paar Leute kommen, um Fragen zu stellen oder sich für die Präsentation zu bedanken, ... und mein Chef gratuliert mir."

Robert: „Haben Sie ein Bild von dieser Szene?" Peter nickt. „Gut, Peter, dann schauen Sie sich den Raum und die Menschen genau an und behalten Sie das Bild, wir werden es noch brauchen. Peter, was können Sie dazu beitragen, damit das Bild wahrscheinlich wird, ein erster Schritt?"

Peter nach einer Pause: „Es gibt da zwei Leute im Team, die sind sehr frustriert und haben großen Einfluss auf die andern. Ich kann nicht sehr gut mit ihnen, aber wenn die beiden auf meiner Seite sind, dann klappt es."

Robert: „Was können Sie tun, damit die auf Ihrer Seite sind?"

Peter: „Ich könnte mit jedem einzeln reden, dann geht's leichter. Ich sage ihnen, wie wichtig mir ihr Engagement ist."

Robert: „Gute Idee, Peter! Was ist Ihr Plan dazu?"

Peter: „Ich rufe sie gleich nach der Sitzung an und vereinbare einen Termin für einen der nächsten Tage."

Robert: „Was ist für Sie das Schöne an Ihrem Vorgehen?"

Peter: „Es ist die Herausforderung. Ich krieg das Kribbeln, wenn ich nur daran denke. Da freu ich mich direkt auf die Gespräche, sie ins Boot zu holen."

Robert: „Peter, woher wissen Sie jetzt gerade, dass Sie die beiden nach der Sitzung anrufen werden?"

Peter: „Solange ich dieses Kribbeln hab, wenn ich daran denke, dann weiß ich: Ich bin dabei!"

Robert: „Peter, was war eigentlich gut daran, dass das Projekt nicht lief?"

Peter, nach einer Pause: „Komische Frage, also gut dran war, dass dafür kein Geld fließen musste, sonst nichts."

Robert: „ ... und was ist schlecht daran, wenn das Projekt gut läuft?"

Peter: „ Da fällt mir nichts ein, ... doch: Die Projektmitarbeiter hätten viel mehr zu tun, das könnte manchen unangenehm sein. Genau, das ist auch das Gute am alten Zustand: Die Leute stehen nicht so unter Druck. Das hab ich noch gar nicht gesehen. Das muss ich mir überlegen. Ich werde mit jedem darüber reden und dann Vereinbarungen treffen, die für alle okay sind. Dann geht's."

Robert: „Sehr gut. Wenn das Projekt gut läuft, wofür ist das dann der Anfang, was wird dann möglich?"

Peter: „Ich will das schaffen, um in den Vorstand zu kommen. Das ist eines meiner großen Ziele."

Robert: „Gut, Peter, jetzt eine einfache Frage: Was ist negativ daran, dass das Projekt nicht läuft?"

Peter lacht: „Alles. Die Leute in den Filialen brauchen bessere EDV-Unterstützung, das alte System kostet zu viel Zeit, und der Vorstand und mein Chef brauchen da dringend Erfolge."

Robert: „Und was ist das Gute am Erfolg des Projektes?"

Peter: „Meine Chance, zu zeigen, was ich kann. Das ist eine großartige Gelegenheit."

Robert: „Peter, welche Möglichkeiten haben Sie, Ihrem Ziel näher zu kommen?"

Peter, nach einer Pause: „Ich glaube, es ist meine Lust an großen Herausforderungen. Dann sind da zwei im Team, die sind noch nicht lange dabei. Die haben Power und könnten die anderen mitziehen. Ich kann auch gut überzeugen. Und der Druck vom Vorstand, das hilft sehr."

Robert: „Und was würden Sie noch brauchen, damit die Mitarbeiter an Ihrer Seite stehen?"

Peter: „Ja, wie gesagt, der Chef müsste Geld lockermachen, damit die Leute für ihre Mehrleistung Prämien bekommen. Da muss ich noch bohren."

Robert: „Peter, suchen Sie innerhalb der nächsten drei Wochen drei Gelegenheiten aus, an denen Sie erkennen: Ich bin auf dem Weg."

Peter: „Gut, das sind mal die beiden Telefonate nach der Sitzung, dann eines der beiden Gespräche, ... und dann, wenn ich mir bei der Vorbereitung der Präsentation überlege, was ich sagen muss, um die Leute zu gewinnen."

Robert lässt Peter die drei Szenen genau beschreiben. Dann fragt er: „Wenn Sie in den nächsten Tagen erkennen, dass eines dieser Bilder nicht so ganz Realität geworden ist, was werden Sie dann tun?"

Peter: „Das hängt natürlich von der Situation ab, ... aber ich würde mich an die Begeisterung und den Tatendrang erinnern, den ich jetzt gerade habe, das wird mir helfen."

Robert: „Und was tun Sie, um dranzubleiben?"

Peter: „Dann denke ich an mein großes Ziel: den Platz im Vorstand."

Schritt 6: Tiefenstruktur des Anliegens erkennen

Soziale Systeme

Du bist nicht allein. Der Wunsch, etwas zu verändern, betrifft selten den Klienten allein. Ihr Klient lebt in mehreren sozialen Systemen und nimmt dort Einfluss. Sein Verhalten ist in diesen sozialen Systemen stabil, Veränderung ist gleichzeitig ein Veränderungsangebot an diese Systeme. Die Menschen, die mit Ihrem Klienten in Beziehung stehen, können das Angebot annehmen oder nicht. Wenn sie es nicht annehmen, kann die Stabilität dieses Systems so groß sein, dass der Klient zu seinen alten Gewohnheiten zurückkehrt. Als Coach sollten Sie daher eine Ahnung davon haben, welche Systeme beteiligt sind und wie resistent sie gegenüber der Veränderung des Klienten sein könnten. Fragen Sie den Klienten: „Wer ist von dem Anliegen oder dem Konflikt des Klienten direkt betroffen und wer indirekt?" Sprechen Sie alle Kontexte des Klienten an. Wenn der Klient behauptet, das Anliegen berühre nur ihn, bleiben Sie dabei: „Welche Beziehungen könnten sich dadurch verändern, wenn das Anliegen gelöst ist?" Verschaffen Sie sich einen Überblick über die relevanten Beziehungen des Klienten.

Hinderliche Gewohnheiten

Das war schon immer so! Was hat den Klienten bisher davon abgehalten, den Zielwunsch zu verwirklichen? Das Anliegen wird zu einem Anliegen, weil dem Klienten zu wenig Handlungsoptionen zur Verfügung stehen oder weil er sich seiner Optionen nicht bewusst ist. Gewohnheiten sind nützlich: Wir haben sie uns angeeignet und müssen nicht mehr bewusst daran denken, wenn wir etwas tun. Für einen versierten Autofahrer ist es leicht, im dichten Verkehr zu telefonieren, dem Radio zu lauschen oder sich Gedanken hinzugeben. Gewohnheiten können uns aber auch in Besitz nehmen. Wenn Menschen versuchen, mit alten Gewohnheiten neue Aufgaben zu bewältigen, können Sie scheitern. Ein Chef, der bisher drei Mitarbeiter hatte und in seiner neuen Funktion mit 30 Mitarbeitern gleich zu agieren versucht wie vorher, wird damit nicht zurechtkommen. Ein Mensch, der sehr planvoll und geordnet lebt und insgeheim den Wunsch hegt, hin und wieder „die Sau rauszulassen", muss dafür anders als sonst denken und handeln, um sich diesen Wunsch zu erfüllen. Sind die Gewohnheiten Ihres Klienten nützlich, um seinen Weg erfolgreich zu gehen? Fragen Sie: „Was müssten Sie noch mehr tun, um sicher vom Weg abzukommen?"

... allein mir fehlt der Glaube

Wir sind, was wir glauben. Die Söhne sind aus dem Haus, jeder hat einen Beruf und ein neues Zuhause. Jetzt braucht die Mutter neue Aufgaben, die ihrem Leben Sinn geben. Sie hat auch Ideen dazu: ein Auto kaufen, sich Land und Leute anschauen und da und dort länger bleiben, um die Menschen kennen zu lernen. Coach und Klient haben das Ziel definiert, sie beschreibt den Weg, und doch hakt es. „Ich hab schon ein Auto ausgesucht, aber ich tu mir schwer beim Lernen. Die Fahrprüfung wird nicht leicht." Glaubenssätze sind unsere subjektive Überzeugung, dass das, was wir glauben, wahr ist. Sie entstehen aus unseren Erfahrungen und durch soziale Einflüsse. Glaubenssätze können unterstützen oder einschränken. Prüfen Sie, ob Glaubenssätze den Klienten hindern, seinen Weg zu gehen. Die Hinderung kann aus zwei Richtungen kommen:

- Der Klient meint, etwas nicht zu können. Lenken Sie in diesem Fall die Aufmerksamkeit erneut auf die Ressourcen. Sie waren dem Klienten noch nicht ausreichend.

- Der Klient meint, etwas nicht zu dürfen. Lenken Sie in diesem Fall die Aufmerksamkeit des Klienten auf die Ökologie. Für wen ist die Lösung ein Problem?

- Für den Klienten selbst: Klären Sie, welche Regeln der Klient für sich selbst aufgestellt oder welche Glaubenssätze er gebildet hat („Ich darf das nicht, weil ..."). In den meisten Fällen sieht sich der Klient in jemandes Pflicht und hat sich das noch nicht eingestanden („Vater hat immer gesagt, dass ...").
- Für andere Beteiligte: Leiten Sie den Klienten an, den Wunsch neu zu formulieren, sodass er an die Akzeptanz durch andere glauben kann.

Im Frieden mit den Bedürfnissen

Werte – Entwicklung. Menschen haben Bedürfnisse. Eine von uns als positiv wahrgenommene Umwelt erfüllt diese Bedürfnisse. Entsteht eine Diskrepanz zwischen dem, wie Klienten ihre Umwelt erleben, und dem, was sie erwarten, wird sie für die Klienten zum Problem. Bedürfnisse können auf vielerlei Weise zufrieden gestellt werden. Nehmen wir als Beispiel den Wunsch nach Geborgenheit: eine Umarmung vom Lebenspartner, eine Viertelstunde für sich alleine, der Gedanke, sich auf jemanden verlassen zu können, sind Erfahrungen, die bewirken können, dass wir uns geborgen fühlen. Auch wenn eine dieser Erfahrungen nicht verfügbar ist, gibt es weiterhin viele Möglichkeiten, das Bedürfnis zu erfüllen, um das es dem Klienten geht. Der erste Schritt dazu ist: Der Klient muss sich bewusst machen, welches Bedürfnis verletzt ist. Damit hat er die Chance, sich Alternativen zu überlegen. Fragen Sie: „Was ist Ihnen dabei wichtig, worum geht es Ihnen?"

Metathema

Nicht das Problem ist das Problem. Seien Sie sich bewusst, dass das Anliegen des Klienten nicht das sein muss, um das es wirklich geht. Manche Klienten meinen, nicht gleich mit dem größten Problem antanzen zu können („Mal schauen, wie es funktioniert, später nehme ich mir das Große vor."). Das kann auch als Test für den Coach gesehen werden („Ich gebe ihm einen kleinen Happen und schau, was er kann."). Wenn ein Mitarbeiter Sie als Chef um Rat bittet, wird er, selbst wenn es ihm bewusst ist, nicht über das übergeordnete Problem reden wollen („Das geht ihn nichts an.").

Manchmal ist Klienten nicht bewusst, dass es um etwas Größeres geht, und wenn das gelöst ist, existieren viele untergeordnete Probleme nicht mehr. Ein Student möchte Unterstützung, weil er sich nicht für einen Beruf entscheiden kann. Die Versuchung mag groß sein, ihn bei dieser Entscheidung zu beraten. Im weiteren Gespräch erfahren Sie, dass er sonst durchaus entscheidungsfreudig ist, sich aber auch schwer tut, eine eigene Wohnung zu finden; Hotel Mama ist zu angenehm. Damit haben Sie Hinweise, dass es nicht um eine bessere Entscheidungsstrategie geht, sondern vielleicht um das Abnabeln vom Elternhaus.

Das Problem über dem Problem. Die Funktion von solchen Meta-Problemen ist, die darunter untergeordneten Probleme aufrecht zu erhalten. Die Arbeit an der Entscheidung für das Studium ist also nicht die Arbeit an der Lösung! Der Klient wird von sich aus nicht sagen: Ich habe ein Meta-Problem. Behalten Sie daher als Coach den Gedanken im Hinterkopf: Gibt es ein übergeordnetes Thema, um das es tatsächlich geht? Wenn der Klient Ihre Vermutung bestätigt, gehen Sie mit Ihm zurück an den Start und lassen ihn nun das eigentliche Anliegen benennen.

Bisherige Lösungsversuche

Die Lösung ist das Problem. Wie intensiv hat sich der Klient bereits mit dem Problem und dessen Lösung befasst? Hat er nur hin und wieder daran gedacht, vielleicht gerade dann, wenn es wieder aktuell wurde? Oder ist er vom Problem so gefangen, dass er nicht an Lösungen denken konnte? Oder hat er bereits einiges probiert, um es zu lösen? Fragen Sie den Klienten, was er bereits unternommen hat, um seinen Wunsch Wirklichkeit werden zu lassen. Fragen Sie den Klienten nach bisherigen Lösungsversuchen. Da diese Versuche erfolglos waren (sonst wäre er nicht hier), wissen Sie, was Sie nicht vorzuschlagen brauchen.

> *Robert: „Peter, wer hat mit Ihrem Projekt zu tun? Wer ist vom Erfolg oder Misserfolg betroffen? Einige haben Sie schon genannt: das Team, den Chef, den Vorstand. Wer noch?"*

> *Peter: „Naja, die Kollegen in den Filialen, die schon lange auf bessere Unterstützung warten, die Firmen, bei denen wir Hard- und Software einkaufen und ... ja, genau: meine Familie und die der*

Mitarbeiter, die werden uns ein paar Monate nicht so oft sehen. Es ist viel zu tun."

Robert: „Dann könnten die Familien etwas dagegen haben. Haben Sie das schon überlegt?"

Peter: „Noch nicht. Ich sollte die Überstunden pro Woche eingrenzen. Dann wär's nicht so schlimm."

Robert: „Was müssten Sie verstärken, damit Sie sicher sein können, Ihr Ziel NICHT zu erreichen?"

Peter lacht: „Ich darf meine Mitarbeiter mit meiner Energie nicht überfahren. ... Ich werde Ihnen ausreichend Zeit geben, sich an die Herausforderungen zu gewöhnen, auch wenn es für mich hart ist."

Robert: „Wie leicht werden Sie das schaffen?"

Peter: „Es ist machbar."

Robert: „Was ist Ihnen wichtig an Ihrem Ziel? Worum geht es Ihnen?"

Peter: „Also grob gesprochen geht es mir darum, Geld zu verdienen, aber mindestens genauso wichtig ist mir die Anerkennung, und ich möchte etwas bewegen, einfach nur rumsitzen wäre nichts für mich."

Robert: „Welche Möglichkeiten hätten Sie noch, um Geld und Anerkennung zu bekommen und etwas zu bewegen?"

Peter: „Jede Menge, in dem Unternehmen gibt es genug davon, und das ist nicht das einzige, in dem ich arbeiten könnte."

PHASE 3 – ANNÄHERN

OB SICH EIN MENSCH OHNE FANTASIE
DIE WIRKLICHKEIT VORSTELLEN KANN?

STANISLAW JERZY LEC

Geniale Fantasie. Nikola Tesla erfand den Wechselstrom, die Tesla-Turbine, das Radio, den Tesla-Transformator; er baute die erste Fernbedienung der Welt, die ersten Stromturbinen und den Tesla-Generator; auch die Grundlagen von Röntgenstrahlen, Röhrenverstärker, Neonlicht, Mikrowellengeräten und Radar verdanken wir ihm. Zum Zeitpunkt seines Todes besaß er über 700 Patente. Alle seine Geräte hatten eine Besonderheit: Seine Prototypen baute er nur im Kopf! Dort ließ er sie in fiktiven Laboratorien Probe laufen, maß Abweichungen, versuchte verschiedene Einstellungen und „beobachtete" im Geiste seine Entwicklungen so lange, bis sie funktionierten. Jedes neu gebaute Gerät funktionierte sofort. Gelernt hatte Tesla diese Fähigkeit in seiner Kindheit: Seine Mutter emigrierte mit ihm aus Serbien in die USA. Spielsachen konnten sie sich nicht leisten, also ersann seine Mutter mit ihm ein imaginäres Spielzimmer mit allem Spielzeug, das sich ein Kind wünschen konnte, und betrat mit ihm, immer wenn er wollte, dieses Zimmer und „spielte". Das verschönte ihm nicht nur seine Kindheit, er erlernte dabei auch jene Gabe, die ihn zum bedeutendsten Erfinder seiner Zeit machen sollte.

Die Phase der Synthesen. Der Coach bildet aus den vorhandenen Informationen ein Modell des Klienten und erkennt hinderliche Muster und Ausgeblendetes. Er bestimmt aus der Struktur des Anliegens den geeigneten Interventions-Typ und testet die gewählte Intervention. Der Klient gewinnt Klarheit und Sicherheit über die Realisierbarkeit seines Idealbildes. Die Schritte sind:

- Das Modell des Klienten bilden
- Interventions-Typ bestimmen
- Probe handeln

Schritt 7: Das Modell des Klienten bilden

Exzellenz oder Mittelmaß. Können wir als Coach jetzt schon intervenieren? Schon, aber mit mittelmäßigem Erfolg. Was wir in dieser Phase brauchen, sind Ideen, welche Bereiche des Menschseins das Anliegen des Klienten betrifft, um daraus den bestmöglichen Interventions-Typ ableiten zu können. Wenn Sie als Coach mehr sehen, als der Klient Ihnen anbietet, gewinnen Sie die Idee wirksamer Interventionen. Wir unterscheiden vier Bereiche unseres Menschseins, und auch wenn der Klient nur den Bereich seiner Fähigkeiten im Auge hätte, sollte der Coach darüber hinaus sehen und erkennen, dass jede Intervention auf das Gesamte wirkt. Die Quadranten unseres Menschenbildes basieren auf den vier Ursachen, die Aristoteles in seiner Metaphysik anführt:

- *Causa Materialis,* die Stoffursache oder das Material, aus dem es besteht. Für den Menschen: das materielle Umfeld, in dem sich der Mensch bewegt. Robert Dilts beschreibt diesen Bereich des Menschseins mit seinen logischen Ebenen der Identität (Kontext, Handlungen, Fähigkeiten, Einstellungen, Identität) – der Säkular-Quadrant.
- *Causa Efficiens,* die Wirkursache für Bewegung, Entstehung oder Veränderung. Für den Menschen: der Bereich, dem wir unser Leben verdanken, die Eltern, Familie und die Systeme, von denen wir ein Teil sind – der System-Quadrant.
- *Causa Formalis,* die Formursache oder die Form, in der das Material gebildet wird. Für den Menschen: jene Form, in die hinein wir unser Menschsein entwickeln: Ziele, Visionen und die Mission – der Sinn-Quadrant.
- *Causa Finalis,* die Zweckursache oder die Absicht, die über der Entwicklung steht. Für den Menschen: die den Seinszweck umfassende Spiritualität – der Spiritual-Quadrant.

Sehen wir uns die Quadranten in Bezug auf Veränderung an:

Abbildung 2: Die Quadranten

Der Säkular-Quadrant

Causa Materialis. Dieser Quadrant hat mit dem Offensichtlichen zu tun, dem materiellen Anteil unseres Menschseins, auf dem wir wieder mehrere Ebenen unterscheiden können:

- Umwelt: Der Mensch, dem wir begegnen, lebt und arbeitet mit bestimmten Menschen an bestimmten Orten, umgeben von Dingen und Informationen.
- Handlungen: In seinen Kontexten handelt der Mensch auf besondere Art und Weise, er arbeitet, geht Hobbys nach, verbringt seine Freizeit und nimmt seine Umwelt auf bestimmte Art und Weise wahr.
- Fähigkeiten: In seinem Tun hat der Mensch Fertigkeiten und Strategien entwickelt. Er nützt sie, um seine Bedürfnisse zu erfüllen. Fähigkeiten strukturieren Handlungen und Umwelt: Was wir gut können, tun wir häufiger als das, was wir nicht gut können. Wir wählen unsere Arbeit und damit den Arbeitsplatz auf Basis unserer Fähigkeiten.
- Einstellung: Glaubenssätze und Werte können sowohl Berechtigungen als auch Einschränkungen beinhalten. Sie strukturieren Fähigkeiten, Handlungen und Umwelt. Wir können nur etwas lernen, das wir glauben, lernen zu können. Wenn uns ein schönes Zuhause wichtig ist, werden wir es auch schön gestalten.
- Rolle: Der Mensch hat ein Bild von sich selbst konstruiert. Die Rolle beschreibt sein Selbstverständnis, seine Glaubenssätze über die eigene Person, das, was ihn im Hier und Jetzt ausmacht. Die Rolle strukturiert alle anderen Ebenen und ist am wenigsten bewusst.

Veränderung muss also das Rollenverständnis und die Einstellungen des Klienten berücksichtigen. Wenn Sie als Coach versuchen, dem Klienten neue Fähigkeiten beizubringen, ohne die Einstellungen des Klienten einzubeziehen, wird der Klient – wenn überhaupt – die Fähigkeit kurzfristig vielleicht sogar erwerben, aber sie rasch wieder vergessen. Das ist der Grund, warum reines Skills-Training nicht funktioniert.

Der System-Quadrant

Causa Efficiens. Ein Grundbedürfnis der Menschen ist, dazuzugehören. Und das tun wir auch: Wir gehören dem Club an, dem Unternehmen, dem

Freundeskreis, der Wohngemeinschaft, der Vereinigung – und, am wichtigsten: der Familie. Menschen nehmen Einfluss auf diese Systeme und sie werden beeinflusst; die Einflüsse sind zirkulär, sie verstärken oder schwächen ab. Paul Watzlawicks Beschreibung einer möglichen Ehekrise lautet: Er schweigt, sie beklagt sich, weil er schweigt, er schweigt, weil sie sich beklagt, sie ... Jede Handlung verstärkt den Teufelskreis. Ein anderes Beispiel: Der Chef kritisiert die Arbeit des Mitarbeiters, der Mitarbeiter wird vorsichtiger und braucht dadurch länger, darum kritisiert der Chef den Mitarbeiter, der wiederum ... Die Leistungen des Mitarbeiters werden durch diesen Zyklus permanent geschwächt. Wenn wir diese betroffenen Systeme betrachten, stellt sich daher die Frage: Welche zirkulären Prozesse verstärken negative Beziehungstendenzen und welche schwächen das gewünschte Verhalten?

Der Sinn-Quadrant

Causa Formalis. Zukunft hat mehrere Aspekte und Abstraktionsgrade:

- *Ziele:* Wo wollen wir hin? Was planen wir für unsere Zukunft?
- *Vision:* In welcher Welt wollen wir leben?
- *Mission:* Was ist unser Beitrag dafür, unsere Lebensaufgabe?
- *Sinn:* Nach Viktor Frankl, dem großen Sinntherapeuten, ist der Sinn des Lebens, für jemanden da zu sein. Die Frage nach dem Sinn des Lebens lautet also: Für wen bin ich da?

Der Spiritual-Quadrant

Causa Finalis. Dies ist die Ebene, wo wir die größten metaphysischen Fragen betrachten und für uns beantworten. Warum sind wir hier? Diese Ebene gibt unserer Existenz eine Grundlage und Begründung. Spiritualität ist Verbundensein mit allen Lebewesen, mit unserer Familie, mit der Natur und dem Akt der Schöpfung. Es ist die höchste Form des Menschseins.

Auf das Ganze schauen

Integration. Sehen Sie als Coach den Menschen als Ganzes. Welche dieser Bereiche füllt der Klient gut aus und welche nicht? Wo hat er seinen blinden Fleck? Betreffen die Defizite den Bereich des Hier und Jetzt? Dann wird sich die Intervention mit hinderlichen Glaubenssätzen, der Auflösung von Wertekonflikten, dem Aneignen neuer Fähigkeiten oder dem Erkennen neuer Handlungsoptionen beschäftigen. Tut sich der Klient schwer, über Visionen und den Sinn des Lebens zu reflektieren und Ziele zu beschreiben, gilt es als Coach, sein Zukunftsdenken zu stärken. Und wenn der Klient alle Fähigkeiten hätte, sie aber in den sozialen Systemen nicht ausreichend entfalten kann, stärken Sie im Coaching seine soziale Kompetenz und Integration. Wenn Sie mehrere Quadranten als blinde Flecke wahrnehmen, konzentrieren Sie sich zuerst auf den Bereich mit dem größten hemmenden Einfluss.

Robert überlegt: Peter holt sich viel Kraft aus seinen Zielen, er tut sich leicht damit, sie zu formulieren, und spricht auch über höher geordnete Ziele. Der Bereich Zukunft ist bei Peter stark ausgeprägt. In sozialen Systemen scheint er sich relativ gut zurechtzufinden, allerdings kann er mit ein paar seiner Leute nicht gut. Das gilt es weiter zu beobachten. Was er vor allem braucht, sind Handlungsalternativen, um das Team an seine Seite zu bringen. Ich werde mich darauf konzentrieren und den systemischen Zusammenhang im Auge behalten.

Schritt 8: Interventions-Typ bestimmen

Das ideale Selbst. Mihaly Csikszentmihalyi definiert den idealen Grad der Herausforderung durch ein ausgewogenes Verhältnis von Know-how und dem Schwierigkeitsgrad der Aufgabe. Mit wachsenden Erfahrungen und Fähigkeiten können auch die Aufgaben kniffliger werden. Zu viel Know-how im Verhältnis zur Aufgabe unterfordert und zu wenig überfordert. Das ausgewogene Verhältnis nennt Csikszentmihalyi „Flow" und meint damit nicht nur Effizienz und Effektivität, sondern auch das Gefühl von Glücklichsein beim Bewältigen der Aufgabe. Veränderungsarbeit erfolgt im Spannungsfeld von Selbstbild und Idealbild. Das ideale Idealbild hat diese Ausgewogenheit von Aufgabe und Können. Leistet das Idealbild des Klienten das in Bezug auf das Selbstbild? Ist die Wunschvorstellung des Klienten eine, die ihn überfordert, weil sie unrealistisch ist, oder unterfordert oder ist sie reizvoll, weil die Herausforderung gerade groß genug ist? In Bezug auf die Aufgabe, die sich der Klient gestellt hat, entstehen daraus drei mögliche Formen der Intervention. Sie können:

- das Selbstbild Ihres Klienten durch mittelbare Verbesserung der Selbsteinschätzung erhöhen (Kompetenzen stärken),
- das Selbstbild Ihres Klienten durch unmittelbare Verbesserung der Selbsteinschätzung erhöhen (Zuversicht stärken),
- das Idealbild verändern.

Selbstbild hinaufsetzen 1

Erhöhung der Kompetenz. Kompetenz hängt von drei Kriterien ab: wollen – können – dürfen. Ist eines der drei Kriterien nicht erfüllt, kann keine Kompetenz zu Stande kommen. Ein kompetenter Ansprechpartner ist jemand, der entscheiden darf, der es auch will und dazu in der Lage ist. Eine Führungskraft, die zwar in der Lage ist, zu entscheiden und es auch möchte, aber auf Grund der Unternehmensstruktur nicht zuständig ist, ist in dieser Angelegenheit nicht kompetent. In einer Projektleitung z.B. zählt keine Hierarchie, die Projektmitglieder sind einander gleichgestellt, Aufgabe des Projektleiters ist die Koordination, Abstimmung der Projektmitglieder, Achten auf Einhaltung der Meilensteine, Bericht an den Projekteigner. Setzen Sie den Kopf von Aristoteles auf und fragen Sie sich:

- Sind die drei Kriterien erfüllt?
- Wo möchte der Klient mehr Kompetenz?

Erhöhen Sie die Kompetenz:

- Stellen Sie den Ist-Stand fest
- Finden Sie Ressourcen, die Ihren Klienten unterstützen
- Geben Sie Hausaufgaben

Selbstbild hinaufsetzen 2

Erhöhung der Zuversicht. Menschen haben mehr Fähigkeiten, als ihnen bewusst ist. Haben sie eine Aufgabe gut bewältigt, wird es selbstverständlich, darüber spricht man nicht mehr. Als Coach suchen wir nach diesen Fähigkeiten, wir machen sie für unsere Klienten wieder zugänglich. Ein Grundsatz unserer Arbeit ist: Jeder Mensch hat jederzeit alle Ressourcen, die er braucht – sie müssen nur entdeckt werden. Die einfachste Möglichkeit, Ressourcen wieder zugänglich zu machen, ist, danach zu fragen. Mit der Weisheit von Diogenes als Mentor fragen Sie sich:

- Welche Ressourcen braucht der Klient?
- Wo bzw. wann hatte er diese Ressourcen zur Verfügung?

Erhöhen Sie die Zuversicht:

- Übertragen Sie die Ressourcen auf den neuen Kontext
- Stärken Sie das Bewusstsein über die Ressourcen

Idealbild herabsetzen

Der gute Anspruch. Zu hohe Ansprüche an uns selbst setzen uns unter Druck, machen uns unzufrieden und unglücklich. Wie viele Frauen hungern, um die Figur eines Mannequins zu haben? Wie viele Menschen haben Probleme damit, zu altern – das Idealbild unserer westlichen Gesellschaft lautet: jung, dynamisch, erfolgreich. Nicht jeder kann ein Superstar werden, nicht jedermann ist zum Spitzenmanager geboren, wir bleiben nicht ewig jung, niemand ist perfekt. Sehen Sie Ihren Klienten mit den Augen von Plato und fragen Sie sich:

- Was ist das Idealbild des Klienten?
- Wie sehr entspricht er seinem Idealbild?
- Ist es erreichbar?

Setzen Sie das Idealbild herab durch:

- Vergleiche
- Metaphern
- Das Zeigen der Auswirkungen

Robert: „Peter, wie viel Erfahrung haben Sie schon mit ähnlichen Projekten? Ist das, was da auf Sie zukommt, die größte Herausforderung Ihres Lebens oder Routine?"

Peter lächelt: „Na ja, es liegt da ziemlich in der Mitte, ich habe schon ähnliche Projekte geleitet. Aber das ist das größte bisher und hat diese schlimme Vergangenheit. Darum bin ich auch hier, weil ich jede Hilfe, die ich kriegen kann, in Anspruch nehmen will. Ich weiß, wie man so was leitet, mir geht es um die Motivation der Leute."

Robert nickt. Er entschließt sich, die Kompetenz des Klienten zu stärken.

Schritt 9: Probe handeln

Der entscheidende Punkt. Das ist jener Zeitpunkt im Coaching-Prozess, der die Spreu vom Weizen trennt. Exzellente und erfolgreiche Coachs haben wie alle anderen nun eine Idee, was das bestmögliche Angebot sein könnte. Informationen über das Anliegen, den Klienten und seine Umgebung sind gesammelt und fügen sich zu einem Bild, das es Ihnen ermöglicht, eine Hypothese zu bilden. Worauf warten wir also noch, um endlich das zu tun, worauf auch der Klient schon gespannt wartet?

Der Coach als Versuchskaninchen. Die Besten sind sich nicht zu gut, ihre Hypothese zu testen, bevor sie sich an den Klienten wagen. Wie tun sie das? Sie konstruieren den Ablauf live im Kopf, gehen dabei gedanklich in eine Position, von der aus sie sich selbst und den Klienten beobachten können, und lassen die Intervention ablaufen. Sie beginnen mit dem bestmöglichen Angebot und beobachten, wie der Klient darauf reagiert. Das erste Erfolgskriterium dabei ist, ob der Klient bereits am Beginn durch die Art der Intervention überrascht ist. Überraschung ist ein Zeichen dafür, dass die Intervention jenseits der Gewohnheiten des Klienten verläuft, und das ist eine Voraussetzung für die Lösung. Sie beobachten weiter, wie sich der Klient im Lauf der Intervention der Lösung annähert und erkennen, was er noch dazu brauchen könnte. Sie spielen den gesamten Ablauf durch bis zum Ende und entscheiden sich aufgrund dieses Tests für oder gegen die Intervention oder wandeln sie da und dort ab.

Test-Training. Je größer Ihr Erfahrungsschatz an Coaching-Interventionen und Klientenreaktionen ist, desto leichter fällt es Ihnen und desto größer ist der Realitätsbezug dieser mentalen Tests. Trainieren Sie den Probelauf, je öfter Sie diese Technik nützen, desto nützlicher wird sie Ihnen sein.

Robert hat seine Hypothese gebildet. Während er einige Minuten schweigt, lässt er die gewählte Intervention im Kopf ablaufen und ist mit dem Ergebnis zufrieden.

PHASE 4 – CHANGEWORK

> DAS WICHTIGSTE PROBLEM IST DASJENIGE,
> WELCHES GELÖST WERDEN KANN.
>
> PAUL VALÉRY

Oh Wunder! Mulla Nasrudin trinkt Tee im Bazar und erlebt einen Mann, der einem Händler eine Decke anbietet. „Höchstens einen Dinar zahle ich dir für die Decke", meint der Händler an dem Stand. „Sie ist so hart und rau wie ein Schleifstein, seine Feinde kann man damit strafen, oder sie als Waffe verwenden gegen Räuber!" Der Mann nimmt den Dinar und geht gesenkten Hauptes, der Händler legt die Decke in seinen Schrank. Eine Stunde später beobachtet Nasrudin einen Interessenten am Stand des Händlers. Der holt die Decke aus dem Schrank und sagt: „Sie ist so weich und zart wie die Haut eines jungen Mädchens, so leicht wie eine Feder und so wärmend wie die Sonne. Deine Kinder und Enkel werden dich noch lieben, wenn du dieses gute Stück für deine Familie erwirbst. Und dabei kostet sie nur 30 Dinar!" Der Kunde kauft und geht. Nasrudin geht an den Stand und bittet den Händler: „Ich bin ein so schlechter Mensch, dürfte ich eine Stunde in deinen Schrank, damit aus mir ein Heiliger wird?"

Auf zu neuen Ufern. In dieser Phase vollzieht sich der entscheidende Teil der Veränderung. Der Coach bestimmt den Grad der schon vollzogenen und noch sinnvollen Veränderung des Klienten und führt die gewählte Intervention durch. Der Klient wird sich seiner Handlungsoptionen, Fähigkeiten und Ressourcen bewusst und lernt sie zu nützen.

Im Bewusstsein des Klienten verschwindet das Problem, er kommt dem Ziel näher. Die Schritte hier sind:

- Skalierung
- Zirkuläre Fragen und Ressource-Fragen
- Pause

Schritt 10: Skalierung

Der Coaching-Navigator. Wie können Sie als Coach wissen und Ihrem Klienten erkennbar machen, wie weit er sich jetzt schon verändert und was sich während des Coaching-Prozesses verbessert hat? Das Bewusstsein über Verbesserungen stärkt die Zuversicht des Klienten und zeigt beiden, ob sie auf dem Weg sind. Probleme sind einem Phänomen unterworfen: wenn sie gelöst sind, bleibt nicht ein gelöstes Problem, sondern das Problem verschwindet. Klienten beschreiben das auch oft so: „Eigentlich war das Ganze halb so schlimm. Ich weiß gar nicht, warum ich so ein Theater drum gemacht habe." Die Messung kann also nicht am Problem erfolgen, sondern muss sich an der Lösung orientieren: Wie sehr ist der Wunsch Wirklichkeit geworden? Die Messung dient nicht nur der Zielausrichtung, sie hat auch Veränderungs-Charakter. Die Art und Weise, wie Coach und Klient messen, ist auch Teil der Lösung.

Skala als Werkzeug. Lassen Sie den Klienten auf einer von Ihnen definierten Skala bestimmen, wo er sich in Bezug auf seinen Wunsch derzeit befindet. Klienten tun sich dabei meistens sehr leicht, unabhängig davon, wie die Skala konstruiert ist. Nun haben Sie bereits einen Anhaltspunkt, von dem aus Sie sich und den Klienten weiter orientieren können: Der Klient kann seinen Wunsch auf der Skala positionieren, er kann vergangene negative und positive Situationen zuordnen („Wie war es vor einer Woche?" „War es schon einmal besser und wo auf der Skala waren Sie da?"). Sie als Coach können bestimmen, wie groß die Veränderungsschritte sind, über die der Klient nachdenkt.
Wir unterscheiden drei Formen der Skalierung, die sich am Verhältnis von Idealbild und Selbstbild des Klienten orientieren.

Idealbild zu groß oder zu klein

Die Flow-Skala. Vermuten Sie, dass der Klient zu große oder zu kleine Maßstäbe an sich angelegt hat? Sie brauchen eine Skala, die Ihre Vermutung bestätigt oder falsifiziert. Schlagen Sie dem Klienten eine Skala von -5 bis +5 vor. Wählt der Klient für die derzeitige Situation den Bereich von -5 bis 0, bestätigt das Ihre Vermutung. Ihre vordringliche Aufgabe ist, den Klienten dabei zu unterstützen, sein Idealbild zu korrigieren, so lange, bis er seine derzeitige Situation im Bereich von 0 bis +5 einschätzt. Lassen Sie den Klienten Ideen darüber finden und beschreiben, wie er die Herausforderung seiner Aufgaben neu justieren kann – nicht zu groß, aber auch nicht zu klein. Denn Flow macht glücklich. Wenn der Klient das erreicht hat, können Sie damit fortsetzen, seine Zuversicht und Kompetenz zu stärken.

Zu geringe Zuversicht

Die Mega-Skala. Nützen Sie die Skala gleich auch als Mittel, die Zuversicht des Klienten zu stärken. Wählen Sie eine Skala, die irgendwo weit über 0 beginnt, also zum Beispiel von 5410 bis 5420. Sie vermeiden damit die Idee, der Klient könne sich auf einem Nullpunkt befinden. So lange Leben ist, ist auch Hoffnung möglich, null kann also nicht sein. Überraschen Sie Ihren Klienten mit dieser Skala. Insbesondere erfahrene Klienten werden, wenn Sie von einer Skala reden, eine von 0 bis 10 vermuten. Lassen Sie Ihrer Intuition freien Lauf, wie weit über 0 Sie die Skala positionieren.

Zu geringe Kompetenz

Die Standard-Skala. Hier können Sie die klassische Skala von 0 bis 10 nutzen. Es ist denkbar, dass jemand zwar viele Ressourcen mitbringt, um seinen Wunsch zu erfüllen, aber derzeit praktisch null Kompetenz hat.

Messen stärkt

Standortbestimmung. Erklären Sie dem Klienten die von Ihnen gewählte Skala und bitten Sie ihn zunächst, seinen derzeitigen Zustand in Bezug auf seinen Wunsch auf der Skala zu positionieren. Lassen Sie sich vom Klienten überraschen: Manche sind so präzise dabei, dass sie die Position in zehntel Schritten benennen. Nehmen Sie jede Positionierung des Klienten an. Der Versuch einer Korrektur („Sind Sie sicher? So wie ich Sie wahrnehme, schätze ich eher ...") ist kontraproduktiv. Sie würden den Klienten verunsichern und die Beziehung gefährden. Die nächste Frage betrifft den Wunsch: „Wo auf der Skala möchten Sie sein?" Selten möchten Klienten bis ans äußerste Ende der Skala gelangen. Das zeigt die Kompetenz dieser Menschen: Wenn noch nicht das Ende der Fahnenstange erreicht wurde, geht noch was, ist Verbesserung und damit Hoffnung weiter möglich.

Fortschrittsmessungen. Mit diesen zwei Punkten können Sie und der Klient jederzeit den Fortschritt bestimmen. Mit Hilfe der Skalierung können Sie dem Klienten auch zeigen, dass es auch schlimmer hätte sein können und er alles für die Verwirklichung seines Wunsches zur Hand hat. Wenn der Klient zum Beispiel seine momentane Situation auf einer Skala von 1 bis 10 bei 3 einschätzt, können Sie diese Antwort nützen: „Sie könnten ja jetzt auch auf 2 sein. Was haben Sie schon getan, um auf 3 zu sein?" Oder Sie fragen: „Waren Sie schon einmal auf mehr als 3? Und was haben Sie da getan?" Diese Fragen werden den Klienten überraschen, und er wird auch über seine bisher genützten Fähigkeiten und Ressourcen reflektieren und damit Ideen und Hoffnung gewinnen.

Robert wählte die Standard-Skala von 0 bis 10 und erläutert sie Peter.

Robert: „Wenn Sie an Ihr Ziel denken, in drei Wochen Ihre Mitarbeiter an Ihrer Seite zu haben, und alles, was Sie zur Verfügung haben, mit einkalkulieren, wo auf der Skala befinden Sie sich gerade?"

Peter: „Ich würde sagen, auf 5 oder 5,5, nein doch eher auf 5."

Robert: „Sehr gut, und wohin wollen Sie auf der Skala?"

Peter: „Auf 8, das reicht, dann bin ich mir sicher genug und kann loslegen."

Robert: „Gut, dann ist unser Ziel, der 8 so nahe wie möglich zu kommen, und wir werden das am Ende der Sitzung checken."

Schritt 11: Zirkuläre Fragen und Ressource-Fragen

Das Ganze sehen. Die besten Fragen sind jene, die den Klienten überraschen, weil er sich selbst diese Fragen noch nie gestellt hat und sie ihn über neue Dinge reflektieren lassen, die ihn der Lösung näher bringen. Probleme entstehen im Kontext, in den meisten Fällen ist nicht bloß der Klient beteiligt, sondern Ehepartner, Mitarbeiter. Kollegen, Freunde, Bekannte, Geschäftspartner. Der Klient lebt in beruflichen und privaten Systemen. Er braucht für seine Lösung Klarheit über diese Zusammenhänge, sein Blick muss weit werden und sich auf das ganze betroffene System ausdehnen können.

Geschlossene Kreise. Das Problem ist auch deswegen noch vorhanden, weil es sich in diesen Systemen stabilisiert hat. Ein Mitarbeiter, der sich beruflich verändern möchte und nach neuen Zielen sucht, lebt derzeit in einem beruflichen Umfeld mit Chefs und Kollegen. Er steht zu diesen Menschen in Beziehung und gegenseitigem Einfluss. Verändert sich der Klient im Rahmen Ihres Coaching, hat das auch Einfluss auf dieses Umfeld. Manche sind vielleicht froh darüber, für andere ist es ein Nachteil oder sie sind traurig darüber. Dieser Einfluss auf das Umfeld kann dazu beitragen, dass manche dieser Menschen auf die veränderte Situation reagieren und ihr Verhalten verändern, manche werden ihr Verhalten nicht verändern. Jedenfalls hat das Umfeld weiter Einfluss auf den Klienten, egal ob es sich mehr oder weniger verändert hat. Diesen gegenseitigen Einfluss gilt es zu erkennen. Er lässt sich darüber hinaus auch nützen, um die Veränderung des Klienten zu stabilisieren. Die Methode dafür ist zirkuläres Fragen, das sich auf Einflüsse und Gegen-Einflüsse bezieht.

Die Wunderfrage

Es beginnt mit einem Wunder. Für Klienten, die schon lange an ihrem Problem knabbern, ist es oft schwierig, über Lösungen nachzudenken und Ideen zu entwickeln, wie die Lösung die Umwelt beeinflussen könnte. Um das leichter zu machen, ist ein Szenario hilfreich, das diese Hemmschwelle überbrückt, weil es eine Erklärung mitliefert, warum die Lösung plötzlich da sein kann. Steve DeShazer entwickelte folgendes Einstiegsszenario für zirkuläres Fragen für lösungsfokussierte Kurzzeittherapie mit exzellenten Erfolgen:

„WENN SIE ANSCHLIESSEND NACH HAUSE GEHEN UND MIT IHRER FAMILIE DAS TUN, WAS SIE IMMER TUN, ODER WAS BESONDERES UNTERNEHMEN – UND IRGENDWANN WERDEN SIE MÜDE UND GEHEN ZU BETT UND – IRGENDWANN SCHLAFEN SIE EIN UND – EINFACH ANGENOMMEN, IN DIESER NACHT GESCHÄHE EIN WUNDER – UND DAS WUNDER BESTÜNDE DARIN, DASS ALLE PROBLEME, DIE SIE HIERHER GEFÜHRT HATTEN, GELÖST SIND – DAS WÄRE WIRKLICH EIN WUNDER, NICHT WAHR – ABER ES GESCHAH, WÄHREND SIE SCHLIEFEN; SIE WISSEN ALSO NICHT, DASS ES GESCHEHEN IST. UND WENN SIE MORGEN AUFWACHEN – WORAN KÖNNTEN SIE DANN ERKENNEN, DASS DIESES WUNDER GESCHEHEN IST?"

STEVE DESHAZER

Wunder werden Wirklichkeiten. Machen Sie dabei viele Pausen, während Sie dieses Szenario schildern, damit Ihr Klient sich dem auch voll und ganz aussetzen kann. Der Klient wird Ihnen eine Wahrnehmung schildern, zum Beispiel, dass der Chef ihn anders als bisher anschaut. Lassen Sie den Klienten die Wahrnehmung detailliert beschreiben. Wenn der Klient eine neue oder veränderte Empfindung nennt („Ich wäre dann glücklicher"), bleiben Sie bei der Frage: „Woran würden Sie erkennen, dass Sie glücklicher sind?", damit der Klient nach außen Wahrnehmbares beschreibt. Gefühle haben keinen Einfluss auf das Umfeld, erst der wahrnehmungsspezifische Ausdruck eines Gefühls durch eine lautere Stimme oder ein Lächeln wirkt auf andere. Lassen Sie den Klienten mehrere Ideen entwickeln, wie er die Veränderung wahrnehmen wird.

Systemische Zusammenhänge erfragen

Sehen durch „Im Kreis gehen". Die nächste Frage gilt den Beziehungen des Klienten: „Wer würde zuerst bemerken, dass das Wunder geschehen ist? Und woran wird er es bemerken?" Dann können Sie auch fragen: „Und wie wird Ihre Veränderung auf den anderen wirken? Wie wird sich der andere dadurch verändern?" Setzen Sie dabei voraus, dass sich der andere verändern wird. Die nächste Frage ist: „Woran werden Sie erkennen, dass sich der andere verändert hat?" Da fällt es dem Klienten schon sehr leicht, wahrnehmungsspezifisch zu bleiben. Lassen Sie auch hier den Klienten mehrere Ideen nennen. Und nun schließen Sie den Kreis zum ersten Mal: „Wie würden Sie sich verändern, wenn Sie wahrnehmen, wie sich der andere bereits verändert hat?" Veränderungen des Gefühls und von Wahrnehmbarem sollten genannt werden.

Ideenkreislauf. Solange Sie den Eindruck haben, es könnte noch eine relevante Veränderung ergeben, fragen Sie den Klienten noch einmal: „Und Ihre jetzige Veränderung: Wie würde die auf den anderen wirken und wie würden Sie jetzt erkennen, dass er sich verändert hat?" und so weiter. Der Klient wird mit jeder Runde sicherer, dass Veränderung machbar ist, die Einbeziehung des Umfeldes stabilisiert den Veränderungsgedanken und spendet viele Ideen für zukünftiges Verhalten.

Robert stellt Peter die Wunderfrage

Peter: „Ich würde es daran erkennen, dass einige meiner Leute, wenn ich am Morgen ins Büro komme, schon beisammen stehen und über die Projektarbeit diskutieren, und zwar konstruktiv."

Robert: „Woran würden Sie erkennen, dass sie konstruktiv diskutieren?"

Peter: „Ganz einfach, indem sie weiter diskutieren, wenn ich dazustoße. Jetzt hören sie immer auf, wenn ich komme, weil sie wissen, dass ich das Gejammere nicht leiden kann."

Robert: „Und was würde das in Ihnen auslösen, wie würden Sie sich dann anders verhalten?"

Peter überlegt: „Ich würde ..., das ist interessant: Ich würde lächeln. Wahrscheinlich tue ich das kaum, sagt meine Frau auch immer."

Robert: „Was meinen Sie, Peter, wer würde diese Veränderung zuerst bemerken?"

Peter: „Mmmhh, ich glaube Karl, der ist da recht feinsinnig."

Robert: „Wie würde das auf Karl wirken, wie würde der sich dann anders verhalten?"

Peter: „Zurücklächeln wahrscheinlich und mich noch mehr in das Gespräch mit einbeziehen."

Robert: „Und was würde das in Ihnen auslösen?"

Peter: „Mmmhh, ich wäre noch mehr bereit, ihnen zuzuhören, ... und dann käme eine konstruktive Diskussion zu Stande, so wie ich es mir vorstelle. Genau!"

Ressource-Fragen

Der Werkzeugkasten. Klienten sind auch deshalb Klienten, weil sie zu wenig Ideen haben, welche Hilfsmittel ihnen zur Lösung zur Verfügung stehen. Positive Erfahrungen, Glaubenssätze über eigene Fähigkeiten, günstige Gelegenheiten, unterstützendes Material oder Menschen können dazu einen Beitrag leisten. Das ist der nächste Schritt: Fragen sind auch hier bestens geeignet, die Aufmerksamkeit des Klienten auf vorhandene Ressourcen zu richten:

- „Warum ist es nicht schlimmer, als es jetzt ist? Was haben Sie dazu beigetragen oder zur Verfügung gehabt?"
- „Wann ist es einmal schon besser gewesen, und was haben Sie da anders getan oder zur Verfügung gehabt, damit es besser war?"
- „Was würden Sie brauchen, damit Sie auf der Skala von 2 nach 3 gelangen? Wer oder was könnte Sie dabei unterstützen?"
- „Wovon würden Sie noch gerne mehr zur Verfügung haben, um auf der Skala von 2 auf 3 zu gelangen?"
- „Wenn Sie sich jetzt ein Bild davon machen, wie der Wunsch bereits Wirklichkeit geworden ist: Was tun, können und haben Sie da, damit es so gut läuft, wie es läuft?"

Der Klient wird Ihnen einige Ressourcen nennen. Nun sollte der Klient Ideen entwickeln, wie er sich diese Ressourcen zugänglich machen kann. Manches wird ohnedies da sein, allein die Möglichkeit, sie zu nützen, war dem Klienten bisher nicht bewusst. Anderes wird nicht a priori verfügbar sein. Fragen Sie daher: „Was können Sie tun, um sich diese Ressource zugänglich zu machen?" „Was braucht es, sie zu nützen?"

Pflicht und Kür. Lösungsorientierte Fragen und Ressource-Fragen sind die Basismethode Ihrer Veränderungsarbeit. Jede Form der Interventionsarbeit hat darin ihren guten Platz. Beginnen Sie mit der Basis und setzen Sie darauf die von Ihnen in der Phase Annähern getestete Intervention. Oder die Antworten Ihres Klienten auf die lösungsorientierten Fragen zeigen Ihnen, dass eine andere Intervention sinnvoller sein könnte. Dann kehren Sie noch einmal zur Phase Annähern zurück, testen die Intervention und setzen in Changework mit der neuen Intervention fort. Mit dieser Form der Flexibilität agieren die hervorragenden Coachs allesamt.

Schritt 12: Pause

Mach mal Pause. Ist der Klient durch die Intervention zu einem guten Ergebnis gekommen, dann nehmen Sie noch einmal Maß; lassen Sie den Klienten bestimmen, wo auf der Skala er sein Anliegen jetzt positionieren würde. Anerkennen Sie die Entwicklung, die der Klient genommen hat. Teilen Sie nun Ihrem Klienten mit, dass Sie jetzt eine Pause von 5 bis 10 Minuten machen werden. Kündigen Sie an, dass Sie ihn nachher fragen werden, was er in dieser Sitzung gelernt hat und wo in seinem Leben er das nützen wird. Was denken Sie, wie der Klient die Pause verbringen wird? Richtig, er wird nachdenken, und alles, was Sie nachher sagen, wird mehr Gewicht haben. Gönnen Sie ihm und Ihnen diese wertvolle Zeit.

Robert: „Peter, was haben Sie dazu beigetragen, dass Sie auf der Skala auf die 5 gekommen sind? Sie könnten ja auch auf 3 oder 4 sein."

Peter: „Ich bin mit den Leuten zwei Mal auf ein Bier gegangen. Da war die Stimmung ein bisschen gelöster und sie haben begonnen, über ihre Probleme und Bedenken zu reden. Da hab ich allerdings bald geistig abgeschaltet, weil ich so was nicht gerne höre. Und ich habe unter vier Augen mit dem einen oder anderen geredet, das hat ihnen und mir gut getan. Nur mit den zweien, die etwas schwieriger sind, hab ich nicht geredet. Und ich denke, sie haben erkannt, dass ich einen guten Plan habe, dem vertrauen sie."

Robert: „Waren Sie schon einmal auf mehr als 5?"

Peter: „Nein, das war noch nicht, ach ja, doch: Nach dem zweiten Biertreff war es auf 5,5 oder 6."

Robert: „Worauf führen Sie das zurück?"

Peter: „Da hatte ich schon mit einigen geredet und war ziemlich lange geblieben. Ja, richtig, da war es besser als jetzt. Sollte ich wohl wieder tun."

Robert: „Wen oder was konnten Sie noch brauchen, um, sagen wir mal, auf 6,5 zu kommen?"

Peter: „Na ja, inzwischen ist mir einiges klar geworden: Ich werde mit den beiden, die so kritisch sind, auch reden, sie sind mir ja nicht unsympathisch. Ich mag bloß dieses destruktive Denken nicht. Ich werde ihnen einfach offen sagen, dass ich damit ein Problem habe. Vielleicht wollen sie auch öfter nach der Arbeit gemeinsam auf ein Bier gehen; ich werde es ihnen jedenfalls anbieten. Ich werde mir sehr genau überlegen, wie ich den Projektstrukturplan in drei Wochen präsentiere; das ist ohnehin meine große Stärke. Und dann werde ich mit dem Chef die Prämien für die Mitarbeiter vereinbaren. ... Ach ja, und mehr lächeln werde ich auch, werde einfach öfter daran denken.“

Robert: „Alle Achtung. Sie haben ganze Arbeit geleistet. Wo befinden Sie sich jetzt auf der Skala?“

Peter: „7 oder 7,5; nicht schlecht für den Anfang.“

Robert kündigt die Pause und die anschließende Frage an und verlässt den Raum.

PHASE 5 – HOFFNUNG

ICH BIN.
ABER ICH HABE MICH NICHT.
DARUM WERDEN WIR ERST.

ERNST BLOCH

Beginne, du selbst zu sein. In den Weden wird von einem Vogel erzählt, der im Baum sitzt und von den Beeren frisst. Manchmal, wenn er eine sehr bittere erwischt, blickt er nach oben, geblendet von der Sonne. Dort sitzt an der Spitze der Krone mitten im Licht ein Vogel, der es nicht mehr nötig hat zu fressen. Der Vogel weiter unten wünscht sich auch so zu sein und hüpft ein paar Äste hinauf, doch dann wird er müde und hungrig und isst wieder von den Beeren, bis er wieder auf eine bittere stößt, sich an den anderen Vogel erinnert und wieder weiter hinauf hüpft. So geht das eine Zeit lang, bis der untere Vogel dem oberen schon sehr nahe ist und von seinem Licht berührt wird. Da erkennt er, dass er die ganze Zeit über der Vogel im Licht war, und der andere nur sein eigener Schatten.

Ownership. In der letzten Phase bekommt der Klient Selbstständigkeit und Verantwortung für alle Verbesserungen. Er holt die Veränderung aus dem Trockendock und lässt sie in seinem Leben Platz greifen. Der Coach prüft den Erfolg der Intervention und gibt dem Klienten Gewissheit über die positive Veränderung. Der Klient erkennt den Nutzen aller Lernerfahrungen des Coaching-Prozesses, überträgt sie auf Situationen jenseits des Anliegens und steigert seine Zuversicht. Beide lösen die Beziehung Coach – Klient auf.
Die Schritte sind:

- Kompliment machen
- Generative Lernerfahrung machen
- Aufgabe geben

Schritt 13: Kompliment machen

Machen Sie keine Witze! Ereignisse, die in guter Erinnerung bleiben, werden auch als Ressource erlebt. Anfang und Ende entscheiden, ob der Klient das Coaching in guter Erinnerung behält. Sorgen Sie mindestens am Ende dafür. Ein netter Scherz oder ein Witz am Ende ist zwar auch gut, doch tief gehende Freude vermittelt das nicht. Als Coach sollten Sie mehr draufhaben als das. Soll das Finale in Erinnerung bleiben, braucht es eine Qualität der Freude, die nur in Beziehungen möglich ist. Witze kann man sich selbst auch erzählen und darüber lachen. Doch die Freude über das Geben und Nehmen eines angenehmen Gespräches, in dem jeder seinen guten Beitrag geleistet hat, ist Erinnerung, die bleibt.

Freude macht stark. Sagen Sie Ihrem Klienten nach der Pause, was Sie an der Coaching-Sitzung interessant, nützlich, gut und lustig fanden, worüber Sie erstaunt waren und worüber Sie mit Ihrem Klienten lachen konnten. Geben Sie ihm einen Eindruck davon, was für Sie jenseits des Honorars drin war, was Sie bereichert und was Ihnen Spaß gemacht hat. Sagen Sie ihm auch, was Sie an dem, was er tat und sagte, beeindruckt hat: der Weg, den er vom Start bis jetzt schon zurücklegte, die Ideen und Handlungsoptionen, die er entwickelte, der Mut, den er hat, mit alten Gewohnheiten zu brechen und sich neu zu orientieren. Mit einem Wort, zeigen Sie ihm, dass er Ursache für Ihre angenehmen Erlebnisse war. Das ist es, was Menschen am liebsten in guter Erinnerung behalten.

Robert kehrt zurück, nimmt Platz und beginnt:
„Peter, ich habe viel von Ihnen gelernt. Sie haben große Durchsetzungskraft und Energie und Sie sind sehr zielorientiert. Ich bin beeindruckt davon, wie sehr Sie Ihre Mitarbeiter schätzen und ihre Leistung anerkennen. Und es macht Spaß, mit jemandem wie Ihnen zu tun zu haben, der auch Spaß versteht und gerne lacht."

Peter verneigt sich leicht und dankt.

Schritt 14: Generative Lernerfahrung machen

Vom Klienten zum Lösungsprofi. Gewohnheiten und eingeschränkte Handlungsoptionen sind allgemeiner Nährboden für Probleme. Der Klient wurde durch sie nicht nur im Kontext des Problems, sondern auch in anderen Kontexten behindert. Die Frage ist also: Wo, in welchem Umfeld, bei welchen Gelegenheiten wird die jetzt entwickelte Lösung auch noch Lösung sein? Darüber hinaus hat der Klient seine Sicht auf Ressourcen erweitert und kann jetzt Ideen entwickeln, wo diese begleitenden Ressourcen noch nützlich sein können. So lassen sich berufliche Lösungen sinnvoll auf den privaten Kontext übertragen und umgekehrt. Fragen Sie nach diesen Lernerfahrungen und lassen Sie den Klienten beschreiben, was sich dadurch in seinem Leben verändert. Als Coach haben wir keine Ahnung, was der Klient aus der Sitzung sonst noch mitgenommen hat, das gar nicht mit Lösungen oder Ressourcen zu tun hat, sondern auf einer anderen Ebene stattfand. Fragen Sie auch danach und lassen Sie sich von der Antwort überraschen.

Robert: „Peter, nun die angekündigte Frage: Was haben Sie in dieser Sitzung gelernt? Vielleicht sind da auch Dinge dabei, die gar nichts mit dem Coaching oder Ihrem Anliegen zu tun hatten."

Peter: „Sie haben ein paar Fragen gestellt, die haben mich beeindruckt, weil sie mir viel gebracht haben. Und dann habe ich ge-

lernt, dass in der Ruhe viel mehr weitergeht als in meiner üblichen Hektik. "

Robert: „Was können Sie damit anfangen, Peter? "

Peter: „Die Fragen schreibe ich mir auf; ich kann mir gut vorstellen, dass die im Projekt noch sehr sinnvoll sein können. Und das mit der Ruhe: Ich werde da doch auf meine Frau hören, die sagt, ich soll mich mehr zurücknehmen. Ich hab schon eine gute Vorstellung davon, wie das gehen kann. "

Schritt 15: Aufgabe geben

Aufgabe: Gabe auf die Reise. Begleiten Sie Ihren Klienten, wenn Sie ihn in seine Wirklichkeit gehen lassen, nicht wirklich, sondern in Form einer Gabe, die ihn einerseits an das Coaching und das damit verbundene Gute erinnert und es ihm andererseits auch möglich macht, das Gelernte anzuwenden, die Veränderung in die Welt zu tragen und sich an ihr zu messen. Geben Sie Ihrem Klienten eine Aufgabe mit. Sie soll ihm erlauben, die Veränderungen zu beobachten, die seine Veränderung bei anderen Menschen auslöst, und sie soll seine Zuversicht stärken, dass Veränderung möglich ist. Die Aufgabe sollte daher folgenden Kriterien entsprechen:

- **Das Wunder.** Sie nimmt Bezug darauf, was der Klient als mögliche Veränderungen nach der Wunderfrage erarbeitet hat.
- **Positive Erfahrungen.** Wählen Sie eine Veränderung, mit der der Klient bereits gute Erfahrungen machte (die zu einer Verbesserung auf der Skala geführt hat). Der Klient lernt, Ausnahmen zur Regel zu machen.
- **Leicht machen.** Wählen Sie eine Aufgabe, die der Klient leicht bewältigen kann.
- **Zufall.** Bauen Sie in die Aufgabe auch den Zufall ein. Beispiel: Der Würfel soll entscheiden, ob der Klient an diesem Tag die Aufgabe macht – etwa wenn die Würfelzahl gerade ist. Oder der Klient schreibt Namen auf Zettel, faltet sie und zieht den Namen des Menschen, dem gegenüber er heute die Veränderung erproben wird.

- **Begrenzungen.** Begrenzen Sie die Aufgabe
  - ☐ zeitlich (zum Beispiel in den nächsten drei Wochen),
  - ☐ kontextuell (nur an einem bestimmten Ort),
  - ☐ personell (Bezugsperson für die Aufgabe soll die Person sein, die laut Klient seine Veränderung zuerst entdecken würde),
  - ☐ in der Größe (die Aufgabe soll eine kleine Veränderung auf der Skala bewirken).

Überlegen Sie mit allem, was Sie inzwischen über Ihren Klienten wissen, wie diese Aufgabe gestaltet sein könnte. Coachs dürfen auch länger schweigen, nehmen Sie sich also dabei ausreichend Zeit. Ihre Aufgabe ist der Wegbegleiter des Klienten auf seinem Weg zur Lösung.

Robert: „Jetzt gebe ich Ihnen noch eine Aufgabe mit auf den Weg: In den drei Wochen bis zur Präsentation nehmen Sie jeden Tag am morgen einen Würfel zur Hand und würfeln. Bei einer geraden Zahl tun Sie gar nichts Besonderes und bei einer ungeraden nehmen Sie sich vor, einmal an diesem Tag auf den Gängen des Unternehmens Karl zu begegnen und ihn anzulächeln, sonst nichts, nur lächeln, und zu beobachten, was geschieht. Werden Sie das tun, Peter?“

Peter macht große Augen und antwortet: „Wenn das alles ist, gerne, natürlich mach ich das. Ich bin größere Herausforderungen gewohnt.“

Robert: „Ich weiß. Ich wünsche Ihnen viel Erfolg, und bitte berichten Sie mir, wie die Präsentation verlaufen ist. Ich bin neugierig.“

MIT AUF DEN WEG

WAS EINFACH IST, IST IMMER FALSCH.
WAS NICHT EINFACH IST, IST UNBRAUCHBAR.

PAUL VALÉRY

Coaching – ein Modell. Nicht alles läuft immer reibungslos. Es kann manchmal geschehen, dass Sie in der Phase Changework mitten in einer

Intervention erkennen, dass es doch ein Metathema gibt, das vorher nicht erkennbar war. Dann müssen Sie zurückkehren zum Ausgangspunkt und mit dem Klienten für dieses Thema eine neue Vereinbarung treffen. Oder Sie erkennen in der Phase Hoffnung, dass doch noch zu wenig Zuversicht vorhanden ist, um die Aufgabe zu lösen. Dann werden Sie zum Changework zurückkehren und noch auf eine andere Art und Weise intervenieren. Die fünf Phasen des C.O.A.C.H.-Modells sind fünf Anhaltspunkte für Ihre Coaching-Stunde. Wenn Sie als Coach erkennen, dass Sie eine Phase nicht erfolgreich zu Ende bringen können, setzen Sie dort wieder an, wo das Ergebnis weiterhin gesichert ist. Das kann bedeuten: zurück an den Start.

Lernen ist immer und überall. Und Sie? Was haben Sie dabei gelernt? Sagen Sie bloß nicht: Es war eine Coaching-Stunde wie viele andere. Wenn Sie diesen Satz von sich hören, sollten alle Alarmglocken klingeln: Menschen sind das komplexeste uns vorstellbare System, niemals durchschaubar, niemals vollends verstehbar und immer voller Überraschungen. Exzellente Coachs sind exzellent, weil sie permanent lernen und sich nach jedem Coaching bewusst machen, was gelaufen ist, welche Informationen sie gesammelt haben, woraus sie Hypothesen gebildet haben, wie sich die Hypothesen bestätigten oder falsifizierten, wie sie korrigierten und wieder ansetzten, um aus all dem zu lernen. Tun Sie sich etwas Gutes und wachsen Sie als Coach an Ihren Erfahrungen.

> DIE LÖSUNG DES PROBLEMS MERKT MAN
> AM VERSCHWINDEN DES PROBLEMS.
>
> LUDWIG WITTGENSTEIN

Wenn das Problem verschwunden ist ... Welche Hinweise haben Sie nach Ihrer Coaching-Sitzung, dass Sie beide erfolgreich waren? Manchmal erkennen Sie es daran, dass Ihr Klient den nächsten vereinbarten Termin absagt, er braucht ihn nicht mehr. Manche Klienten rufen Sie an und teilen den Erfolg mit, häufig sind sie überrascht über die Auswirkungen. Beispiele:
Ein Klient, der seinen Chef nicht akzeptieren wollte, sagt: „Ich kapier das auch nicht, aber ich versteh mich jetzt mit meinem Chef und das Verhältnis zu meinem Sohn hat sich auch enorm verbessert ...“
Der Klient auf die Frage: „Was ist aus Ihrem Problem geworden? Was hat sich verbessert?“ „Welches Problem? Ach, das meinen Sie, das war ja gar nichts ...“

„Ich verstehe gar nicht, warum ich diese Geschichte so lange mit mir herumgeschleppt habe, es war überhaupt nicht schwierig. Es ist komisch, aber mein Mann und ich verstehen uns jetzt besser als vorher!", meinte die Klientin nach der einvernehmlichen Trennung von ihrem Partner.

Die Lösung des Problems erkennt man am Verschwinden. Freuen Sie sich darüber, Sie haben gute Arbeit geleistet!

ZUSAMMENFASSUNG

Der gemeinsame Nenner aller Coaching-Prozesse

Leitfaden. Nützen Sie den Leitfaden des C.O.A.C.H.-Modells für Ihre Coaching-Sitzung. Die Phasen sind:

Contracting

1. Commitment des Coach: Fragen Sie den Klienten nach seinem Anlass. Prüfen Sie sich, ob Sie den Auftrag annehmen können und wollen. Checken Sie, ob der Klient die Verantwortung für seine Veränderung übernimmt.
2. Vereinbarung klären: Erklären Sie den Ablauf des Coaching. Besprechen Sie die Rahmenbedingungen.
3. Commitment des Klienten: Schließen Sie mit dem Klienten die Vereinbarung ab.

Offenlegen

4. Veränderungsbereitschaft des Klienten klären: Prüfen Sie, ob der Klient andere oder sich selbst verändern möchte.
5. Ziel vereinbaren: Vereinbaren Sie mit dem Klienten das Ziel.
6. Tiefenstruktur des Anliegens erkennen:
   - In welchem Umfeld hat der Klient das Problem?
   - Welche Gewohnheiten und Glaubenssätze hindern ihn an der Lösung?
   - Welche Bedürfnisse sind verletzt?
   - Gibt es ein Metathema?
   - Welche Lösungsversuche machte der Klient?

Annähern

7. Das Modell des Klienten bilden – in welchem Bereich ist der Klient geschwächt:
   - Umwelt, Handlungen, Fähigkeiten, Einstellungen, Rolle
   - Systeme
   - Zukunft
   - Spiritualität
8. Interventions-Typ bestimmen:
   - das Selbstbild Ihres Klienten durch mittelbare Verbesserung der Selbsteinschätzung erhöhen (Kompetenzen stärken)
   - das Selbstbild Ihres Klienten durch unmittelbare Verbesserung der Selbsteinschätzung erhöhen (Zuversicht stärken)
   - das Idealbild verändern
9. Probe handeln: Konstruieren Sie den Coaching-Ablauf im Kopf

Changework

10. Skalierung: Nützen Sie die richtige Skala, um die Veränderung messbar zu machen:
    - Idealbild zu groß oder zu klein: die Flow-Skala von -5 bis +5
    - Zu geringe Zuversicht: die Mega-Skala von 5410 bis 5420
    - Zu geringe Kompetenz: die Standard-Skala von 0 bis 10
11. Zirkuläre Fragen und Ressource-Fragen: Stellen Sie die Wunderfrage und erfragen Sie die systemischen Zusammenhänge und Rückkoppelungen. Fragen Sie den Klienten nach vorhandenen Ressourcen.
12. Pause: Machen Sie nach der Intervention 5 bis 10 Minuten Pause. Kündigen Sie an, dass Sie nachher fragen werden, was der Klient gelernt hat. Die Pause verleiht dem, was Sie dann sagen, mehr Gewicht.

Hoffnung

14. Kompliment machen: Sagen Sie Ihrem Klienten, was Sie an der Coaching-Sitzung interessant, nützlich, gut und lustig fanden, worüber Sie erstaunt waren und worüber Sie mit Ihrem Klienten lachen konnten.

15. Generative Lernerfahrung machen: Fragen Sie den Klienten: Was hat er außer der Lösung in der Sitzung sonst noch gelernt?

16. Aufgabe geben: Geben Sie dem Klienten eine Aufgabe, die er leicht bewältigen kann.

Mit auf den Weg. Wenn Sie als Coach erkennen, dass Sie eine Phase nicht erfolgreich zu Ende bringen können, setzen Sie dort wieder auf, wo das Ergebnis auch weiterhin gesichert ist. Das kann auch bedeuten: zurück an den Start.

3 VERTRAUEN – DIE BEZIEHUNG TRÄGT

Wie Sie Ihre Beziehung zum Klienten POLieren können

DAS ECHTE GESPRÄCH BEDEUTET,
DAS EIGENE HAUS ZU VERLASSEN UND
AN DIE TÜR DES ANDEREN ZU KLOPFEN.

ALBERT CAMUS

Selbstvertrauen. Eine Frau kommt mit ihrem kleinen Sohn zu Mulla Nasrudin. Sie bittet ihn, etwas gegen den übermäßigen Dattelkonsum ihres Sohnes zu tun. Nasrudin schaut das Kind freundlich an und sagt der Frau, sie solle mit dem Sohn am nächsten Tag zur gleichen Zeit wieder zu ihm kommen. Am nächsten Tag kommen die beiden wieder zu Nasrudin. Der Meister setzt den Jungen auf seinen Schoß, nimmt ihm die Dattel aus der Hand und sagt freundlich:
„Mein Sohn, erinnere dich der Mäßigkeit. Es gibt auch andere Dinge, die gut schmecken."
Mit diesen Worten entlässt er Mutter und Kind. Etwas verwundert fragt die Frau:
„Großer Meister, warum hast du das nicht schon gestern gesagt, warum mussten wir den weiten Weg zu dir noch einmal machen?"
Darauf erwidert Nasrudin: „Gute Frau, gestern hätte ich deinem Sohn nicht überzeugend sagen können, was ich ihm heute sagte. Denn gestern hatte ich selber die Süße der Datteln genossen."

Beziehung – eine Vertrauensfrage. Was Coachs tun, ist nicht immer angenehm für den Klienten. Das Bild im vorgehaltenen Spiegel kann auch wehtun, die Überraschung, die der Coach zu bieten hat, kann das Selbstbild des Klienten zum Wanken bringen. Der Coach macht instabil, was bisher fest gemauert schien. Dann muss der Klient wählen zwischen dem bisherigen bekannten Zustand, der Kontinuität versprach, und dem Schritt ins unbekannte Land der Veränderung. Veränderung führt den Klienten wieder in den Fluss des Lebens zurück. Doch sie macht auch ein wenig Angst. Der Klient tauscht die scheinbare Sicherheit, zu wissen, was der

Tag bringt, mit der Unsicherheit einer positiven, aber unbekannten Zukunft. Das Wagnis ist geringer, wenn ihm ein Mitmensch seines Vertrauens die Hand reicht, während er diesen Schritt tut. Wie können wir zeigen, dass wir ein Mitmensch sind, der weiß, dass jenseits dieses Schrittes das Wahre, Schöne und Gute wartet?

In diesem Kapitel erfahren Sie mehr über
- *sprachliche und*
- *körpersprachliche Möglichkeiten,*
um die Vertrauensbasis zum Klienten zu verbessern.

PACING

Am schönsten ist der Anblick unserer Mitmenschen dann, wenn das erste Zusammentreffen harmonisch verläuft oder mindestens viel Mühe auf diesen Zweck verwendet wird.

EPIKUR

Das Fundament. Brücken werden von beiden Seiten des Ufers gebaut. Ihre Bereitschaft, als Coach Mitmensch zu sein, ist das Fundament auf Ihrer Uferseite. Das Fundament trägt die Pfeiler und den Steg, der zum anderen Ufer hinweist. Wenn der Steg dem Klienten nahe genug kommt, beginnt auch er seinen Teil des Steges zu bauen, bis sich beide zusammenfinden zu einer Brücke, die trägt. Und was sind die Pfeiler und der Steg zu Ihrem Klienten in der Praxis? Der niederländische Sozialpsychologe Rick van Baaren sagt: „Mimikry – der zoologische Fachbegriff für Nachahmung – schafft ein Band zwischen Menschen." Er ließ Kellner die Bestellung der Gäste mit den einleitenden Worten: „Sie bestellen ..." wortgenau wiederholen; eine Kontrollgruppe sagte nur: „Vielen Dank." Die erste Gruppe erhielt etwa doppelt so viel Trinkgeld wie die zweite. Und was bedeutet Mimikry im Coaching?

Die Magie des Gleichklangs. Carl Rogers, der Entwickler der personenzentrierten Gesprächspsychotherapie, erkannte: Menschen, die einander sympathisch sind, die einen tiefen, unbewussten Kontakt zueinander haben, gleichen sich in ihrer Sprache, ihrer Körperhaltung, Gestik und Bewegungsgeschwindigkeit aneinander an und wiederholen sprachliche Äußerungen. Richard Bandler und John Grinder, die Gründer von NLP, beobachteten die Arbeit von Fritz Perls, Virginia Satir und Milton Erickson und entwickelten das Pacing als Mimikry auf mehreren Ebenen der Kommunikation.

Die Sprache des Körpers

Wie ein Tanz! Sie betreten ein Lokal, nehmen Platz und beobachten die Gäste an den anderen Tischen. Es ist einfach zu erkennen, an welchen Tischen das Gespräch einen harmonischen Verlauf nimmt: die Haltungen sind ähnlich und die Körper bewegen sich im gleichen Rhythmus. Es ist wie ein Tanz zu einem geheimen Lied, dem Song, der die unbewusste Kommunikation der Menschen ausmacht. Sie sprechen mit einem kleinen Jungen, hocken sich nieder, sie möchten auf gleicher Augenhöhe mit ihm sein. Was passiert? Der Junge hockt sich auch nieder. Diese Fähigkeit ist Menschen angeboren, wir benutzen sie ohne Absicht.

Körperbeziehungen. Die meiste Zeit sehen wir uns nicht selbst, sondern unser Gegenüber. Spiegeln Menschen unsere Körperhaltung bewusst oder unbewusst, empfinden wir es als vertraut, wir fühlen, wie unsere Körperhaltung im Moment ist – unser Gegenüber liefert uns dazu die visuelle Repräsentation –, das empfinden wir als angenehm, eine Möglichkeit, um Beziehung herzustellen. Achten Sie in nächster Zeit auf Menschen, die ähnliche Körperhaltungen einnehmen, beobachten Sie die Qualität der Beziehung zwischen ihnen.

Spiegeln Sie. Es ist nicht Ihre Aufgabe, jede Haltung und Bewegung exakt zu kopieren. Ähnliche Haltung und Bewegungsabläufe lösen in Ihnen Gefühlsmuster aus, wie sie Ihr Klient spürt.

- Sitzhaltung gerade, eingesunken oder vorgebeugt
- Beine gerade oder überschlagen
- Gestik zur Betonung des Gesagten
- Blickkontakt oder abgewendeter Blick
- Mimik

Wählen Sie zwei oder drei dieser Merkmale, am besten jene, die markant zu beobachten sind, und tun Sie es Ihrem Klienten gleich. Die Wirkung ist zweifach: Sie erleben hautnah die Gefühlswelt Ihres Klienten – sind ihm noch mehr Mitmensch – und Sie schaffen Vertrauen.

Facial Feedback. Ein Begriff, der auf Gordon Allport zurückgeht und unter anderem von James D. Laird weiterentwickelt wurde: Lächeln verstärkt die positive Stimmung, ein ärgerliches Gesicht dämpft sie. Unsere Körperhaltung wirkt auf unsere Emotionen. Wenn Sie also eine Idee davon bekommen möchten, wie Ihr Klient sich gerade fühlt, nehmen Sie seine Körperhaltung ein. Möglicherweise stellen Sie dann fest, dass sich das, was der Klient gerade tut, gar nicht gut anfühlt.

Aktuelle und vergangene Erfahrung

Gemeinsame Erfahrungen schweißen zusammen. Ein Team, das schon länger zusammenarbeitet und eine gemeinsame Geschichte erlebt hat, entwickelt damit Zusammenhalt. Erfahrungen müssen gar nicht gemeinsam erlebt werden, um als gemeinsam empfunden zu werden. Bereits die gemeinsame Kenntnis darüber wirkt. Eltern erzählen ihren Kindern, wie es früher war, Liebende erzählen einander Ihre Kindheitserlebnisse und binden sich damit noch mehr aneinander. Niklas Luhmann sagt, das Ziel von Kommunikation ist nicht Information, sondern Redundanz. Wenn Ihr Klient seine Erfahrungen berichtet, will er damit Redundanz schaffen. Indem Sie ihm diese Information wieder zurückgeben, zeigen Sie, dass er sein Ziel erreicht hat.

Zusammengesunken und mit Tränen in den Augen sitzt Rita ihrem Coach Rainer gegenüber.

Rita: „Ich versteh die Welt nicht mehr. Ich weiß, ich könnte einen tollen Auftrag an Land ziehen. Und ich kann mich nicht aufraffen, anzurufen, um mich dort bekannt zu machen. Am Morgen nehme ich es mir fest vor und im Lauf des Tages ist mir alles Mögliche wichtiger, und am Abend habe ich es wieder nicht getan und ärgere mich grün und blau darüber. Gestern war wieder so ein Tag."

Rainer: „Sie haben sich also gestern am Morgen vorgenommen, dort anzurufen. Dann waren Ihnen den ganzen Tag über alle möglichen Dinge wichtiger und am Abend haben Sie sich über sich selbst geärgert?"

Rita: „Ja, genau so war es."

Tun Sie es wie die Kellner in Rick van Baarens Untersuchung: Wiederholen Sie die Aussage des Klienten. Ihr Klient hat dann das Gefühl, von Ihnen verstanden zu werden.

Gedankenlesen für jedermann. Und was ist, wenn es keine vergangenen Erfahrungen gibt, deren Redundanz Sie dem Klienten zeigen können? Dann wenden wir uns der Gegenwart zu. Rhetorik-Talente tun das, um Beziehung aufzunehmen mit einer großen Zahl von Zuhörern. Sie sagen zu Beginn ihrer Rede Dinge, die für die Zuhörer erlebte Erfahrung sind. Und dazu brauchen sie nicht einmal Gedanken lesen können, ein bisschen Hausverstand reicht.

> *Ein Keynote Speaker vor einigen hundert Zuhörern: „Sie haben den Entschluss gefasst, hierher zu kommen. Sie haben den abendlichen Verkehr in Kauf genommen und nehmen sich eine Stunde Zeit, um bei diesem Vortrag dabei zu sein. Und Sie sehen: Sie sind nicht die oder der Einzige, der sich dazu entschlossen hat ..."*

Das hat jeder schon erlebt. Ihr Klient muss Ihnen nicht von seinen Erfahrungen erzählt haben, und Sie wissen trotzdem, dass er sie erlebt haben muss. Wir alle haben als Kind sehr viel gelernt: krabbeln, gehen, sprechen, Rad fahren, schreiben – das ist eine Tatsache. Jeder Mensch hat sich im Laufe seines Lebens irgendwann Herausforderungen gestellt und sie bewältigt – erinnern Sie Ihre Klienten an diese Erfahrungen, und er wird sich verstanden fühlen. Als Coach beschreiben Sie Erfahrungen Ihres Klienten, die Sie beide erlebt haben oder von denen Sie mit großer Wahrscheinlichkeit annehmen können, dass sie zutreffen. Sie bieten Ihrem Klienten Aussagen an, die für ihn „wahr" sind, damit zeigen Sie ihm, dass Sie die Dinge auch aus seiner Sicht wahrnehmen können.

Sprachpacing – der Ton macht die Musik

> *Ein Paar in der Coaching-Sitzung:*
> *Die Klientin: „Mein Mann möchte dieses Coaching, ich kann mir nicht vorstellen, was das bringen soll."*

Nach einigen Rückfragen ist der Coach am Punkt: Die Ehepartner haben unterschiedliche Vorstellungen von Vertrauen.

Der Coach zur Klientin: „Woher wissen Sie, dass Sie Ihrem Mann vertrauen können?"

Die Klientin: „Wenn er mit mir spricht. Wenn er mir sagt, was ihm gefällt und was er möchte. Wenn er meine Fragen beantwortet."

Der Klient: „Wenn sie mich ansieht und anlächelt, wird mir ganz warm ums Herz. Dann weiß ich, dass ich ihr vertrauen kann."

Schlüsselwörter öffnen – die Kunst des Übersetzens. Der Mann braucht das Lächeln der Frau (visuelle Informationen), die Frau möchte, dass ihr Mann mit ihr spricht (auditive Informationen). Sie wissen damit noch nicht, was Vertrauen für die beiden bedeutet, Sie wissen aber, was die beiden brauchen, um zu vertrauen. Achten Sie auf Schlüsselwörter! Verwenden Sie die Schlüsselwörter im Gespräch mit Ihren Klienten.

Der Coach zum Klienten: „Verstehe, das Lächeln Ihrer Frau ist bezaubernd, völlig klar, dass einem da warm ums Herz wird …" Und zur Klientin: „Ich finde es auch wichtig, auszusprechen, was einem gefällt, was man möchte. Dann weiß der andere, womit er Freude bereiten kann."

Mitmenschen machen deutlich, dass sie Werte und Bedürfnisse des anderen erkennen und verstehen.

Ein gemeinsames Lied. Stellen Sie sich einen Chor vor, in dem jeder der Sänger in seinem eigenen Tempo, in einer anderen Lautstärke, Höhe oder Tiefe singt – wie würde das klingen? Passen Sie sich Ihrem Klienten in der Lautstärke, der Tonalität und der Sprachrhythmik an: Spricht er langsam und leise, tun Sie das auch, spricht er schnell und hoch, folgen Sie ihm, macht er längere Sprechpausen – machen Sie noch längere. Auf unbewusster Ebene wird er spüren, dass Sie ihn verstehen. Er wird Vertrauen fassen und bereit sein, seinen Teil des Steges zu bauen, die tragfähige Brücke für Veränderung entsteht.

OUTING

Das Bindeglied. Eine tragfähige Beziehung ist begleitet von einer Ausgewogenheit im Geben und Nehmen. Wenn beide einander etwa gleich viel geben, kann Beziehung wachsen. Das Verhältnis zwischen Führungskraft und Mitarbeiter ist ausgeglichen, wenn beide gleich viel einbringen, genauso ist es in Partnerschaft und Ehe. Das gilt auch, wenn Coach und Klient eine Beziehung herstellen. Doch Pacing ist bloß ein Geben des Klienten: Er teilt mit Ihnen seine Sicht, Emotionen und einen Teil seiner Erfahrungen. Um die Beziehung tragfähig zu machen, fehlt noch Ihr Beitrag. Niemand möchte einen Coach, der kalt und „durchtrainiert" seine Techniken abspult. Machen Sie sich zum Beteiligten und geben Sie etwas von sich preis!

Geheimnisse, die keine sind. Outing? Die innersten Geheimnisse preisgeben? Ja, warum nicht? So geheim sind Ihre Geheimnisse nicht. Sie haben die Körperhaltung, Gestik und Mimik des Klienten, seine Sprache und Erfahrungen übernommen. Dann spüren Sie Emotionen, die Ihnen Hinweise geben auf die Emotionen Ihres Klienten, Unsicherheit, Ärger, Angst, Unruhe oder Freude, Wohlbehagen, Lust. Ihren Klienten wird es nicht sonderlich erstaunen, wenn Sie diese Emotion ausdrücken. Im Gegenteil, häufig sagen Klienten dann: „Endlich jemand, der mich versteht."

Ein Klient erzählt, dass er sich seit dem Tod seiner Frau zu nichts aufraffen kann.

Coach: „Also, wenn ich versuche, mich da hineinzuversetzen, spüre ich tiefe Trauer um den Tod Ihrer Gattin. Das ist fast nicht auszuhalten."

Das war der erste Teil des Outing, der Teil, der vom Klienten ausgeht. Der zweite Teil hat mit Ihnen zu tun: Was bedeutet diese Emotion für Sie? Welche Reaktion löst das in Ihnen aus, was wäre Ihr Impuls? Manchmal ist das bereits eine Überraschung für Ihren Klienten.

Coach: „Mein erster Gedanke dazu ist: Würde das meine Frau überhaupt wollen, dass ich nach 15 Jahren noch so tief und schmerzhaft um sie trauere?"

Damit machen Sie sich zum Beteiligten. Outing ist eine kurze Sequenz im Aufbau tragfähiger Beziehung. Es ist der Schlussstein der Brücke, der Festigkeit gibt und trägt.

LEADING

Das Vertrauen rechtfertigen. Beim Tanzen ist es noch einfach. Da ist vorgegeben, wer führt und wer folgt. Klienten sind eigenwilliger, sie lassen sich erst führen, wenn die Beziehung stimmt. Sie können an nonverbalen Zugangshinweisen erkennen, ob die Beziehung aufgebaut ist. Sie verändern Ihre Körperhaltung, Ihre Sprechgeschwindigkeit. Ihr Klient passt sich Ihnen an – die Beziehung ist hergestellt. Von da weg führen Sie Ihren Klienten vom Problem zur Lösung.

Folge mir! Ab jetzt stehen Ihnen alle Interventionen offen, die Sie beherrschen. Wenn die Beziehung trägt, können Sie neben Ihrem Herzen auch einmal das Schwert benutzen und Ihren Klienten Dinge erkennen lassen, auf die er bisher nicht schauen wollte, weil sie wehtun. Er wird es Ihnen nicht übel nehmen. Denn Beziehung ist begleitet von Vertrauen; Ihr Klient weiß: Sie tun es im Guten und für ihn.

ZUSAMMENFASSUNG

Wie Sie Ihre Beziehung zum Klienten POLieren können

Schaffen Sie zum Klienten eine tragfähige Vertrauensbasis durch **Pacing.** Brücken werden von beiden Seiten des Ufers gebaut. Ihre Bereitschaft als Coach, Mitmensch zu sein, ist das Fundament auf Ihrer Uferseite. Das Fundament trägt die Pfeiler und den Steg, der zum anderen Ufer hinweist. Wenn der Steg dem Klienten nahe genug kommt, beginnt auch er, seinen Teil des Steges zu bauen, bis sich beide zusammenfinden zu einer Brücke, die trägt.

- Gleichen Sie die Körpersprache an
- Sprechen Sie gemeinsame Erfahrungen an
- Gleichen Sie die Sprache an

Outing. Machen Sie sich zum Beteiligten und geben Sie etwas von sich preis!

- Sprechen Sie die eigenen Emotionen an
- Sprechen Sie den daraus resultierenden Handlungsimpuls an

Leading. Klienten lassen sich erst führen, wenn die Beziehung stimmt. Sie können an nonverbalen Zugangshinweisen erkennen, ob die Beziehung aufgebaut ist. Führen Sie den Klienten mit Ihren Interventionen zum Ziel.

4 SUGGESTIONEN – EINFÜHRUNG IN DIE HYPNO-RHETORIK®

Mit dem bewussten Verstand
und dem Unbewussten des Klienten arbeiten

MEDITATION IST DAS ENTFALTEN DES NEUEN.
DAS NEUE LIEGT JENSEITS DER SICH WIEDERHOLENDEN VERGANGENHEIT
UND GEHT DARÜBER HINAUS.
MEDITATION IST DAS BEENDEN DER WIEDERHOLUNG.

KRISHNAMURTI

Hypnotisch. Ein Klient Milton Ericksons leidet unter ständigem Harndrang; er glaubt, alle 30 Minuten auf die Toilette gehen zu müssen. Erickson: „Wissen Sie, wir könnten uns vorstellen, dass Ihre Blase alle 15 Minuten geleert werden muss, anstatt jede halbe Stunde ... nicht schwer, sich das vorzustellen ... eine Uhr kann langsam gehen ... oder schnell ... sogar 1 Minute falsch gehen ... sogar 2, 5 Minuten ... oder denken Sie an die Blase jede halbe Stunde. Wie Sie es getan haben. Vielleicht waren es manchmal 35, 40 Minuten, möchten gerne 1 Stunde draus machen. Wo ist der Unterschied? 35, 36 Minuten, 41, 42, 45 Minuten. Kein großer Unterschied. Kein wichtiger Unterschied. 45, 46, 47 Minuten. Alles das Gleiche. Es gab Zeiten, da mussten Sie 1 oder 2 Sekunden warten. Vom Gefühl her 1 oder 2 Stunden. Sie haben es geschafft. Sie können es wieder. 47 Minuten, 50 Minuten, was ist der Unterschied. Wenn Sie sich die Zeit nehmen, darüber nachzudenken, kein großer Unterschied, nichts von Bedeutung. Das Gleiche wie 50 Minuten, 60 Minuten, bloß Minuten. Jeder, der eine halbe Stunde warten kann, kann eine Stunde warten. Ich weiß das. Sie lernen." Eine Woche später berichtete der Klient, am Abend bereits 4 Stunden ausgehalten zu haben.

11 Millionen zu 40. Manfred Zimmermann von der Universität Heidelberg hat festgestellt, dass pro Sekunde 11 Millionen Informationseinheiten von den Sinnen zum Zentralnervensystem gelangen. Der Kurzzeitspeicher fasst aber bloß 40 Informationseinheiten pro Sekunde. Unsere Aufmerksamkeit ist also extrem eingeschränkt. Doch welche 40 Einheiten sind es, auf die wir den Scheinwerfer unserer Aufmerksamkeit richten? Der weitaus größere Teil der Hirnfunktion geschieht ohne unsere bewusste Aufmerksamkeit durch schnellere Hirnregionen.

Bewusst langsam. Daher ist es möglich, dass wir tagträumen, während unser Gehirn, ohne die bewusste Aufmerksamkeit zu benutzen, das Auto lenkt – und zwar sicherer als unser bewusster Verstand. Erst wenn uns bewusst wird, dass wir eine Zeit lang tagträumend Auto gefahren sind, erschrecken wir: „Ich war unaufmerksam! Was hätte da alles passieren können!" Wir erschrecken, weil wir glauben, der bewusste Verstand sei besser als der unbewusste. Doch das Bewusstsein kann gut bewerten und vergleichen, ist aber langsam. Unbewusst und mit hoher Geschwindigkeit sorgt das Gehirn für die Aufrechterhaltung der Körperfunktionen und unsere Sicherheit.

Lösungs-Trance. Der Klient, der Ihnen gegenübersitzt, ist von Anfang an in Trance: Seine bewusste Aufmerksamkeit ist schon lange auf das Problem gerichtet. Viele Male hat er die Problemzustände, möglichen Ursachen und Folgewirkungen bewusst durchdacht. Darin ist er geübt. Er beweist damit, dass er zu Ihnen kommt, dass seine Problem-Trance nicht zur Lösung führt. Wie können wir als Coach den Klienten anleiten, den Scheinwerfer der Aufmerksamkeit auf Lösungen zu richten?

Alles ist Trance. Milton Erickson entdeckte, dass Sprachmuster, die wir in unserer Alltagssprache verwenden, hypnotische Wirkungen erzeugen und die Aufmerksamkeit in definierte Richtungen lenken. Diese Sprachmuster werden in der Therapie, in Beratungskontexten und Seminaren genützt. Für erfolgreiche Redner, Verkäufer und Führungskräfte gehören sie zum unverzichtbaren Methodenset. Auf vage, sanfte Art und Weise werden damit neue Wege aufgezeigt, neue Möglichkeiten eröffnet, Veränderungsprozesse begleitet. Die Hypno-Rhetorik® nutzt diese Sprachmuster, um Entwicklung, Lernen und Veränderung zu erleichtern.

Wie Sie
- **die Aufmerksamkeit des Klienten lenken können,**
- **leichte oder tiefe Trancen indizieren und**
- **Milton Ericksons Sprachmuster nützen können,**
davon handelt dieses Kapitel.

DAS BASISMUSTER DER HYPNO-RHETORIK®

Start und Ziel. Die Basis der Hypno-Rhetorik® besteht aus drei Teilen:

- dem Widerspiegeln der vergangenen, gegenwärtigen und zukünftigen Erfahrungen der Zuhörer,
- kunstvoll vager Suggestionen und
- der Verbindung beider.

Widerspiegeln von Erfahrungen

Die Beziehung zählt. Wie gelingt uns der Brückenschlag zum Klienten mit Sprachmustern der Hypno-Rhetorik®? Überlegen Sie: Wo befindet sich der Zuhörer? Was anerkennt er als wahr und gegeben? Zu welcher Aussage erhalten Sie seine Zustimmung? Das ist die Grundkonstruktion der folgenden Sprachmuster, die Ihnen helfen werden, Vertrauen herzustellen. Tun Sie in Gedanken so, als wären Sie nicht Sie, sondern Ihr Klient, und nun stellen Sie sich folgende Fragen:

- Vergangenheit: Was hat Sie veranlasst hier zu sein? Was erlebten Sie als Klient, bevor und während Sie herkamen?
- Gegenwart: Was nehmen Sie als Klient jetzt in diesem Moment wahr? Was sehen Sie im Raum? Was hören, fühlen, riechen oder schmecken Sie (Raumtemperatur, Gerüche, Speisen, ...)? Wie nehmen Sie den Coach und seine Umgebung wahr?
- Zukunft: Was wird Sie als Klient erwarten? Welche Dinge glauben Sie, im Lauf der Sitzung und danach zu erleben? Was glauben Sie damit in Zukunft anfangen zu können?

Was Sie hören, ist, was Sie erleben. Flechten Sie die Antworten in Ihre Sätze ein. Lassen Sie Ihre Klienten eine Reise durch die Zeit erleben. Und zwar von der Vergangenheit über die Gegenwart in die Zukunft.

Coach: „Sie haben einige Dinge erlebt, die Sie veranlasst haben, hierher zu kommen. Jetzt sitzen Sie hier in diesem Zimmer, sehen mich an und hören mir zu. Wenn Sie darauf achten, können Sie Ihren

Atem spüren, wie er mit jedem Atemzug Ihren Körper sanft ausdehnt und weitet. So wie die Gedanken, die sich weiten werden, wenn Sie erst einmal über all die Möglichkeiten nachgedacht haben werden."

Indem Sie die vergangene, aktuelle und zukünftige Erfahrung des Klienten sprachlich widerspiegeln, schwimmen Sie gemeinsam im selben Teich. Sie befinden sich in derselben Trance. Und Ihr Klient erlebt, dass Sie sich auskennen mit ihm. Sie signalisieren: „Ich bin auf Ihrer Seite. Mir ist bewusst, was Sie erlebt haben und jetzt gerade wahrnehmen."

Die Suggestionen

Den Weg finden lassen. Der Arzt und Hypnotherapeut Milton Erickson wuchs auf einer Farm im amerikanischen Mittelwesten auf. Eines Tages kam ein herrenloses Pferd auf die Farm. Keiner wusste, wem es gehörte. Der junge Milton schwang sich auf das Pferd, führte es auf die Straße und wartete dort, bis es anfing eine Richtung einzuschlagen. Dann ließ er es dahintraben. Wenn es vom Weg abkam, führte er es wieder auf die Straße. Bei Kreuzungen ließ er ihm Zeit, selbst zu entscheiden, und hielt es dann wieder auf dem Weg. Schön langsam wurde in der Entfernung eine Nachbarfarm sichtbar und das Pferd wurde auch immer schneller. Als Milton dort einritt, wurden er und das Pferd herzlich begrüßt: „Woher wusstest du, dass das Pferd uns gehört?" Milton lachte: „Ich wusste es nicht, das Pferd wusste es!"

Kunstvoll vage. Wenn Sie auf obige Art und Weise elegant und unauffällig die Trance der Klienten betreten haben, können Sie beginnen, kunstvoll vage Suggestionen einzustreuen. Wir gehen dabei vor wie Milton bei dem entlaufenen Pferd. „To suggest" heißt vorschlagen. Wir geben zwar eine Richtung vor, lassen aber jeden Klienten das Seine daraus machen. Die entscheidenden Worte bei Suggestionen sind: „kunstvoll vage"! Um die Wichtigkeit zu verstehen, ein Experiment. Vergleichen Sie die Wirkung folgender Suggestionen:

Nehmen Sie jetzt einen Atemzug, blinzeln Sie sofort mit den Augen, denken Sie an das, was Sie gestern um 15 Uhr getan haben.

Lassen Sie diese Suggestionen auf sich wirken und vergleichen Sie sie mit den folgenden:

> *Und wann immer jetzt der richtige Zeitpunkt für einen entspannenden Atemzug kommt, werden Sie ihn mit etwas mehr Bewusstheit machen können, so wie auch das nächste Blinzeln etwas mehr Aufmerksamkeit und Ruhe haben kann, nun, sobald die Zeit dafür reif ist, denn es kann sein, dass Sie von gestern Nachmittag nicht mehr alles ganz genau wissen, aber etwas davon, vielleicht den angenehmsten Moment, so wie er war oder sein hätte können, in Ihr Tagtraum-Bewusstsein lassen, um Ihre Stimmung davon ein bisschen aufheitern zu lassen.*

Wie Sie bemerken, wirken die zweiten Suggestionen ganz anders als die ersten. Ein Grund dafür ist: Sie lassen dem Klienten mehr Spielraum, das Seine daraus zu machen. Sie sind plausibel, sie sind angenehm und sie sind moralisch annehmbar. Das sind nämlich die Kriterien für erfolgreiche Suggestionen.

Patterns of plausibility. Natürlich haben wir keine Ahnung davon, ob der Klient diese Emotionen und Kognitionen jetzt und in Zukunft haben wird, aber sie sind plausibel. Wenn Sie zusätzlich genügend Vertrauen aufgebaut haben, z.B. durch gutes Widerspiegeln der Erfahrung, und die Richtung, in die Sie führen, angenehm und moralisch annehmbar ist, haben Sie gute Chancen, dass Ihnen der Klient folgt.

Hier nochmals die Kriterien für erfolgreiche Suggestionen:

- Vertrauen aufgebaut: Gut die Erfahrung widergespiegelt.
- Kunstvoll vage: Jeder kann das Seine daraus machen.
- Plausibilität: Warum nicht?
- Angenehm und annehmbar: Die Richtung ist in Ordnung.

Die Verbindung

Schrittweises Führen. Besonders effektiv ist die Verbindung der beiden obigen Muster, des Widerspiegelns und der Suggestion. Vor allem bei Anfängen ist es gut, mehr Widerspiegeln zu betreiben, bevor man mit den Suggestionen beginnt. Je mehr Sie dann angekommen sind in der Trance des Klienten, desto häufiger können Sie Suggestionen einbringen. Dazu ein Beispiel:

> *„Sie sind hierher gekommen, weil Sie ein Anliegen haben und sich Verbesserung erhoffen*
> *und*
> *beginnen bereits, aus dem, was Sie bisher erfahren haben, Sinn zu machen, die Informationen miteinander zu verknüpfen und neue Ideen daraus zu entwickeln."*

Der Sinn des ersten Absatzes ist uns klar: Der Coach geht in die Trance des Klienten, indem er dreifach das Erleben des Klienten widerspiegelt. Das ist, nach der einfachen Verbindung durch „und", eine wichtige Voraussetzung für den dritten Teil. Denn ob der Klient wirklich bereits Sinn daraus macht, die Informationen verknüpft und neue Ideen daraus entwickelt, kann der Coach nicht wissen. Aber – warum nicht? Irgendwie wird das schon stimmen. Diese Suggestionen wirken deshalb so gut, weil sie mit den ersten Sätzen verbunden sind. Der Klient folgert, mehr unbewusst als bewusst, aber daher um so wirkungsvoller: „Wenn das Erste richtig war, wird das Weitere wohl auch stimmen." Der Inhalt der Suggestion wird als Tatsache akzeptiert und leitet das weitere Denken und Handeln.

Der Aufbau dieses Basismusters entspricht der vorher beschriebenen Grundkonstruktion und ist simpel: Zuerst sagen Sie ein paar Dinge, die der Erlebniswelt des Klienten entsprechen, leiten mit einem einfachen „und" über, und führen dann mit kunstvoll vagen Suggestionen in die gewünschte Richtung. Das ist viel einfacher als Pferdekutschen zu lenken.

ZEHN TECHNIKEN DER HYPNO-RHETORIK®

Sie finden hier eine Auswahl von zehn Sprachmustern der Hypno-Rhetorik®. Das erste und das zweite ermöglicht Ihnen die Verbindung von Spiegeln und Suggestion. Die Techniken drei bis sieben sind gut geeignet, um die Trance der Klienten zu vertiefen, und acht bis zehn sind äußerst elegante Muster, die Sie in der Kommunikation mit dem Unbewussten Ihres Klienten zu seinem Nutzen einsetzen können.

1. Komplexe Äquivalenz

Das eine ist das andere

„Sie haben Ihr Anliegen beschrieben und das bedeutet, Sie sind schon auf dem Weg, es zu lösen, denn weil Sie das Anliegen kennen, wird es leicht sein, es abzugrenzen, zu reflektieren und andere Möglichkeiten zu finden."

Das eine ist das andere. Der Coach hat die beiden Teile miteinander verknüpft und damit implizit die Behauptung aufgestellt: Wenn das eine zutrifft, stimmt auch das andere. Dass der Klient sein Anliegen formuliert hat, stimmt unbestritten, also könnte auch das andere wahr sein. Sie können auch Wahrnehmungen Ihres Klienten nützen, die noch gar nicht geschahen, aber mit ziemlicher Sicherheit geschehen werden. Das Unbewusste des Klienten übernimmt die Botschaft. Sobald er erlebt, was Sie ankündigten, wird auch Ihre Verknüpfung wirksam und er glaubt auch den zweiten Teil.

„Sie haben heute einige neue Erfahrungen gemacht. Und das bedeutet, dass das Lernen weitergehen wird. Und wenn Sie sich heute Abend hinlegen und hinübergleiten in einen angenehmen, tiefen Schlaf, wird Ihr Unbewusstes dieses Lernen noch tiefer und leichter übernehmen, weil Ihr Unbewusstes die meisten wichtigen Dinge von ganz allein erledigt, ohne dass Ihr Bewusstes es bemerken muss."

Sobald sich der Klient ins Bett begibt und in den Schlaf sinkt, beginnt die Verknüpfung selbstständig ihre Arbeit. Das Lernen wird weitergehen, denn diese Verknüpfung wirkt sehr subtil.

2. Kausalnexus

Ursache – Wirkung: Das eine folgt dem anderen

Horst, ein Mediator, zu den Konfliktparteien:
„Ich glaube, wir sind so weit. Das nächste Mal, wenn Sie wegen eines Themas verschiedener Meinung sind, werden Sie sich an die

letzte halbe Stunde erinnern, an die Offenheit und das Verständnis, das hier herrschte.
Sie werden sich ansehen und wieder das gute Gefühl haben, das Sie jetzt empfinden. Sie werden das Bedürfnis verspüren zu lächeln und es auch tun. Und dann werden Sie in der Lage sein, das zu tun, was Sie hier erlebt und erfahren haben."

Das eine macht das andere. Das ist die zweite Art, die beiden Teile miteinander zu verknüpfen. Sie folgt dem Ursache-Wirkungs-Prinzip. Sobald die Konfliktparteien erleben, was Horst ankündigte, könnte ihr Unbewusstes sagen: „Tatsächlich, der Kerl hatte Recht. Dann wird wohl an der Sache mit dem Wohlfühlen auch etwas Wahres dran sein."

Der Test. Nun kennen Sie zwei verbindende Sprachmuster und das bedeutet, Sie sind schon fast Experte, und dieses Bewusstsein kann noch mehr Selbstvertrauen bei der Anwendung bewirken. Und wenn Sie die beiden Muster im vorhergehenden Satz bemerkt haben, gleich noch mal so viel Selbstvertrauen und Spaß bei der Umsetzung ...

3. Nominalisierungen

Worte zaubern Vorstellungen und Ideen

Harald zum Klienten am Ende der Sitzung:
„Ihre Fähigkeit zur Kreativität und zum Handeln wird Sie dabei unterstützen, Ideen und Vorstellungen zu entwickeln und die Lösungen, die Ihren Werten und denen Ihrer Umwelt entsprechen, in Umsetzung zu bringen, und damit zum Erfolg und zur Effizienz Ihrer Abteilung beitragen!"

Die Auslassung macht's. Diese Sätze sind vollgepackt mit Zauberwörtern. Betrachten wir den Satz genauer, fällt auf, dass er aus vielen Hauptwörtern besteht, die keine Dinge beschreiben: Fähigkeit, Kreativität, Handlungen, Ideen ... Das sind Nominalisierungen, nach Immanuel Kant „Begriffe, die erst gefüllt werden müssen". Sie können leicht überprüfen, ob Sie es mit einem dieser Wörter zu tun haben: Konstruieren Sie eine Schubkarre, überlegen Sie, ob Sie diesen Begriff hineinlegen könnten. Eine Leiter z.B. könnten Sie in eine Schubkarre legen, Ideen nicht. Passt es nicht in eine Schubkarre, ist es eine Nominalisierung.

Weniger ist mehr. Andere Beispiele für diese mächtigen Nominalisierungen: Ehre, Treue, Freude, Gewinn, Wachstum, Entwicklung, Lernen, Lachen, Lieben, Neugier, ... Je mehr dies Wörter wir verwenden, desto mehr kreist das Denken des Klienten darum, die Wörter für sich zu füllen, sein Bewusstsein ist damit ausgelastet, das Unbewusste offen für Suggestionen. Ihr Klient kann gar nicht anders, als sich auf Sie zu konzentrieren. Sie halten die Zügel fest in der Hand, lassen aber den Klienten seinen Weg finden.

4. Ungenaue Verben

Das Ungenaue macht Platz

Ein Berater zu Beginn einer Sitzung:
„Sie haben beschlossen, Ihr Thema aufzuarbeiten und dabei zu lernen, ich darf Sie dabei unterstützen. Sie werden spüren, wie es viel rascher geschehen wird, als Sie es sich vorstellen können. Und da es Sie weiterbringen wird, und Sie das wahrnehmen, werden Sie wachsen, sich weiterentwickeln und beginnen, es zu genießen."

Zu viel auf einmal. Haben Sie die Zauberwörter erkannt? Es sind die Tätigkeitswörter, die mehr Fragen offen lassen, als sie beantworten. Wann, was, wie genau, warum, wodurch wird er sein Thema aufarbeiten? Je ungenauer Sie die Verben formulieren, desto tiefer wird die Trance Ihres Klienten, wieder wird sein Bewusstsein mit Informationen überladen. Jedes Tätigkeitswort eignet sich für Trancen, besonders wirksam sind jene, die mit positiven Erfahrungen verbunden werden: lachen, lieben, lernen, wohl fühlen, entspannen, leicht fallen, schweben ... Streuen Sie diese Wörter in Trancen ein, und es wird Ihnen ganz leicht fallen, Ihren Klienten dabei zu unterstützen, sich noch mehr zu entspannen und wohl zu fühlen, damit tiefes Lernen geschehen kann.

5. Vergleichende Tilgung

Das Leichteste ist leichter

In der ersten Besprechung mit den Abteilungsleitern fasst die neue Führungskraft am Ende zusammen:
„Liebe Kolleginnen und Kollegen, nach dieser Besprechung schaue ich zuversichtlicher als je zuvor in unsere Zukunft. Ich weiß, wir werden besser und schneller unsere Ziele erreichen, die Zusammenarbeit wird effizienter und effektiver, und es wird gerade deshalb leichter, größer zu werden.“

Ein trickreicher Vergleich. Wieder gilt das Prinzip: Auslassungen binden. Diesmal geht es um die Steigerungsform: Der Vergleich wird ausgelassen. Das Unbewusste des Klienten sucht nach den Vergleichen: Besser als was? Schneller und effektiver als was? Und ist damit ausgelastet. Sie können Ihre Botschaften so direkt an das Unbewusste adressieren, das Unbewusste nimmt sie auf; vorausgesetzt, sie entsprechen den Kriterien, sind angenehm, entsprechen den Bedürfnissen und Werten Ihres Klienten. Nutzen Sie die Kraft der vergleichenden Auslassung. Sie verwenden Steigerungsformen, ohne zu erklären, womit Sie vergleichen. Das bleibt offen und hält die Trance des Klienten auf Sie gerichtet.

6. Verlorener Performer

Wer sagt das?

Ein Klient in der ersten Sitzung:
„Nein, das kann man so nicht machen. Es ist nicht gut, wenn man seine Meinung äußert, die anderen sind dann gleich eingeschnappt und man kann dann lange herumrudern, bis man wieder auf einen grünen Zweig kommt!“

Man kann es oder man kann es nicht. Statt „ich“ oder „wir“ oder „Herr Meier“ sagen Sie einfach „man“ oder „es“. Ebenso gut geeignet sind verallgemeinernde Begriffe, wie etwa „die Menschen", „die Deutschen", „Manager und Führungskräfte". Um Informationen zu geben und dafür auch einzustehen, sind solche Formulierungen ungeeignet. Für die Vertiefung von Trancen eignen sich diese Muster aber hervorragend, weil man alles verwenden kann, was man möchte: weil man so viel verwendet hat und es weiter tun wird, so viel schon erfahren hat und man immer schon gelernt hat, ohne dass man es bemerken musste, weil man sicher sein kann, dass es immer Wege gibt, die nur darauf warten, dass man sie bemerkt.

7. Verletzung der Auswahlbeschränkung

Wenn Gedanken Flügel bekommen

Harald zum Klienten in der ersten Sitzung, als dieser sein Problem nicht formulieren kann:
„Dieses Problem sucht förmlich nach einem Versteck und weigert sich, sich zu zeigen, finden Sie nicht auch? Wir sollten ihm zuerst einmal erlauben, ein passendes Versteck zu finden und ihm etwas Ruhe gönnen. In der Zwischenzeit könnten wir Kontakt zur Kreativabteilung Ihrer Persönlichkeit aufnehmen, um dort nach Unterstützung zu suchen."

Die denkende Lösung. Hand aufs Herz, haben Sie schon einmal ein Problem gesehen, das derart menschliche Züge aufweist? Natürlich gibt es keine Probleme, die sich Verstecke suchen, und Kreativabteilungen der Persönlichkeit. Trotzdem entstehen Bilder, Konstruktionen. Mit diesem Muster schreiben Sie Dingen Eigenschaften zu, die sie nicht haben. Die Abstraktion der Sprache ist plötzlich wie weggeblasen. Zuhörer haben die starke Tendenz, im Kopf aus Problemen, die Verstecke suchen, einen Film zu gestalten. Abstrakte Begriffe erhalten in diesen Filmen menschliche Züge. Die Konsequenz daraus: je besser der Film, desto tiefer die Trance.

Ding oder Mensch. Geben Sie einfach Begriffen menschliche Eigenschaften: Ein Problem kann sich in die Luft schwingen, einmal Urlaub in der Südsee machen wollen, in Pension gehen oder eine neue Arbeitszeitregelung haben wollen – zehn Minuten am Tag oder so … Seien Sie kreativ, dieses

Muster regt zum Träumen und Lachen an und freut sich darauf, das Problem Ihres Klienten an der Hand zu nehmen und dorthin zu begleiten, wohin es möchte: wenn es sein muss, auch vor den Traualtar.

8. Double-bind

Was immer Sie tun, es ist richtig!

Kopf oder Schwanz? Als Milton Erickson ein kleiner Junge war, sah er seinem Vater zu, der verzweifelt versuchte, ein Kalb in den Stall zu zerren. Milton fing an, herzlich zu lachen. Sein Vater forderte ihn auf, ihm zu helfen. Milton erkannte, dass das Kalb einen unsinnigen, hartnäckigen Widerstand leistete. Er beschloss, ihm Gelegenheit zu geben, sich zu widersetzen. Er brachte das Kalb in eine Doppelbindungssituation, indem er seinen Schwanz ergriff und es vom Stall wegzog. Das Kalb beschloss sofort, sich der schwächeren der beiden Kräfte zu widersetzen, und zog den kleinen Milton in den Stall hinein. Doppelbindungen funktionieren also auch bei Tieren!

> *Inge zu Christian, einem nägelkauenden Vierzehnjährigen, der von seiner Mutter zum Coaching gebracht wird:*
> *„Eines musst du mir erklären, das verstehe ich nicht. Deine Nägel sind total abgekaut, zum Teil sogar blutig. Wie kann es dir Spaß machen, an diesen winzigen Nagelresten herumzukauen? Das zahlt sich doch gar nicht aus! Stell dir vor, du hättest einen einzigen langen Nagel, und in den könntest du mit Genuss hineinbeißen! Was meinst du, wäre das nicht toll? Ich mach dir einen Vorschlag: Kau an den anderen neun Nägeln herum, so viel du magst, und lass nur einen einzigen wachsen. Es ist aber wichtig, dass du nur einen einzigen wachsen lässt, auf keinen Fall mehr! Nur einen! Und wenn er länger geworden ist, so nach einer, zwei oder drei Wochen, ich weiß ja nicht, wann er die richtige Länge für dich haben wird, dann beiß ihn ab und genieße es!"*

Beiße oder beiße nicht. Doppelbindungen geben die Illusion der Wahlfreiheit. Christian hat nun die Erlaubnis, weiter zu beißen, ohne dafür bestraft zu werden. Gleichzeitig lässt er einen Nagel wachsen, er darf allerdings nur einen wachsen lassen. Das alte Verhaltensmuster wird durchbrochen, er lernt, dass er auf einem Nagel nicht herumbeißen muss. Gleichzeitig wächst der Widerstand gegen die Verordnung, nur einen wachsen lassen zu dürfen.

Doppelbindungen sind die älteste Methode der Verhaltensbeeinflussung, sie funktionieren nach einem einfachen Prinzip: Egal was der Klient macht, es ist immer zu seinem Wohl. Die einfachsten Beispiele dafür finden wir in der Kindererziehung: Wenn man einem Kind sagt, es muss schlafen gehen, wird es sich sträuben. Fragt man diese Kinder aber: „Möchtest du um viertel vor Acht oder erst um acht Uhr ins Bett gehen?" reagieren die meisten Kinder mit Freiwilligkeit. Doppelbindungen sind am erfolgreichsten, wenn sie unmittelbar am Bezugsrahmen des Klienten ansetzen und eine Vielzahl von Reaktionsmöglichkeiten abdecken. Christian hatte die Gewohnheit entwickelt, um seine Eltern zu ärgern, wollte das Nägelbeißen eigentlich loswerden, lange Fingernägel haben, und den Genuss haben, einen langen Fingernagel abzubeißen. Egal, was er tun wird, es ist alles erlaubt.

9. Vorannahmen

Was Sinn ergibt, muss wahr sein?

Andrea arbeitet seit vielen Jahren als Coach, ihre Freundin Christina bereitet sich auf eine Moderation vor, die erste vor einem großen Publikum. Sie ist aufgeregt und bittet Andrea um Rat:

„Wenn ich an die vielen Leute denke, wird mir ganz schwummrig. Ich glaube, ich werde kein Wort herausbringen oder einfach ohnmächtig werden!"

Andrea: „Jeder Mensch ist in solchen Momenten nervös, das ist ganz normal. Mach dir keine Sorgen, deine Angst wird schon vergehen!"

Wahrheit oder Vorannahme? Christina hat Glück, eine Freundin zu haben, die versucht, sie zu unterstützen. Es ist allerdings leider beim Versuch geblieben. Warum? Sehen wir uns die Sätze einmal genauer an. Der erste Satz enthält Andreas subjektive Einschätzungen, denen sich Christina anschließen kann oder nicht. Die problematischen Aussagen sind im zweiten Satz enthalten. Die Formulierungen sind dazu angetan, die Zuversicht Christinas zu erschüttern. Warum? Vorannahmen sind Aussagen, die wahr sein müssen, damit der Satz Sinn ergibt. Sie enthalten auf sehr subtile Art all das, was nicht gesagt wird. Die Vorannahmen im zweiten Satz sind:

- Sorgen sind möglich
- Du hast Angst

Damit lässt sich keine Zuversicht stärken. Im Gegenteil, Christinas Unbewusstes erfasst die negativen Vorannahmen präzise und nimmt sie für wahr. Die Reaktion des Unbewussten ist seit Urzeiten die gleiche: Stress.

Vorannahmen positiv gesehen. Sehen wir uns die Struktur der Vorannahmen etwas genauer an: Nehmen wir zum Beispiel den Satz: Was läuft in deinem Leben am besten? und verneinen ihn: Was läuft in deinem Leben nicht am besten? Was bleibt als Vorannahme übrig? Was muss wahr sein, damit der Satz Sinn ergibt?

- Es gibt das Leben
- Es läuft viel in deinem Leben
- Es läuft vieles sehr gut
- Nur Ausnahmen laufen nicht am besten
- Es gibt Entwicklung, Bewegung in deinem Leben

Klienten nehmen mit diesen Präsuppositionen die Möglichkeit, dass es etwas anderes geben kann. Sie sind ein sehr mächtiges Werkzeug. Vorannahmen wirken in beide Richtungen, sie führen tiefer ins Problem, aber auch näher zur Lösung. Achten Sie bei Ihren Fragestellungen und Ihrer Gesprächsführung auf Vorannahmen!

Besser vorbereitet! Probieren wir eine andere Art von Vorannahmen:

„Ich weiß, wie viele Male du schon Dinge zum ersten Mal getan hast. Und jedes Mal war da so ein leises Kribbeln, ein Prickeln. Und dieses Prickeln hat dich wissen lassen, dass es ein neuer Anfang ist und dass an diesem Anfang noch alles möglich ist. Und wie wichtig ist dieses Signal, weil du gleichzeitig weißt, dass es dich

*darauf aufmerksam macht, dass du wieder einen Schritt weiterge-
hen wirst, und dich später daran freuen wirst, diesen neuen Anfang
gemacht zu haben, und wie angenehm sich das anfühlen darf. Weißt
du, ich freue mich darauf, dabei zu sein, bei diesem neuen Anfang.
Ich freu mich darauf, dich zu sehen, wie du auf die Bühne gehen
wirst und dein Bestes da oben zeigen wirst."*

Analyse. Sehen wir uns nun die zweite Variante genauer an. Was muss als
gegeben angenommen werden, damit diese Sätze sinnvoll sind?

- Es gab viele neue Anfänge
- Anfänge sind mit einem Prickeln verbunden
- Das Prickeln ist angenehm und eine Ressource
- Anfänge haben viele Möglichkeiten
- Anfänge bedeuten Weiterentwicklung und Lernen
- Neue Anfänge sind angenehm
- Freude ist mit dem Anfang verbunden
- Sie kann ihr Bestes geben, sie wird es zeigen

Diese Vorannahmen zielen darauf ab, all das als gegeben anzunehmen, was
dem Klienten hilft, sein Problem zu lösen. Christina wird beim Betreten der
Bühne aufgeregt sein, die Nervosität ist jetzt jedoch auf ein Prickeln reduziert.

Unterstützende Vorannahmen. Nützen Sie die Unterstützung der Vor-
annahmen, um das Denken Ihrer Klienten in Bahnen zu lenken, die positive
Gedanken und Weiterentwicklung ermöglichen. Achten Sie bewusst auf
Vorannahmen und die Wirkung, die sie auslösen. Unterstützen Sie Ihren
Klienten dabei, seine Vorannahmen zu reflektieren. Achten Sie auf Ihre ei-
genen Vorannahmen!

10. Verdeckte Botschaften

Trojanische Sätze

Milton Erickson baute in seine Sätze häufig verdeckte Botschaften ein. Sie
sind äußerst wirksam, denn sie sprechen das Unterbewusstsein der Men-

schen an. Ihr eigentlicher Zweck bleibt den Zuhörern bewusst verborgen. Sie haben daher auch keinerlei Anlass zu Widerstand und folgen der Anweisung mit großer Wahrscheinlichkeit. Es ist sehr leicht, verdeckte Botschaften zu konstruieren, und es gibt drei Möglichkeiten dafür:

- Zitierte Botschaften
- Botschaften in Verneinungen und Fragen
- Botschaften durch Hervorhebung

Bei allen folgenden Beispielen stellen Sie sich bitte vor, dass alle versal gesetzten Passagen durch folgende Elemente vom Sprecher hervorgehoben sind: mehr Augenkontakt, langsames Nicken, die Sprache langsamer und unmerklich lauter. Unser Unbewusstes versteht diese subtilen Zeichen sehr gut. Es gibt den so markierten Passagen eine eigene Bedeutung, parallel zum eigentlichen Satz. Diese mitlaufende Bedeutung wirkt stark suggestiv, weil sie unterhalb der Bewusstseinsschwelle ankommt.

Zitierte Botschaften

Ohne Konfrontation. Das ist die einfachste Form der verdeckten Botschaft. Diese Technik hat den Vorteil, dass der Coach es bis zu einem gewissen Grad vermeiden kann, dem Klienten seine eigenen theoretischen Ansichten und Konzeptionen überzustülpen. Sie erzählen Ihrem Klienten einfach eine Situation, in der die Botschaft an eine andere Person gerichtet ist. Auf unbewusster Ebene nimmt der Klient sie an sich selbst gerichtet wahr. Seine unbewussten Such- und Bewertungsvorgänge werden den relevanten Aspekt des Problems erkennen und er wird seine eigene Lösung finden.

Herbert, ein Gewerkschafter, wird von Michael aufgefordert, ihm zu helfen. Es gehe um einen Arbeitsplatz, um den er sich beworben habe, Herbert solle mit dem Chef reden und sich für ihn einsetzen. Herbert weiß, dass es sich für Michael nachteilig auswirken würde, wenn er der Aufforderung nachkommt. Er erzählt ihm von einem Fall, der sich erst kürzlich zugetragen hat:
„... und dann sagte ich zum Kollegen: ‚UND JETZT STELL DIR EINMAL VOR, was du von diesem Mitarbeiter halten würdest, der nicht ein-

mal in der Lage ist, für sich selbst einzutreten. Würdest du den als Führungskraft haben wollen? MACH DU DEN ERSTEN SCHRITT!' Und er hat es so gemacht und hat den Job bekommen!"

Michael ist zuerst irritiert, dann fragt er Herbert, wie er sich beim Gespräch mit dem Chef verhalten solle. Herbert gibt ihm gerne Tipps, Michael nimmt sie dankbar an.

Botschaften in Verneinungen und Fragen

Die vorgestellte Verneinung. Auch diese Form ist einfach einzusetzen. Sie kennen das Prinzip: Denken Sie nicht an einen grünen Apfel! Diese Verneinungen enthalten das Positive mit! Unser Gehirn ist nicht in der Lage, Verneinungen darzustellen. Wie sollte das auch gehen? Sie müssten sich den Apfel vorstellen, wie er mit großen roten Balken durchkreuzt ist.

„Trotz allem, was Sie an Lösungsansätzen für sich selbst entwickelt haben: Ich kann Ihnen keine Garantie geben, wie: SIE WERDEN ALLE IHRE PROBLEME IN ZUKUNFT EINFACH LÖSEN KÖNNEN. Und SIE WERDEN wahrscheinlich nicht ALLE IHRE WÜNSCHE VOLLSTÄNDIG ERFÜLLEN KÖNNEN! Aber was ich Ihnen sagen kann, ist: Es wird sich einiges für Sie verändern."

Der bewusste Verstand des Klienten stimmt dieser Aussage zu – und der unbewusste erst recht.

Botschaften durch Hervorhebung

Das Unbewusste versteht. Die dritte Form, Botschaften zu verbergen, ist die einfachste, unauffälligste und gleichzeitig subtilste. Sie ist dermaßen unauffällig, dass sie selbst ein Fachmann, und davon gibt es nur sehr wenige, selten erkennen wird. Sie können offiziell und vordergründig über ein anderes Thema sprechen und gleichzeitig verdeckt Ihre Botschaft hinüberbringen:

Der Coach: „Manchmal begegnet man Menschen, die sagen, SIE LIEBEN DIE VERÄNDERUNG! Und manchmal sagen sie, SIE HABEN SPASS

DARAN, etwas Neues auszuprobieren. Ich glaube, SIE BEMERKEN TÄG-LICH, dass es solche Menschen gibt. Und vielleicht können wir von ihnen lernen zu sehen, WIE SICH DIE DINGE VERBESSERN!"

Die hervorgehobenen Stellen werden einfach langsamer und betonter ausgesprochen. Der Effekt: Das Unterbewusstsein erkennt die Markierungen und nimmt die Aufforderung an. Noch fünf Tipps für die praktische Anwendung:

- Werden Sie sich selbst klar über die Botschaften, die Sie verdeckt kommunizieren wollen.
- Verwenden Sie dafür möglichst einfache Sätze. Das Unterbewusstsein hat keine Freude mit komplizierten Satzgefügen. Je klarer, kürzer und präziser, desto größer die Wirkung.
- Wählen Sie ein anderes Vordergrundthema.
- Entwerfen Sie den Text rundherum.
- Und nun viel Spaß beim Üben, Üben, Üben! Denn anders hat es Milton Erickson auch nicht getan!

In Ihrer Praxis werden Sie natürlich alle drei Formen der verdeckten Botschaften gleichzeitig verwenden. Das ist leichter, eleganter und effektiver.

ZUSAMMENFASSUNG

Mit dem bewussten Verstand und dem Unbewussten des Klienten arbeiten

Lösungs-Trance. Richten Sie den Scheinwerfer der Aufmerksamkeit des Klienten auf die Lösung.

Das Basismuster der Hypno-Rhetorik®:

Widerspiegeln. Spiegeln Sie die aktuellen Erfahrungen des Klienten.
Suggestionen. Machen Sie nützliche und angenehme Vorschläge.
Verbindung. Verbinden Sie das Widerspiegeln der Erfahrungen mit den Vorschlägen.

Zehn Techniken der Hypno-Rhetorik®:

1. *Komplexe Äquivalenz: Das eine ist das andere.* Verknüpfen Sie zwei Aussagen miteinander.

2. *Kausalnexus: Das eine macht das andere.* Verbinden Sie zwei Satzteile nach dem Ursache-Wirkungs-Prinzip.

3. *Nominalisierungen: Die Auslassung macht's.* Verwenden Sie Hauptwörter, die eigentlich keine sind.

4. *Ungenaue Verben: Zu viel auf einmal.* Verwenden Sie Verben, die mehr Fragen offen lassen, als sie Antworten geben.

5. *Vergleichende Tilgung: Ein trickreicher Vergleich.* Verwenden Sie Steigerungsformen, ohne zu erklären, womit Sie vergleichen.

6. *Verlorener Performer: Man kann es oder man kann es nicht.* Lassen Sie das Subjekt aus und formulieren Sie allgemein.

7. *Verletzung der Auswahlbeschränkung: Die denkende Lösung.* Verpassen Sie Gegenständen und Nominalisierungen menschliche Züge.

8. *Double-bind: Tu es oder tu es.* Lassen Sie zwei Wahlmöglichkeiten zu ein und demselben Ziel führen.

9. *Vorannahmen: Das nicht Ausgesprochene.* Achten Sie darauf, was bei dem, was Sie sagen, mitschwingt. Lenken Sie das Denken des Klienten in positive Bahnen.

10. *Verdeckte Botschaften: Trojanische Sätze:*
    - *Zitierte Botschaft:* Erzählen Sie Ihrem Klienten eine Situation, in der die Botschaft an eine andere Person gerichtet ist.
    - *Botschaften in Verneinungen und Fragen:* Verbergen Sie das, was Sie mitteilen wollen, hinter Verneinungen und Fragen.
    - *Botschaft durch Hervorhebung:* Heben Sie die Satzteile Ihrer Botschaft im Gespräch durch andere Betonung hervor.

5 FRAGEN – DIE KÖNIGSDISZIPLIN DES COACHING

Mit Fragen das Problem des Klienten erschüttern

EIN WEISER GIBT NICHT DIE RICHTIGEN ANTWORTEN,
SONDERN ER STELLT DIE RICHTIGEN FRAGEN.

CLAUDE LÉVI-STRAUSS

Und ob es dumme Fragen gibt! Der Kybernetiker Alan Turing schlug 1950 in dem Artikel „Computing Machinery and Intelligence" einen Test vor, um zu beurteilen, ob bei einem Computer der Begriff „künstliche Intelligenz" angebracht ist: Sie sitzen im Zuschauerraum eines Theaters, der Vorhang ist geschlossen. Sie stellen Fragen, von hinter dem Vorhang kommen Antworten. Sie haben keine Informationen darüber, wer aus dem Hintergrund antwortet, es könnte ein Mensch sein oder ein Computer. Werden Sie erraten können, ob die Antwort einer Maschine oder einem lebendigen Gehirn entspringt? Turing sagte, die Wissenschaft hätte das Ziel erreicht, künstliche Intelligenz zu schaffen, wenn nicht mehr erkennbar ist, ob Mensch oder Maschine antworten. Heinz von Foerster hält dem entgegen: Wenn wir durch Fragen zwischen künstlicher Intelligenz und menschlichem Denken nicht mehr unterscheiden können, dann deswegen, weil die Fragen nicht intelligent genug sind!

Unentscheidbare Fragen. Der Mensch ist ein in die Welt geborenes Fragezeichen. In einer Welt ohne Fragen wäre Entwicklung kaum möglich. Heinz von Foerster unterschied zwei Klassen von Fragen: Fragen, die bereits entschieden sind (zum Beispiel die Lösung von mathematischen Gleichungen), und „unentscheidbare Fragen", Fragen von denen er meinte, wir haben die Freiheit und die Verpflichtung, sie zu entscheiden. Zur zweiten Klasse gehören Fragen wie: Ist der Mensch gut oder böse? Leben wir in der besten aller Welten? Ist mein Problem lösbar? Ist mein Klient depressiv? Kann er ein erfülltes Leben führen? Diese Fragen muss jeder für sich selbst beantworten. Die Frage ist: Welche dieser unentscheidbaren Fragen fördern die Entwicklung Ihres Klienten? Das Wissen um die Wirkung von Fragen ist für die Arbeit des Coachs unverzichtbar.

In diesem Kapitel lernen Sie,
- *welche Wirkung Sie mit welchen Fragen erzielen,*
- *wie Sie die Aufmerksamkeit des Klienten durch Fragen lenken können und*
- *wie Sie durch Fragen stabile Denkmuster aufbrechen können.*

ALLGEMEINE FRAGEN

Coaching durch Fragen. Fragen sind Angebote, sie laden ein zum Nachdenken. Wir steuern also mit Fragen die Denkprozesse des Klienten. Unsere Verantwortung als Coach ist, das Denken des Klienten in nützliche Richtungen zu führen. Demzufolge ist klar: Es gibt auch falsche Fragen. Fragen können den Klienten auf das Problem fokussieren oder auf die Lösung. Die Qualität der Antworten, die wir erhalten, und die Qualität des Coaching hängt von der Qualität der Fragen ab, die wir stellen. Die Struktur einer Frage kann ein Problem auslösen, eine Frage derselben Struktur kann auch die Lösung sein. Ein Beispiel dafür ist der Double-bind und die Frage „WARUM"?

Das eine oder das andere? Christa fragt ihren neuen Freund: „Gehen wir heute Abend essen oder soll ich etwas kochen?" Ihr Freund schlägt vor: „Gehen wir essen!" Sie blickt ihn traurig an und meint: „Schmeckt dir nicht, was ich koche?" Eine klassische Double-bind-Frage, jede Antwort kann falsch sein. Wie anders ist es mit: „Was meinen Sie, wann werden Sie Ihr Problem gelöst haben? Schon heute Nacht, während Sie schlafen, oder vielleicht erst diese Woche oder spätestens in drei Wochen, wenn Sie auf Urlaub fahren, wird es verschwunden sein, was würden Sie schätzen?" Auch diese Frage schafft vermeintliche Wahlmöglichkeiten. Die Qualität der ersten Frage führt ins Drama, die zweite orientiert sich an Lösungen.

Warum laufen Nasen, während Füße riechen? Warum geht die Sonne auf, warum fliegen Vögel, warum ist der Himmel blau? Fragen, die Kinder stellen, um die Welt zu ergründen. Die Antworten auf diese Fragen sind

Erklärungsprinzipien, aus denen Kinder lernen. Warum-Fragen sind im Coaching oft verpönt, weil man meint, sie zielen auf die Ursache ab und lösen damit die Suche nach dem Schuldigen aus. Doch für die Warum-Frage gilt dasselbe Prinzip wie für die Double-bind-Frage; sie kann das Problem verstärken oder lösungsorientiert sein. Zielt sie auf Ursachen, lernt der Klient sein Problem besser kennen, zielt sie aber auf Werte ab, finden sich Erklärungsprinzipien.

> *Klient: „Ich kann mir gut vorstellen, dass ich morgen Früh, wenn ich wach werde, mir nicht wie sonst überlege, was alles schief laufen könnte, sondern mir überlege, was ich alles tun werde, das mir Spaß macht."*

> *Coach: „Warum glauben Sie, dass das gut funktionieren kann?"*

Das Denken des Klienten geht mit dieser Frage auf die Suche nach Erklärungsprinzipien für seine Behauptung und stärkt damit den Glauben daran, dass es funktionieren kann.

Die Antwort ist in der Frage. Jede Frage, die Sie stellen, muss dem aktuellen Kontext der Beratungssituation angepasst sein. Standardfragen können das nicht leisten, daher stellen wir Ihnen Fragetechniken vor, die Sie kombinieren und an die jeweilige Situation anpassen können. Die entscheidende Frage für den Coach ist: Welche Fragen überraschen, bringen eine andere Sichtweise, unterstützen den Klienten in seiner Entwicklung? Der Klient betrachtet seine Situation aus einem anderen Blickwinkel als bisher.

Geschlossene Fragen

Ja oder nein. Haben Sie häufig Kopfschmerzen? Haben Sie das Problem immer noch? Diese Art von Fragen kann nur mit Ja oder Nein beantwortet werden. Geschlossene Fragen dienen in erster Linie dazu, gezielte Informationen zu gewinnen. Sie eignen sich kaum dazu, eine Gesprächssituation aufzubauen und Beziehung zu herzustellen. Sie engen ein, schränken die Flexibilität ein und wirken auf Menschen wie eine Fragebogenaktion. Geschlossene Fragen lösen rasche Reaktionen aus, dadurch können sie Klienten dazu verleiten, zu antworten, ohne darüber nachzudenken. Sie dienen im Wesentlichen dem raschen Sammeln von Fakten, der schnellen Orientierung und punktuellen Klärung des Problems.

Offene Fragen

- „Die Neuorganisation bringt viele Veränderungen mit sich. Wie ist Ihr Standpunkt dazu?"
- „Was ist Ihre Ansicht zu diesem Thema?"
- „Wie sehen Sie Ihre Fortschritte, die Sie seit dem letzten Mal gemacht haben?"
- „Was ist besser seit der letzten Sitzung?"

Fragen, die öffnen. Offene Fragen ermöglichen es dem Klienten, mit eigenen Worten zu schildern, was ihn bewegt oder belastet. Der Spielraum des Klienten erweitert sich. Diese Art von Fragen regt Klienten an, über ihre Themen zu sprechen, Prozesse der Selbstreflexion werden angestoßen. Lernpsychologische Erfahrungen haben gezeigt, dass die effektivste Form des Lernens darin besteht, Sachverhalte anderen zu erklären. Ihr Klient spricht über seine Themen, Sichtweisen und versucht, sie anderen und gleichzeitig sich selbst zu erklären. Dadurch setzt er sich mit Konfliktpotenzialen auseinander. Offene Fragen signalisieren Interesse am anderen.

Antworten, die ablenken. Die offene Fragetechnik hat einen Nachteil: Sie erleichtert es dem Klienten, vom Thema abzuschweifen und auch abzulenken. Auf die Frage „Was ist besser ...?" könnte der Klient ausholen und antworten:

„Ja, ich fühlte mich nach unserer letzten Sitzung einfach komisch. Ich konnte mich nicht mehr richtig konzentrieren. Das Konzentrieren fällt mir überhaupt in der letzten Zeit immer schwerer. Ich merke mir keine Namen mehr. Vor einigen Tagen habe ich einen Schulkameraden getroffen, ich glaube, es war in der Nähe des Sees. Sein Name ist mir nicht mehr eingefallen ... usw. ... usw."

In diesem Fall bringen Sie Ihren Klienten wieder zurück zum Thema! Fragen Sie einfach noch einmal: „Aha, und was ist besser?"

W-Fragen (Sondierungsfragen)

Fragen nach: Wann, Was, Wer, Wie und Wo nehmen eine Mittelstellung zwischen geschlossenen und offenen Fragen ein. Daher werden sie auch als sondierende Fragen bezeichnet. Sie eignen sich dazu, den Kontext des Klienten zu erforschen.

- „Wann genau können Sie sich nicht konzentrieren?"
- „Wie machen Sie es, dass Sie sich nicht konzentrieren können?"
- „Was müsste ich tun, um mich abzulenken?"
- „Wer ist davon betroffen?"
- „Wo tritt das auf?"

Sondierungsfragen verhindern das Abschweifen und Ablenken des Klienten. Der Klient schildert seine Sicht der Dinge, liefert damit spezifische Informationen und grenzt das Problem ein. Damit erhalten Sie mehr Klarheit und Details.

Fragen nach Unterschieden

- „Was ist anders?"
- „Woran erkennen Sie, dass Sie sich traurig fühlen? Wie ist es, wenn Sie sich glücklich fühlen?"
- „Woher wissen Sie, dass Sie A vertrauen können und B nicht?"
- „Wie entscheiden Sie, ob Sie ausgehen oder zu Hause bleiben?"

Ohne Unterscheidung keine Information. Bietet Ihnen Ihr Klient eine Definition an, kann die Bedeutung der Definition am einfachsten durch Unterscheidungen erfragt werden. Was ist beobachtbar? Was ist in der einen Situation anders als in der anderen? Wie trifft Ihr Klient diese Unterscheidung? Alternativ dazu können Sie auch nach der anderen Seite der Unterscheidung fragen, in dem Sie Verneinungen benutzen.

Fragen nach der Klasse der Aussagen

- „Wie beurteilen Sie die Situation?"
- „Wie bewerten Sie sie?"
- „Wie erklären Sie sich die Situation?"

Urteile. Die Unterscheidung zwischen Bewertung, Beurteilung und Erklärung betrifft unterschiedliche Klassen von Aussagen. Menschen haben ein natürliches Bedürfnis, nach Erklärungen zu suchen. Wir beziehen unsere gegenwärtigen Erfahrungen auf vergangene Erfahrungen zurück und geben so der Welt eine Erklärung für unsere gegenwärtige Erfahrung. Wir bewerten die Erfahrung und bilden uns Urteile, welcher Qualität auch immer. Diese Fragen trennen Erklärung von Bewertung und Beurteilung, dadurch verringert sich die emotionale Betroffenheit des Klienten. Durch die Erklärung, die selten reflektiert wird, ändert sich die Bewertung und Beurteilung. Wenn es um Handlungskonsequenzen geht, kommt Erklärungen eine bedeutende Rolle zu. Werden sie verändert, bilden sich neue Muster und Sichtweisen.

Pacing-Fragen

- Klient: „Immer wenn ich ihn sehe, werde ich wütend."
- Coach: „Aha, und wofür ist das wichtig, dass Sie immer wütend werden, wenn Sie ihn sehen?"

Noch einmal. Die Pacing-Frage wiederholt einen Teil dessen, was der Patient gesagt hat. Sie bezieht sich auf seine Sprache und lädt ihn dazu ein, das angeschnittene Thema zu überdenken und weiter zu vertiefen.

Suggestivfragen

- „Haben Sie nach der letzten Sitzung den Unterschied bemerkt?"
- „Wer wird als Erster Ihre Veränderung erkennen?"
- „Werden Sie heute noch den ersten Schritt machen?"
- „Was ist Ihr Ziel?"

Frage, dein Name ist Suggestion! Eine gewagte Hypothese: In jeder Frage steckt eine Suggestion. Fragen stecken voller Vorannahmen, die wahr sein müssen, damit die Frage überhaupt Sinn ergibt. Die Frage nach dem Ziel setzt voraus, dass es eines gibt. Hat ihr Klient diese Idee noch nicht gehabt und beschreibt sein Ziel, war die Suggestion erfolgreich! Alle Fragetechniken enthalten eine Menge dieser Suggestionen, wir können nicht nicht manipulieren, um mit Paul Watzlawick zu sprechen. Und Fragen sind Manipulation.

LÖSUNGSFRAGEN

Die Eleganz der Meister. Exzellente Coachs unterscheiden zwischen problem- und lösungsorientierten Fragen, und sie wissen, wann der richtige Zeitpunkt für die richtige Frage ist. Mit der Unterscheidung zwischen lösungs- und problemorientierten Fragen sind Sie gut gerüstet, beides sollte Ihnen zur Verfügung stehen.

Problemorientierung

Der Weg in den Dschungel. Problemorientierung, wie sie Klienten gewohnt sind:

- „Warum habe ich das Problem schon so lange?"
- „Wieso habe ausgerechnet ich das Problem?"
- „Wer ist schuld an meinem Problem?"

Damit zieht sich der Klient noch tiefer in das Problem hinein. Die Fragen täuschen vor, dass der Klient ohnmächtig ausgeliefert ist, und nichts tun kann, um die Situation zu ändern. Die Ursache des Problems ist ein externer Faktor, liegt nicht unter der Kontrolle des Klienten. Der Klient wird zum Opfer, handlungsunfähig.

Problemorientierung, die löst. Sie können Klienten auch auf das Problem schauen lassen und damit gleichzeitig den Weg in Richtung Lösung bahnen. Jede dieser Fragen zeigt auf das Problem, richtet aber gleichzeitig die Aufmerksamkeit auf Hilfsmittel, die zur Lösung führen:

- „Warum ist das Problem nicht noch schlimmer?" (Frage nach Ressourcen, die zur Lösung führen)

Klient: „Ich glaube, es ist nicht noch schlimmer, weil ich mir manchmal denke: ‚Es gab doch so viele schöne Zeiten mit meiner Frau. Wir haben viel Schönes gemeinsam erlebt.' Das gibt mir Hoffnung, und dann setze ich mich zu ihr und ..."

Der Klient hat eine Ressource entdeckt, die ihn seiner Frau wieder näher bringt.

- „Was müssten Sie tun, damit sich das Problem verschlimmert?" (Frage nach Handlungsalternativen)

Klient: „Ich müsste gleich, wenn ich nach Hause komme, den Fernseher aufdrehen und nicht erst nach dem Abendessen mit meiner Frau. Dann wäre sie vollends sauer."

Der Klient erkennt mit dieser Frage, dass er Handlungsalternativen hat, die das Problem schlimmer machen, und weiß damit implizit auch, was er tun kann, um der Lösung näher zu kommen.

- „Wann hatten Sie das Problem nicht?" (Frage nach Ausnahmen)

Klient: „Da waren wir auf den Malediven und haben uns fast jeden Abend hingesetzt und geredet. Aber kaum waren wir wieder zu Hause, ging es wieder los."

Ausnahmen zeigen auf, was zu tun ist, damit es besser läuft.

Lösungsorientierung

Steve DeShazer, der Entwickler der lösungsfokussierten Psychotherapie, arbeitet mit lösungsorientierten Fragen und erzielt damit große Erfolge. Für Klienten ist diese Qualität von Fragen überraschend, da sie eher gewohnt sind, über das Problem zu reden als über Lösungen.

Beispiele für Lösungsfragen

- „Wenn Sie Ihrem Ziel deutlich näher gekommen wären, was für ein Mensch wären Sie dann? Wie würden Sie sich fühlen, was würden Sie tun?"
- „Woran würden Ihre besten Freunde (Mutter, Kind etc.) erkennen, dass es für Sie besser läuft?"
- „Was können Sie tun, damit es häufiger besser läuft?"
- „Erzählen Sie mir von den Zeiten, in denen es besser war."
- „Was machen Sie anders in den Zeiten, in denen es besser läuft?"
- „Abgesehen von diesem Thema, was läuft in Ihrem Leben am besten?"

Wege aus dem Dschungel. DeShazer war ein Schüler Milton Ericksons. In seinem Buch „Worte waren ursprünglich Zauber" schreibt er, dass nicht jeder Therapeut die Brillanz und Fähigkeiten seines Lehrers entwickeln kann. DeShazer überlegte sich, welche Fragen er stellen könnte, damit der Klient die gleichen Prozesse durchläuft, die Erickson auslöste. Dazu entwickelte er folgendes Konzept:

- Die erste Frage bezieht sich auf den Zustand des Klienten bzw. seine Problemorientierung.
- Die zweite Frage führt vom Problem weg zur Lösung.
- Die dritte Frage lädt den Klienten ein, eine Welt zu konstruieren, in der es das Problem nicht mehr gibt.

SYSTEMISCHE FRAGEN

So tun, als ob. „In dem Moment, wo die Welt der Fiktionen einmal geschaffen ist ist sie so wirklich, wie die vom Menschen unabhängig existierende Wirklichkeit", meint Hans Vaihinger, der Verfasser der „Philosophie des Als Ob." Mit der „Als ob"-Frage laden Sie Ihren Klienten ein, Fiktionen zu erzeugen. Diese Fragetechnik funktioniert besonders gut bei Klienten, die Widerstand zeigen, kognitive Strategien verwenden, und Klienten, die meinen, in einer ausweglosen Situation zu stecken.

> *Coach: „Wenn Sie sich jetzt nach dieser Stunde besser fühlen würden, was wäre Ihnen dadurch möglich?"*

Klient: „Ich kann mir nicht vorstellen, dass ich mich nach dieser Stunde schon besser fühle."

Coach: „Ja, ich verstehe, dass Sie sich das jetzt noch nicht vorstellen können, aber nehmen wir – rein hypothetisch – einmal an, es wäre doch der Fall. Was wäre Ihnen dann möglich?"

Klient: „Na dann würde ich ..."

Sie beziehen sich auf die Situation Ihres Klienten, stimmen dem zu, sagen ihm, dass es natürlich so ist, wie er es empfindet, und laden ihn gleichzeitig ein, so zu tun, als ob es möglich wäre, ein Gedankenexperiment, das keinen Anspruch auf Wirklichkeit erhebt und doch eine Wirklichkeit abbildet. Mit diesen Fragen führen Sie Ihren Klienten in eine alternative Welt, ob in der Vergangenheit oder in der Zukunft.

Die Trägheit des Systems. Der Klient ist selten Eremit. Sein Problem entstand in und mit seinem Umfeld und hat sich dort etabliert. Unzureichende Kommunikation zwischen Chef und Mitarbeiter entwickelt sich und wirkt auf Chef und Mitarbeiter. Es entstehen Gewohnheiten, man geht einander eher aus dem Weg, spricht mit anderen über das Problem und verliert Vertrauen. Wenn sich der Chef als Klient im Coaching verändert, gilt das noch lange nicht für seine Umgebung. Wenn er unvorbereitet seinen Mitarbeitern begegnet, holen ihn die Gewohnheiten seiner Mitarbeiter rasch wieder in sein Problem zurück. Coaching, das diese systemischen Zusammenhänge berücksichtigt, bereitet daher den Klienten darauf vor.

Was ist zirkulär an zirkulären Fragen? Mara Selvini Palazzoli (Mailänder Schule der systemischen Psychotherapie) entwickelte diese Frageform, um das Beziehungsgeflecht des Klienten in die Therapie mit einzubeziehen. Zirkularität bezieht sich auf den gegenseitigen Einfluss in Beziehungen.

Coach: „Wer würde zuerst erkennen, dass Sie sich verändert haben?"

Klient: „Meine Sekretärin."

Coach: „Was würde sie anders tun, wenn Sie erkannt hat, dass Sie sich verändert haben?"

Klient: „Sie würde ..."

Coach: „Und wie würden Sie sich dann anders verhalten, wenn Ihre Sekretärin ..."

Klient: „Ich würde ..."

Coach: „Und wie würde sie sich daraufhin anders verhalten?"

Der Coach fragt den Klienten auch noch nach anderen Personen, die von seiner Veränderung betroffen sein können, und stellt dazu gleiche Fragen. Der Klient konstruiert eine neue Ausprägung seines Beziehungsgeflechtes.

Zirkuläre Sichten. Zirkuläre Fragen sind extrem vielseitig und nahezu an jeder Stelle einer Sitzung einsetzbar: Wenn Sie Klarheit über die Beziehungsstrukturen Ihres Klienten gewinnen wollen, Ihren Klienten unterschiedliche Sichtweisen und Perspektiven ermöglichen wollen, die Zuversicht Ihres Klienten erhöhen wollen – zirkuläre Fragen sind dafür bestens geeignet. Durch die Fragestellungen ermöglichen Sie Ihrem Klienten, unterschiedliche Beobachterpositionen einzunehmen, Ihre Klienten interpretieren Vermutungen über Wünsche, Bedürfnisse und Meinungen von Dritten. Sie erkennen ihre eigenen Kommunikations- und Interaktionsmuster, neue Denkprozesse werden eingeleitet und Veränderungen möglich. Kombinieren Sie sie mit Als-ob-Fragen – Sie werden von der Wirkung überrascht sein!

Magische Fragen

> Der Mensch macht gewöhnlich drei Reifestufen durch.
> Zuerst lernt er die richtigen Antworten.
> Im zweiten Stadium lernt er die richtigen Fragen,
> und auf der dritten und letzten Stufe lernt er,
> welche Fragen sich überhaupt lohnen.
>
> Blaise Pascal

Wie sprechen wir? Wir sagen buchstäblich, was wir denken. Wir repräsentieren unsere Erfahrungen sprachlich. Dabei benutzen wir die Sprache auf zwei Arten: Wir repräsentieren damit unsere Erfahrungen, das nennen wir Folgern, Denken, Fantasieren, Einstudieren. Und wir benutzen sie dazu, uns anderen mitzuteilen; das nennen wir Reden, Diskutieren, Schreiben, Lehren, Singen. Wenn wir kommunizieren, sind wir uns unserer Wortwahl nicht bewusst, wir wissen nicht, wie wir die Worte auswählen, ordnen, strukturieren. Trotzdem ist unsere Sprache stark strukturiert: Sie ist Regeln unterworfen, grammatikalischen, syntaktischen und semantischen. Sprache ist gleichzeitig unsere Repräsentation der Welt, wie wir sie erleben.

Die verborgene Bedeutung. Noam Chomsky formulierte in seinem Buch „Syntactic Structures, Mouton," aus dem Jahr 1957 ein Set von Regeln, die beschreiben, wie die Repräsentation einer Erfahrung über mehrere Stufen zu einem Satz wird, den ein Mensch ausspricht. Ebenso formulierte er ein Set von Regeln, nach denen ein Mensch einen gehörten Satz mit einer Bedeutung versieht. Er erkannte, dass Sätze einer Sprache zwei verschiedene Strukturen haben: eine Oberflächen- und eine Tiefenstruktur. Die Oberflächenstruktur vermittelt die Form, die Tiefenstruktur die Bedeutung des Satzes. Die Oberflächenstruktur legt die syntaktische Struktur fest, die Tiefenstruktur wird auf Grund der Bedeutung und der Syntax angenommen. Jetzt kann eine Oberflächenstruktur mehrere Bedeutungen – in diesem Fall sprechen wir von Mehrdeutigkeiten – haben und umgekehrt können verschiedene Tiefenstrukturen die gleiche Oberflächenstruktur aufweisen; wir nennen es Synonymität.

Drei Prozesse. Tiefenstrukturen werden zu Oberflächenstrukturen transformiert. Diese Transformationen sind Regeln, wir nennen sie Tilgung, Verzerrung und Generalisierung. Während wir sprechen, laufen diese Prozesse auf unbewusster Ebene ab. Wir haben einmal auf die heiße Herdplatte gegriffen und generalisiert: Das ist gefährlich. Wir tun es kein zweites Mal. Wir sind in der Lage, uns auf einer Party mit 150 Personen auf ein Gespräch mit einem Menschen zu konzentrieren und blenden die anderen 149 aus – wir tilgen. Und wir sind in der Lage, Bilder zu konstruieren: Was werden Sie z.B. nächstes Jahr im Urlaub machen? Wie wird der Strand aussehen, wie werden Sie die Abende verbringen? Wenn Sie diese Fragen beantworten, haben Sie den Prozess der Verzerrung durchgeführt. Diese Modellbildungsprozesse repräsentieren wir auch in unserer Sprache.

Der Turm zu Babel. Niemand spricht aus, was er genau denkt. Intuitiv wissen wir das, und ergänzen das fehlende Material. Wir hören die Oberflächenstruktur und füllen auf Grund unserer eigenen Erfahrungen, Erlebnisse, Legenden das fehlende Material auf. Wir „lesen" die Gedanken des anderen und halten sie für unsere. Das Beste, was wir unter diesen Umständen erreichen können, ist, nützliche Missverständnisse zu erzeugen. Eine andere Möglichkeit wäre, das Modell zu kennen und die richtigen Fragen zu stellen, um einen Abgleich der Missverständnisse zu erhalten.

Ein Messer – beidseitig verwendbar. Für Coachs ist das Metamodell ein unverzichtbares Instrument, um ihre eigenen Landkarten mit denen des Klienten abzugleichen. Sie vermeiden damit, in die Falle zu tappen und ihre eigenen Sichtweisen über den Klienten zu stülpen. Sie achten dabei darauf, wie viel an Information an welcher Stelle sie tatsächlich brauchen. Das Metamodell ist besonders gut geeignet, wenn Klienten sich in einer Opferrolle sehen und sich hilflos ausgeliefert fühlen. Der Klient findet zu anderen Sichtweisen, reflektiert seine eigenen Handlungen, erkennt seine Generalisierungen, Verzerrungen und Tilgungen und findet neue Möglichkeiten. Wir stellen Ihnen einige Fragen des Metamodells vor.

Fragen nach Verallgemeinerungen

Coach: „Und Sie sind wirklich immer und zu jeder Zeit ausgebrannt? Sie können sich nicht erinnern, dass es jemals irgendwann anders war?"

Klient „Nein, nicht immer, es gibt schon Zeiten, wo es anders ist."

Keiner immer alle nie? Wenn schon ein Problem, dann ordentlich. Klienten, die stark auf ihr Problem fokussieren, glauben, es sei allgegenwärtig. Sie verbauen sich damit die Sicht auf Ausnahmen, Handlungsoptionen und Ressourcen. Seien Sie hellhörig und fragen Sie nach: „Wirklich immer? Wirklich nie? Wirklich keiner?" ... Der Klient nimmt wahr, dass es außerhalb des Problems auch Leben gibt, und ist Ihnen dankbar dafür.

Fragen nach Nominalisierungen

Die Schubkarre. William Somerset Maugham sagte: Ein bisschen gesunder Menschenverstand, ein bisschen Toleranz, ein bisschen Humor – wie behaglich es sich dann auf unserem Planeten leben ließe. Was passiert, wenn Sie das Zitat von Somerset Maugham lesen? Sie nehmen Ihre Erfahrungen, Ihr Wissen und glauben, Sie wüssten jetzt, was diese Wörter bedeuten. Was auch stimmt – für Sie. Es ist Ihr Verständnis von Toleranz, Humor, Menschenverstand. Nominalisierungen sind leicht erkennbar: Legen Sie

Ihren Menschenverstand in eine Schubkarre. Was steckt im Wort: Menschen-verstand? Menschen verstehen – ein Prozess. Dieser Prozess wird einge-froren und in einem Substantiv versteckt. Nominalisierungen erkennen Sie daran, dass Sie sie – im Gegensatz zu echten Substantiven – nicht in eine Schubkarre legen können. Sie könnten einen Menschen in eine Schubkar-re legen, nicht aber den „Verstand".

Bieten Ihnen Ihre Klienten Nominalisierungen an, haben Sie mehrere Möglichkeiten, die Tiefenstruktur zu erfragen:

> *Klient: „Ich habe nicht den Mut, zu meiner Meinung zu stehen."*

Ihr Klient hat irgendwann erlebt, dass „zu seiner Meinung zu stehen" mit großen Herausforderungen verbunden ist – er braucht dazu Mut, den er seiner Meinung nach nicht hat. Stellen Sie die Verbindung zur Handlung wieder her.

> *Coach: „Aha, bedeutet das, Sie müssen mutig sein, um zu sagen, was Sie denken?"*

Fragen Sie nach der Erfahrung:
- „Was hindert Sie daran, mutig zu sein?"

Fragen Sie nach den Wirkungen:
- „Was würde passieren, wenn Sie zu Ihrer Meinung stehen?"

Fragen Sie nach Ressourcen:
- „Was würden Sie brauchen, um mutig zu sein?"

Fragen Sie nach Ausnahmen:
- „Wann waren Sie das letzte Mal mutig? Wie mutig – auf einer Skala von 0–10 – sind Sie jetzt? Was haben Sie getan, um von … auf … zu kom-men?"

Mit diesen Fragen wird das unüberwindliche Hindernis relativiert, Ihr Kli-ent kommt damit ins „Handeln".

Fragen nach Modaloperatoren

Kann nicht, darf nicht, muss. Diese Sprachstrukturen finden Sie häufig in der Oberflächenstruktur Ihrer Klienten:

- „Ich kann mich nicht entspannen."
- „Ich darf das nicht glauben."
- „Ich muss die Aufgabe lösen."

Was bedeutet es für Ihren Klienten, dass er sich nicht entspannen kann? Welche Einschränkung ist damit verbunden? Sie haben zwei Möglichkeiten, danach zu fragen:

- „Was hindert Sie daran?"
- „Was würde sonst passieren?"

Möglich oder notwendig. Wir unterscheiden zwei Klassen von Modaloperatoren: Die erste Klasse drückt Möglichkeiten aus (können, dürfen, wollen) und wird in Verbindung mit „nicht" als Einschränkung empfunden. Anders ist es bei der zweiten Klasse, den Modaloperatoren der Notwendigkeit (müssen, sollen). Sie bekommen mit diesen Fragen eine Oberflächenstruktur, mit der Sie weiterarbeiten können. Z.B.: „Wenn ich die Aufgabe nicht löse, bekomme ich Probleme in der Schule." Sie können jetzt am ersten oder am zweiten Satzteil arbeiten.

- Welche Ressourcen braucht Ihr Klient, um die Aufgabe zu lösen?
- Woher kann er die Ressourcen bekommen?

Fragen nach Ursache – Wirkung

Naturgesetze. Auch wenn Wittgenstein im „Tractatus" meint: „Der Glaube an den Kausalnexus ist der Aberglaube", ist dieses Muster die eine Hälfte unsere Glaubenssätze. Kein Wunder, ist er doch auch die Form, aus der Naturgesetze geschmiedet werden. Zuerst gibt es eine Ursache, dann eine Wirkung. Die beiden sind zwingend miteinander verknüpft. Ist das tatsächlich so? Wenn Sie annehmen, dass es auch anders sein könnte, hilft das bei der Arbeit mit unseren Klienten. Hören Sie einen Glaubenssatz mit der Struktur Ursache – Wirkung, haben Sie mehrere Möglichkeiten:
Drehen Sie den Zusammenhang um und bitten Sie Ihren Klienten, zu überprüfen, ob der Satz stimmt.

Klient: „Wenn ich mich nicht unterordne, werden sie mich nicht mögen."

Coach: „Habe ich Sie richtig verstanden: Sie werden nicht ge-mocht, wenn Sie sich nicht unterordnen?"

Bestätigt Ihr Klient diesen Satz, gehen Sie weiter zu Schritt 2; benutzen Sie Universalquantoren: immer, jedes Mal, unter allen Umständen …

Coach: „Heißt das, dass Sie auf gar keinen Fall irgend jemand jemals mögen wird, wenn Sie sich nicht unterordnen?"

Vermutlich wird Ihr Klient aus dem Elefanten eine Maus machen. Er wird einschränken. Sie haben noch eine weitere Möglichkeit im Talon: Bringen Sie Gegenbeispiele:

„Kennen Sie jemanden, der Sie mag, obwohl Sie sich nicht unter-ordnen? Kennen sie Menschen, die gemocht werden, obwohl Sie sich nicht unterordnen?"

Der Klient hat nun die Möglichkeit, sein Problem auf eine angemessene Art zu reduzieren.

Fragen nach einer komplexen Äquivalenz

Das eine ist wie das andere. Bei der komplexen Äquivalenz werden zwei Dinge miteinander in Beziehung gesetzt, die miteinander nicht unbe-dingt verbunden sein müssen. Wenn das eine stimmt, stimmt auch das andere. Die Komplexe Äquivalenz ist eine Einschränkung im Weltbild der Klien-ten. Ein Teil stimmt, also ist der andere auch wahr. Eine Überprüfung wird nicht mehr durchgeführt. Das ist der zweite Stoff, aus dem unsere Glau-benssätze gestrickt sind. Die beiden Muster, Kausalnexus und komplexe Äquivalenz, haben aus diesem Grund eine große Bedeutung, wenn es um die Tiefenstruktur des Anliegens Ihrer Klienten geht.

Klientin: „Mein Mann lässt immer seine Kleidung herumliegen. Ich bin ihm völlig egal."

Es ist aus der Sicht der Klientin nachvollziehbar, dass sie das Verhalten ihres Mannes stört. Es ist die Verbindung: „Mein Mann lässt seine Kleidung he-rumliegen und das bedeutet, ich bin ihm völlig egal", die Sie hinterfragen.

Probieren Sie eine der beiden folgenden Möglichkeiten:

- Drehen Sie die Aussage um:

  „Heißt das, wenn Sie Ihre Kleidung herumliegen lassen, dass Ihnen Ihr Mann völlig egal ist?"

- Fragen Sie nach Ausnahmen bzw. Gegenbeispielen:

  „Kennen Sie Menschen, die ihre Sachen auch herumliegen lassen und für die das eine andere Bedeutung hat?"

Die Butter auf das Brot. Haben Sie Lust auf mehr Metamodell bekommen? Dann empfehlen wir Ihnen „Metasprache und Psychotherapie" von Richard Bandler und John Grinder!

ZUSAMMENFASSUNG

Mit Fragen das Problem des Klienten erschüttern

Allgemeine Fragen

Geschlossene Fragen. Ja oder Nein: Stellen Sie geschlossene Fragen, die nur mit Ja oder Nein zu beantworten sind, um gezielte Informationen zu gewinnen.

Offene Fragen. Fragen, die öffnen: Stellen Sie offene Fragen, damit der Klient schildert, was ihn bewegt oder belastet, sich selbst reflektiert oder Sachverhalte beschreibt.

W-Fragen (Sondierungsfragen): Fragen nach Wann, Was, Wer, Wie und Wo. Gewinnen Sie mehr Klarheit, indem Sie den Klienten nach Details fragen.

Fragen nach Unterschieden: Ohne Unterscheidung keine Information. Fragen Sie den Klienten nach Unterscheidungen und erkennen Sie, wie Ihr Klient diese Unterscheidung trifft.

Fragen nach der Klasse der Aussagen: Urteile. Fragen Sie den Klienten, wie er die Situation erklärt und bewertet.

Pacing-Fragen: Noch einmal. Wiederholen Sie im ersten Teil der Frage, was der Klient gesagt hat und laden Sie ihn damit ein, das angeschnittene Thema zu überdenken und es weiter zu vertiefen.

Suggestivfragen: Frage, dein Name ist Suggestion! Bauen Sie in die Frage positive Vorannahmen ein.

Lösungsfragen

Problemorientierung, die löst. Lassen Sie den Klienten auf das Problem schauen und damit gleichzeitig den Weg in Richtung Lösung bahnen.
Lösungsorientierung. Stellen Sie Fragen, die den Klienten auf die Lösung schauen lassen. Diese Fragen sind überraschend, weil wir eher gewohnt sind, auf das Problem als auf die Lösung zu schauen.

Systemische Fragen

So tun, als ob. Lassen Sie den Klienten so tun, als ob die Lösung schon da wäre.
Zirkuläre Fragen. Beziehen Sie das Beziehungsgeflecht des Klienten in das Coaching mit ein. Fragen Sie, wer eine Veränderung des Klienten erkennen würde, wie sich diese Person anders verhalten würde, welche Auswirkung das auf das Verhalten des Klienten hätte usw.

Magische Fragen

Die verborgene Bedeutung. Hören Sie genau hin, was der Klient sagt, denn vieles ist versteckt hinter Offensichtlichem.
Fragen nach Verallgemeinerungen: Keiner immer alle nie? Fragen Sie: „Wirklich keiner immer alle nie?" und lösen Sie damit Verallgemeinerungen auf.
Fragen nach Nominalisierungen: Die Schubkarre. Machen Sie Hauptwörter zu Verben und fragen Sie nach Erfahrungen, Wirkungen, Ressourcen und Ausnahmen.
Fragen nach Modaloperatoren: Kann nicht, darf nicht, muss. Fragen Sie den Klienten: „Was hindert Sie daran?" und „Was würde sonst passieren?"
Fragen nach Ursache – Wirkung: Naturgesetze. Hinterfragen Sie die Ursache-Wirkungs-Beziehung und lassen Sie den Klienten Ausnahmen finden.
Fragen nach einer komplexen Äquivalenz. Das eine ist wie das andere: Wenn der Klient zwei Aussagen miteinander in Beziehung setzt, drehen Sie die Aussage um oder fragen nach Ausnahmen.

6 EMOTIONEN – DIE MACHT IM HINTERGRUND

Werden Sie zum Emotions-Manager

> DIE MERKWÜRDIGE EITELKEIT DES MENSCHEN,
> DIE GLAUBEN WILL UND GLAUBEN LÄSST,
> ER STREBE NACH WAHRHEIT,
> WÄHREND ER VON DIESER WELT LIEBE VERLANGT.
>
> ALBERT CAMUS

Es war vorherzusehen. Wie jedes Jahr, wenn es um Budgetplanung geht, ist es dasselbe Spiel: Die Vorstandsmitglieder sitzen mit ihren Experten an einem Tisch. Der Vorsitzende an der Stirnseite des Tisches sitzt regungslos und beobachtet die Kollegen in ihrem Streit ums Geld für das nächste Jahr. Die Luft knistert, Vorwürfe prallen aufeinander, Argumente fliegen wie Pfeile durch die Luft. Schließlich schlägt der Vorsitzende mit der Hand auf den Tisch.

„Meine Damen und Herren. ... Ich habe Angst, tierische Angst, während ich Sie beobachte! ... Jeder von Ihnen vertritt seinen eigenen Standpunkt, das ist Ihre Aufgabe. Und gleichzeitig ist unser aller Aufgabe, für das Unternehmen als Ganzes zu sorgen. Das ist mir wichtig und das fehlt mir an diesem Tisch. Ich werde mich erst wieder sicher fühlen, wenn ...“

Charisma entsteht nicht durch Perfektion. Ein Vorstandsvorsitzender, von dem man erwartet, beinharter Manager zu sein, spricht von Gefühlen, gibt zu, Angst zu haben? Seine Aussage machte betroffen. In diesem Jahr war zum ersten Mal in der Firmengeschichte der Budgetplan pünktlich vereinbart. Es gehört eine Portion Mut dazu, über Gefühle zu reden, besonders im Unternehmenskontext, denn es besteht die irrige Anschauung: Je mehr ein Mensch einer Maschine ähnelt, desto besser ist er. Charismatische

132

Führungskräfte beweisen das Gegenteil. Sie sind sich nicht zu gut, ihre Gefühle, Unvollkommenheit und Unberechenbarkeit zur Schau zu stellen. Und sie können es sich nicht leisten, weil sie so hoch oben sind, sondern sie sind so hoch oben, weil sie es sich leisten. Werden Sie im Bewusstsein Ihrer Gefühle und der Ihres Klienten zum charismatischen Coach!

Human feeling. Tatsächlich dreht sich im Coaching alles um Emotionen. Detlef Linke, Professor für Klinische Neurophysiologie der Universität Bonn, sagt: Bevor Wahrnehmungen im Gehirn kognitiv bewertet werden können, werden sie im Mandelkern emotional bewertet, alles, was folgt, ist ein Rationalisieren dieser emotionalen Bewertung. Ohne Emotionen könnten wir keine wichtige Entscheidung treffen; welche kognitive Strategie auch immer genützt wird: Der letzte Schritt jeder Entscheidung ist ein gutes oder schlechtes Gefühl, das zu Go oder No go führt. Ohne Emotionen gäbe es keine Wünsche. Sportler haben Mental Coaches, weil sie ein brennendes Verlangen haben zu siegen. Leben ist Emotionalität, ohne Gefühle ist der Mensch tot.

Master of Emotions. Wie der Mensch sind Emotionen nicht trivial. Zwischen Reiz und Reaktion ist Emotion, aber nicht nur dort. Der Klient, der bereits jahrelang mit seiner Frau hadert, dass sie sich hat scheiden lassen, reagiert nicht auf einen unmittelbaren Reiz. Seine Emotion kommt woanders her. Die Frau, die sagt: „Ich kenne mich selbst nicht, wenn ich darüber in Zorn gerate", hat keinen unmittelbaren Anlass für den erlebten Zorn. Erfahrene Coachs können Gefühle lesen. Sie nehmen ihre eigenen Emotionen und die des Klienten sensibel wahr, können sie zuordnen, ihre Herkunft deuten und sie in nützliche und nutzlose Gefühle unterscheiden. Sie ziehen daraus ihre Schlüsse für ihre Arbeit als Coach. Lassen Sie uns im Folgenden Unterscheidungen treffen, die es Ihnen möglich machen, Emotionen zu lesen und zu interpretieren.

In diesem Kapitel lernen Sie,

■ *wie Sie die Gefühle Ihres Klienten wahrnehmen und unterscheiden können,*

■ *wie Sie daraus Ideen für die wirksamste Intervention ableiten und*

■ *wie Sie zum Manager Ihrer Emotionen werden.*

PRIMÄRGEFÜHLE — EINFACH UNWIDERSTEHLICH

*Ein kleines Kind spielt im Garten, fällt und schlägt sich das
Knie auf – Weltuntergang –, die Mutter stürzt herbei, nimmt das
Kind, das Kind brüllt. Der Nachbar zeigt dem Kind einen kleinen Hund, die Augen des Kindes werden größer, es strahlt ...
vergessen ist der Schmerz.*

Die Quelle ist klar. Primärgefühle entstehen aus dem Moment, sie sind
unsere unverfälschte, ursächliche Antwort auf unsere Umwelt, wir können sie
nicht erklären und nicht analysieren. Sie sind immer klar zu identifizieren,
z.B. ein Aufwallen von Liebe, unbändige Freude, die uns erfüllt, Ärger, der
plötzlich hochsteigt. Der Psychologe Daniel Goleman sagt in seinem Buch
„Emotionale Intelligenz": Beim Aufwallen von Primärgefühlen übernimmt das limbische System die Herrschaft über das Gehirn, Bereiche des
Gehirns mit der Funktion des bewussten Denkens werden ausgeschaltet.
Wir fühlen uns zu Menschen in Primärgefühlen hingezogen, weil wir sie
als authentisch wahrnehmen. Menschen im Primärgefühl haben:

- guten Kontakt zu den eigenen Gefühlen,
- ihr Verhalten ist kongruent und klar,
- sie reagieren angemessen auf ihre Umwelt.

Primärgefühle, egal ob negativ oder positiv, strahlen Einfachheit, Klarheit
und Kraft aus. Sie schaffen Nähe zwischen Menschen, sie lösen Mitleid
oder Mitfreude aus. Wir haben verschiedene Namen dafür: Charisma,
Authentizität, Selbstbewusstsein, keine Bezeichnung wird dem gerecht.
Vielleicht ist es eine Vereinigung des scheinbar Unvereinbaren: Mut, diese
Gefühle zuzulassen, und Demut in den Handlungen, die daraus entstehen.

Die primäre Aufgabe des Coach. Sind die Emotionen des Klienten eine
kongruente Reaktion auf das Erlebte, dann ist nicht die Emotion das Problem, sondern die Erfahrung, die sie auslöste. Die Emotion ist Indikator dafür, dass ein Wert des Klienten verletzt oder bedroht ist. Dann braucht Ihr
Klient Handlungsalternativen oder mehr Fähigkeiten, um die Problemsituation zu meistern. Nach dem „Law of Requisite Variety" des Kybernetikers
Ross Ashby ist das Element eines Systems, das über die meisten Handlungsoptionen verfügt, das Kontrollelement des Systems. Eröffnen Sie

dem Klienten mit geeigneten Interventionen den Zugang zu anderem Verhalten oder mehr Fähigkeiten.

SEKUNDÄRGEFÜHLE – VERBORGEN, UND DOCH OFFENSICHTICH

Alfred soll mit einer Gruppe von Führungskräften ein Leitbild entwickeln. Er eröffnet:

„Sehr geehrte Damen und Herren! Sie kennen das Ziel des heutigen Nachmittags, wir werden das Leitbild Ihrer Abteilung entwickeln."

Alfreds Hände umklammern den Flipchartstift.

Er lacht: „Ja, wir werden heute viel Spaß miteinander haben."

Die Teilnehmer sind irritiert. Alfreds offensichtliche Nervosität passt nicht zu seiner Ankündigung.

Sozial anerkannt? Alfreds Unsicherheit ist weniger schick als Spaß. Sekundärgefühle werden den Primärgefühlen vorgezogen, weil sie akzeptabler, vermeintlich sozial mehr anerkannt sind. Jemand fühlt sich traurig über einen Misserfolg (Primärgefühl ist Trauer), will es aber nicht zeigen und wird stattdessen wütend (Sekundärgefühl ist Wut). In Sekundärgefühlen schwingt immer das Primärgefühl mit, daher sind sie nicht klar und einfach, sondern mehrdeutig. Sekundärgefühle wirken inkongruent, haben etwas Gespieltes und manchmal Theatralisches. Im Umfeld ergibt sich Langeweile, Irritation und Ärger. Sekundärgefühle können eine Folge des Verbots von Primärgefühlen sein. Wenn z.B. ein Kind die Trauer über den Tod eines Elternteils nicht zeigen durfte, wird es chronische Fröhlichkeit zeigen.

Sprichwort oder Unwort? „Wer den Schaden hat, braucht für den Spott nicht zu sorgen." „Ein Indianer kennt keinen Schmerz." „Nur Mädchen heulen." „Was dich nicht umbringt, macht dich nur härter!" Diese Sprichwörter begleiten uns durch die Sozialisierungsphase – Sprichwörter einer Kriegerkultur. Wagen wir trotzdem, unser Herz zu zeigen, über unsere Gefühle zu sprechen, laufen wir Gefahr, als „Weicheier" abgestempelt zu werden. Das Resultat ist: Wir lernen, nach außen hin andere als die empfundenen Gefühle zu zeigen oder gar keine – Management-Pokerface. Doch ohne unsere wahren Emotionen ist wahrhaftige Begegnung nicht möglich. Wir können einander nur mit unserem Menschsein begegnen und nicht mit Masken. Der Kommunikationsforscher Paul Watzlawick nennt diese Sozialisation eine graue verkrustete Schale, die unseren bunten lebenden Kern überdeckt. Mit dieser verkrusteten Schale ist nur Small talk möglich, aber keine Beziehung.

Zugangshinweise für Sekundärgefühle sind:

■ Klient zeigt inkongruentes Verhalten, z.B.
  ☐ schildert ein Problem mit einem Lächeln im Gesicht,
  ☐ spricht gelangweilt über seine Ziele und kann sich davon keine klare Vorstellung machen,
  ☐ erzählt mit verbitterter Miene von seinen Erfolgen,
  ☐ zeigt die ganze Zeit denselben Gesichtsausdruck;
■ Klient hat älter oder jünger wirkende Physiognomie,
■ Klient schildert stark problemorientiert und detailgenau das Thema und ist dabei nicht zu stoppen oder auf Lösungen zu orientieren,
■ Klient schließt häufig die Augen und blinzelt oft.

Schale oder Kern. Wenn Sie mehrere dieser Merkmale wahrnehmen, steckt der Klient im Sekundärgefühl fest. Solange das der Fall ist, geht jede mögliche Intervention ins Leere. Sie würde auf Sekundärgefühle und nicht auf die Persönlichkeit des Klienten treffen. Wie können Sie die graue verkrustete Schale des Klienten knacken, damit sein bunter lebender Kern zum Vorschein kommt und er wieder Zugang zum Leben findet?

Da mach ich nicht mit! Die raue Schale ist nicht Ihr Kommunikationspartner, Ihr Klient ist der mit dem bunten lebendigen Kern! Widerstehen Sie der Versuchung, auf das Sekundärgefühl einzugehen. Wenn Ihr Klient lachend ein drängendes Problem schildert, bleiben Sie bei Ihrem Primärgefühl, das Ihnen signalisiert: Es gilt, ein ernstes Problem zu lösen. Mitlachen würde dem Klienten die Erlaubnis vortäuschen, in seinem Sekundärgefühl bleiben zu können, da es ja von Ihnen anerkannt ist. Vier Schritte führen Ihren Klienten aus diesem nutzlosen Gefühl zu dem, was ihn wirklich ausmacht:
1. Erkennen: Seien Sie wachsam! Ist der Gefühlsausdruck kongruent mit der Erfahrung des Klienten? Achten Sie auf die Zugangshinweise für Sekundärgefühle.
2. Bleiben Sie in Ihrem Primärgefühl!

3. Explizit machen: Sprechen Sie die Inkongruenz an. Machen Sie erkennbar, dass da eine Kluft ist zwischen Erfahrung und Emotion. Der Umweg, um die Kluft zu überwinden, hat die Emotion widersinnig und nutzlos gemacht. Sie hat ihre Brauchbarkeit als Indikator der Realität verloren.

4. Primärgefühl: Lassen Sie den Klienten erkennen, welches Primärgefühl er zu überdecken versuchte, und geben Sie ihm eine Idee von der Bedeutung dieses Gefühls als wertvoller Indikator einer Werteverletzung.

Klaus, ein Management-Coach, soll Herbert helfen, seine berufliche Neuorientierung zu entwickeln. Herbert spielt den coolen Typ und beschreibt Klaus seit zehn Minuten seine beruflichen Erfolge. Die Stimme ist ohne Höhen und Tiefen, emotionslos.

Klaus unterbricht: „Herbert, stopp. Sie sprachen die letzten zehn Minuten über Ihre Karriere. Ich bin nicht sicher, ob Sie eine Vision entwickeln wollen."

Herbert: „Natürlich will ich das, aber Sie brauchen doch Informationen ...."

Klaus: „Moment mal, glauben Sie, dass ein Mensch Visionen hat, der so unbeteiligt davon spricht wie Sie?"

Herbert überlegt eine Minute: „Sie haben Recht, eigentlich geht es mir darum: Ich habe keinen Spaß mehr an der Arbeit, ich weiß nicht, warum ich das alles mache, und bin ziemlich verzweifelt."

Der Weg ist frei. Visionen zu entwickeln ist schicker als darüber zu reden, dass man ausgelaugt ist und keinen Sinn im Leben findet. Klaus akzeptierte nicht, dass sich Herbert um das eigentliche Thema herumschwindeln wollte. Unterbrechen Sie den Klienten und weisen Sie auf die Art und Weise hin, wie er kommuniziert. Tun Sie das so lange, bis der Klient von seinen ursprünglichen Gefühlen redet. Damit eröffnet sich der Klient den Zugang zu seinem wirklichen Anliegen. Ab dann können Sie alle Interventionen nützen, die Sie beherrschen.

FREMDGEFÜHLE – SECONDHAND-EMOTIONEN

Ein Kind fällt hin, vor seiner Nase sitzt eine Spinne. Das Kind erschrickt und brüllt vor Angst – aus seiner Perspektive ist die Spinne ein Monster. Der kleine Junge wird erwachsen – er bricht in Panik aus, wenn er eine Spinne sieht. Er bemerkt nicht, dass die Spinne im Verhältnis zu seiner Körpergröße winzig ist – er hat die Spinnenangst mitgenommen – ein Fremdgefühl.

Ich war nicht ich selbst! Menschen sitzen beisammen, sie diskutieren über ein soziales Thema, die Stimmung ist gut. Die Diskussion wird intensiver, plötzlich wird einer der Diskutanten laut, gestikuliert und lässt sich von den anderen kaum beruhigen. Alle sind verblüfft. Nach dem Ausbruch entschuldigt er sich: „Es tut mir Leid, ich weiß nicht, was da über mich gekommen ist – ich war nicht ich selbst." Menschen drücken auch durch Worte aus, dass sie nicht Primärgefühle empfinden, sondern etwas, das nichts zu tun hat mit ihrem aktuellen Erleben; es sind Gefühle, die von weit her oder von außen kommen. Wir unterscheiden zwei Arten von Fremdgefühlen:

- Altgefühle, das sind Gefühle, die aus einem früheren Kontext mitgenommen werden,
- Fremdgefühle, die von einem Familienangehörigen übernommen werden.

Aus Loyalität. Erlebte eine Familie schweres Leid oder großen Schmerz, übernehmen die, die später kommen, diese Gefühle. Vielleicht haben Sie das in Ihrer Praxis schon erlebt: Sie wissen: Macht Ihr Klient noch diesen einen Schritt, wird sich viel verändern. Ihr Klient weigert sich aber, den entscheidenden Schritt zu tun. Dahinter steckt häufig ein übernommenes Fremdgefühl. Darf Ihr Klient es zulassen, dass es besser wird, obwohl es so großes Leid in seiner Familie gegeben hat? Ihr Klient erlebt einen Loyalitätskonflikt. Der Theologe Bert Hellinger sagt: Hinter dem übernommenen Gefühl wirkt meistens die Liebe zur Familie. Der Klient erreicht sie aber erst, wenn das Fremdgefühl zurückgegeben wird. Fremdgefühle sind unterschwellig präsent oder brechen manchmal aus. Sie beeinflussen die Grundstimmung negativ. Sie wirken auf die Umgebung unangemessen, lähmend und machen die Anwesenden ratlos.

Zugangshinweise für Fremdgefühle sind:

- Klient zeigt deutlich das Verhalten einer anderen Person,
- Klient spricht in unangemessener Tonalität, das heißt unpassend für sein Alter, seinen sozialen Stand oder seine momentane Situation,
- Klient verwendet Redewendungen, die auf Fremdgefühle hinweisen, zum Beispiel

☐ „Mir geht es wie ...“

☐ „Ich möchte nicht werden wie ...“

☐ „Ich hänge sehr an ...“

☐ „Ich komme einfach nicht davon los ...“

Fremdgefühle auflösen. Fremdgefühle brechen manchmal unvermutet aus. Plötzlicher Ausdruck von Wut, Zorn oder Aggressivität könnten missverstanden und persönlich genommen werden. Nehmen Sie die Einladung nicht an. Die Emotion ist keine Reaktion auf das Hier und Jetzt, sie kommt von woanders her. Klienten sind Fremdgefühle nicht bewusst, doch sie leiden darunter, weil sie ihre Persönlichkeit einschränken. Vier Schritte lassen den Klienten wieder zu sich selbst finden:

1. Erkennen: Der Gefühlsausdruck ist kongruent mit dem, was der Klient sagt, aber nicht angemessen (Überreaktion oder nicht der Persönlichkeit entsprechend).

2. Keep cool: Machen Sie sich bewusst, dass das aktuelle Verhalten des Klienten nichts mit Ihnen zu tun hat, es entspringt einer alten oder übernommenen Emotion.

3. Reflektieren: Lassen Sie den Klienten den Ausdruck seines Fremdgefühls erkennen und die Quelle erraten (aus seiner Vergangenheit oder von einem Familienmitglied übernommen). Machen Sie ihm bewusst: Die Emotion hatte in der Vergangenheit für ihn selbst oder jemand anderen Sinn, jetzt ist sie nutzlos. Die Übernahme war ein Irrtum.

4. Rückgabe: Der Klient gibt die Emotion an seinen Ursprung zurück (der anderen Person oder sich selbst in jungen Jahren) und macht den Zugang frei zu seinen Primärgefühlen.

Klara, eine 25-jährige Studentin, will im Coaching mit Sabine klären, ob sie weiterstudieren oder einen Beruf ergreifen soll.

Klara: „Ich bin mir nicht sicher. Manchmal denke ich, als Frau hat man andere Aufgaben als zu studieren, man sollte eine Familie haben, Kinder und ein Nest schaffen für die Familie und so.“

Klaras Stimme ist tiefer als vorher, sie sitzt etwas gebückt, ihre Gesichtszüge wirken älter.

Sabine: „Klara, das waren jetzt nicht Sie. Wer sagt das?“

Klara: „Wer? Ach, ... das ist meine Großmutter. Die hat das immer so gesagt. Sie wollte auch studieren, aber damals war das nicht so leicht und sie durfte nicht. Dann hat sie immer gesagt, das gehört sich auch nicht für eine Frau."

Sabine: „Aha, jetzt, wo Sie wissen, wer das sagt, können Sie es auch dort lassen. Klara, stellen Sie sich vor, Sie stehen Ihrer Großmutter gegenüber. Nun sagen Sie ihr: ,Oma, ich danke dir für deinen Rat.' Und jetzt verbeugen Sie sich vor ihr und sagen: ,Und jetzt gehe ich meinen Weg. Bitte schau freundlich auf mich, wenn ich ihn gehe.' "

Klara vollzieht diese Gedanken und nickt mit einer Träne in den Augen.

Keine Hürde mehr. Wenn es ihnen einmal bewusst ist, wissen Klienten rasch, woher das Fremdgefühl kommt. Rückgabe ohne Wertschätzung wäre sinnlos, sie würde allem noch ein Drama mehr aufsetzen. Leiten Sie den Klienten an, sich zu bedanken und das Fremdgefühl zurückzugeben. Oft ist das die einzige Hürde zur Lösung des Anliegens.

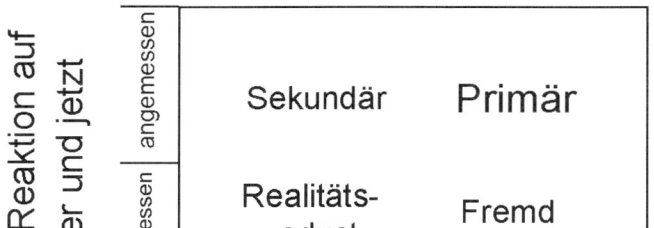

Abbildung 3: Gefühls-Kategorien

DER COACH ALS EMOTIONS-MANAGER

JENE, DIE GLÜCKLICH MACHEN,
SIND DIE WAHREN SIEGER.

VOLTAIRE

Jeder ist sich selbst der Nächste. Alles, was Klienten tun, denken und
fühlen können, tun, denken und fühlen Coachs auch. Und sie haben
Modelle, Methoden, Strategien und Techniken gelernt und Einstellungen
gegenüber Menschen entwickelt, die den Klienten nützlich sind. Warum
sollte der Coach das alles nicht auch für sich selbst nützen, im eigenen
Interesse und in dem des Klienten? Denn als Coach sind Sie dem Klienten
nur dann nützlich, wenn es Ihnen im Coaching gut geht, Sie Zugang zu
Ihren Emotionen haben und auftauchende Sekundär- und Fremdgefühle
als solche identifizieren können und den Ausstieg kennen. Verant-
wortungsvolle Coachs schauen daher zuerst auf sich selbst und sorgen
dafür, dass sie während des Coaching bei der Sache sein können. Nur ein
Coach, der mit allen Sinnen und dem Herzen da ist, ist auch nützlich.

Mitleidlos empathisch. Empathie ist eine entscheidende Kraft im Coaching. Doch Empathie ist etwas ganz anderes als Mitleid. Bert Hellinger
schreibt in seinem Buch „Die Quelle braucht nicht nach dem Weg zu fragen": Wenn wir mitleiden, wie geht es dann dem Leidenden? Er wird
scheu, sein Leid zu zeigen, weil er sieht, dass er andere mit hineinzieht
in sein Leid. Oft scheint es schwer, Distanz zu wahren vor den schlim-
men Dingen, die der Klient erlebt. Und doch sind wir es ihm schuldig,
mitleidlos empathisch zu sein. Dissoziieren Sie sich von Ihren Gefühlen,
wenn sie drohen, Ihren Verstand zu überrollen. Nehmen Sie einen tiefen
Atemzug und treten Sie im Geist aus Ihrem Körper heraus. Schweben Sie
über sich selbst und beobachten Sie sich und Ihren Klienten. Diese Vorstellung trennt Sie ab von Ihren Gefühlen und macht den Kopf frei für
Ihren Klienten.

Wohlfühl-Coaching. Haben Sie eine Atmosphäre geschaffen, in der Sie
sich wohl fühlen können? Erfüllt Sie alles, was Sie im Raum sehen, mit
positiven Erinnerungen oder ist etwas mit negativen Gefühlen verbunden?
Dann (wenn möglich) weg damit! Schaffen Sie ein angenehmes Raumklima,

lüften Sie den Raum. Nehmen Sie sich vor der Coaching-Stunde zehn Minuten Zeit, in denen Sie sich versorgen und zur Ruhe kommen. Machen Sie eine kurze Meditation oder autogenes Training.

Coaching-Stopp. Wenn Sie während des Coaching bei sich selbst Emotionen wahrnehmen, die keine unmittelbare kongruente Reaktion auf das Geschehen sind, halten Sie inne. Stoppen Sie sich selbst so, wie Sie Ihren Klienten unterbrechen würden. Sagen Sie Ihrem Klienten, dass Sie eine Pause brauchen und fragen Sie sich: Kann ich unter diesen Voraussetzungen dem Klienten jetzt weiter nützlich sein oder hindert mich diese Emotion daran? Entscheiden Sie sich im Zweifelsfall für ein Nein – in Ihrem Interesse und dem des Klienten. Die besten Coachs haben auch den Mut zu sagen: Ich kann jetzt nicht weitermachen. Nehmen Sie in jedem Fall danach Supervision oder begeben Sie sich in die Hände eines Kollegen. Permanente Persönlichkeitsentwicklung ist Voraussetzung für Coaching bester Güte.

Am Ende ist alles gut. Geben Sie sich als Coach nach der Sitzung selbst Feedback. Lassen Sie alle Phasen des Coaching vor Ihrem inneren Bildschirm ablaufen und überprüfen Sie das Ergebnis jeder Phase. Werden Sie sich der Fehler klar (hoffentlich machen Sie genug, um daraus zu lernen) und loben Sie sich für das, was exzellent lief. Denn auch die besten Coachs hören das gerne und stärken damit das Vertrauen in ihre Fähigkeiten. Und Sie schließen damit jede Coaching-Stunde mit einem positiven Gefühl ab – eine Selbstverständlichkeit für Sie als Emotions-Manager.

<u>Zusammenfassung</u>

Werden Sie zum Emotions-Manager

Master of Emotions. Nehmen Sie Ihre eigenen Emotionen und die des Klienten sensibel wahr und ziehen Sie daraus Ihre Schlüsse für Ihre Arbeit als Coach.

Primärgefühle – einfach unwiderstehlich

Die Quelle ist klar. Primärgefühle entstehen aus dem Moment und sind die unverfälschte Antwort auf unsere Umwelt. Im Primärgefühl haben Menschen:

- guten Kontakt zu den eigenen Gefühlen,
- kongruentes Verhalten,
- angemessene Reaktionen auf die Umwelt.

Die primäre Aufgabe des Coach. Eröffnen Sie Ihrem Klienten den Weg zu Handlungsalternativen im Primärgefühl.

Sekundärgefühle – verborgen, und doch offensichtlich

Sozial anerkannt? Sekundärgefühle werden den Primärgefühlen vorgezogen, weil sie vermeintlich sozial mehr anerkannt sind.

Zugangshinweise für Sekundärgefühle sind:

- Klient zeigt inkongruentes Verhalten,
- Klient hat älter oder jünger wirkende Physiognomie,
- Klient schildert das Thema stark problemorientiert und detailgenau,
- Klient schließt häufig die Augen und blinzelt oft.

Da mach ich nicht mit! Widerstehen Sie der Versuchung, auf das Sekundärgefühl einzugehen. Vier Schritte führen Ihren Klienten aus diesem nutzlosen Gefühl:

1. Erkennen.
2. Bleiben Sie in Ihrem Primärgefühl!

3. Explizit machen: Sprechen Sie die Inkongruenz an.
4. Primärgefühl: Lassen Sie den Klienten erkennen, welches Primärgefühl er zu überdecken versuchte, und zeigen Sie ihm die Bedeutung dieses Gefühls als Indikator einer Werteverletzung.

Fremdgefühle – Secondhand-Emotionen

Ich war nicht ich selbst! Menschen drücken auch durch Worte aus, dass das, was sie gerade empfinden, nichts mit ihrem aktuellen Erleben zu tun hat; es sind Gefühle, die von weit her oder von außen kommen. Fremdgefühle des Klienten sind:

■ Altgefühle, die aus einem früheren Kontext mitgenommen werden und
■ Fremdgefühle, die von Familienangehörigen übernommen werden.

Zugangshinweise für Fremdgefühle sind:

■ Klient zeigt deutlich das Verhalten einer anderen Person,
■ Klient spricht unpassend für sein Alter, den sozialen Stand oder die momentane Situation,
■ Klient verwendet Redewendungen, die auf Fremdgefühle hinweisen.

Fremdgefühle auflösen. Nehmen Sie die Einladung nicht an. Vier Schritte lassen den Klienten wieder zu sich selbst finden:

1. Erkennen.
2. Keep cool.
3. Reflektieren: Lassen Sie den Klienten den Ausdruck seines Fremdgefühls erkennen und die Quelle erraten.
4. Rückgabe: Der Klient gibt die Emotion an seinen Ursprung zurück und macht den Zugang frei zu seinen Primärgefühlen.

Der Coach als Emotions-Manager

Jeder ist sich selbst der Nächste. Schauen Sie zuerst auf sich selbst und sorgen Sie dafür, dass Sie während des Coaching bei der Sache sein können. Nur dann ist ein Coach auch nützlich.

Mitleidlos empathisch. Dissoziieren Sie sich von Ihren Gefühlen, wenn sie drohen, Ihren Verstand zu überrollen.

Wohlfühl-Coaching. Schaffen Sie eine Atmosphäre, in der Sie sich wohl fühlen können.

Coaching-Stopp. Halten Sie inne, wenn Sie während des Coaching bei sich selbst Emotionen wahrnehmen, die keine unmittelbare, kongruente Reaktion auf das Geschehen sind.

Am Ende ist alles gut. Geben Sie sich als Coach nach der Sitzung selbst Feedback.

7 TEAM-FORMATION® – GEMEINSCHAFT SCHAFFEN

Damit Team nicht heißt: Toll, ein anderer macht's!

Die Menschen unterscheiden sich voneinander
durch das, was sie zeigen,
und sie gleichen einander
durch das, was sie verbergen.

Paul Valéry

So klug wie eine Gans? Wenn wir uns nicht zu gut dafür sind, von Gänsen zu lernen, dann gäbe es fünf Lektionen:

1. In V-Formation zu fliegen lässt den Gänse-Schwarm um 71 Prozent weiter kommen, als ein einzelner Vogel es könnte, denn jeder Flügelschlag erzeugt auch Auftrieb für den nachfolgenden Vogel. Lektion 1: Wenn wir so viel Verstand wie eine Gans haben, nützen wir die Vorteile der Kooperation und unterstützen einander gegenseitig.

2. Sobald eine Gans aus der Formation ausschert, wird sie des Widerstands gewahr, der beim Alleinfliegen entsteht, und sie reiht sich wieder in die Formation ein, damit sie den Auftrieb der voranfliegenden Gänse nutzen kann. Lektion 2: Wenn wir so viel Sensibilität wie eine Gans haben, erkennen wir rasch den Unterschied zwischen Kampf und Kooperation und finden einen Weg zurück zur Kooperation.

3. Wenn die Führungsgans müde wird, lässt sie sich zurückfallen und eine andere Gans übernimmt ihre Position. Lektion 3: Wenn wir so viel Flexibilität wie eine Gans haben, entwickeln wir mehr als ein Verhaltensmuster und setzen sie jeweils angemessen ein.

4. Die Gänse, die hinten fliegen, feuern mit ihren Rufen diejenigen an, die vorne fliegen. Lektion 4: Wenn wir so viel Weitblick wie eine Gans haben, fürchten wir nicht, uns kleiner zu machen, wenn wir andere ermutigen, sondern sehen die Größe, die darin liegt, Beiträge anzuerkennen.

5. Wenn eine Gans krank oder verwundet wird und nicht mehr weiterfliegen kann, verlassen zwei andere Gänse die Formation und begleiten sie auf ihrem Weg nach unten. Sie bleiben bei ihr, bis sie stirbt oder wieder gesundet und weiterfliegen kann. Dann versuchen sie, den eigenen Schwarm wieder einzuholen, oder schließen sich einer anderen Formation an. Lektion 5: Wenn wir so viel Gemüt wie eine Gans haben, werden wir einander in schweren wie in guten Zeiten beistehen.

Was sich Chefs fragen. Eine der Schlüsselfragen im Team ist die nach der gemeinsamen zielgerichteten Motivation. Was brauchen Teams, damit jeder weiß, was er wann wie zu tun hat, und auch bereit ist, es zu tun und dabei mit den anderen zu kooperieren? Eine Frage, mit der Führungskräfte fast täglich beschäftigt sind. Wenn sie keine Antwort haben, nehmen sie die Dienste eines Coachs in Anspruch, der sie ihnen geben soll. Doch Team-Coaching ist nicht deckungsgleich mit Einzel-Coaching. Der größte Unterschied ist: Sie haben es mit einem sozialen System und den zugehörigen Menschen gleichzeitig zu tun. Das setzt zusätzliches Wissen und Techniken voraus. Jetzt, da Sie schon viel Know-how aus diesem Buch erworben und vielleicht auch das eine oder andere in der Praxis genützt haben, sind Sie mit dem C.O.A.C.H.-Modell so vertraut, dass Ihnen die Erweiterung des Modells für Team-Coaching leicht fallen wird.

Der Output zählt. Was ist die Lösung für Teams, die nicht funktionieren oder nicht motiviert sind? Team-Coaching! Führungskräfte holen sich einen Coach ins Haus, damit der Output des Teams wieder den Vorstellungen des Chefs entspricht. Das Team soll die Probleme „aufarbeiten" oder Kletterabenteuer bestehen. Hauptsache, es wirkt eine Zeit lang. Die „Zeit lang" ist aus mehreren Gründen kurz. Aufträge, mit dem Team etwas zu tun, sind oft „vergiftet": Der Auftrag ist eine Aufgabe, die der Chef erfüllen sollte, nicht der Coach. Ein weiterer Grund: Das Team hat viele gemeinsame Lösungsversuche hinter sich. Aufarbeiten von Problemen ist mehr desselben mit externer Moderation; das einzige Ergebnis: Die schon oft gehörten Argumente und Vorwürfe werden wiederholt. Zwei Tage Bäumeklettern schafft kein Vertrauen und keine Ideen funktionierender Zusammenarbeit.

Das Feld bestellen. Wenn Sie als Coach mit einem Team interagieren, tun Sie das gleichzeitig mit jedem Einzelnen und mit Untergruppen innerhalb des Teams. Gruppeninteressen sind von Einzelinteressen überlagert. Die emotionale Bindung zwischen den Teammitgliedern ist unterschiedlich. Das Verständnis für andere ist bei manchen gut, bei manchen kaum vorhanden. Das macht die Aufgabe eines Team-Coach komplex. Die Anforderungen der Auftraggeber sind: Teamgeist verbessern, Konflikte bereinigen, das Team motivieren oder besondere Qualitäten im Team fördern. Problembewusstsein und Lösungswillen der Teammitglieder können Sie nicht voraussetzen. Das Bewusstsein des Chefs über seine Verantwortung für das Team ist unterschiedlich ausgeprägt. Das ist das Feld, auf dem Sie sich als Team-Coach bewegen. Es macht also Sinn, sich die Frage zu stellen: Was unterscheidet Team-Coaching von Einzel-Coaching und was sind geeignete Lösungsstrategien?

In diesem Kapitel lernen Sie

- *die Team-Basics und Team-Dynamiken kennen,*
- *wie Sie Teams im Unterschied zu einzelnen Klienten und Konflikte im Team coachen und*
- *wie Sie ein konfliktfreies Team durch Moderation zu Bestleistungen bringen.*

TEAM-BASICS

Gruppendynamik

Team-Evolution. Teams entwickeln sich. Der Psychologe B.W. Tuckman entwarf 1965 eine Theorie der Gruppenentwicklung, die den Lebenszyklus eines Teams in fünf Phasen sieht:

- Forming
- Storming
- Norming
- Performing
- Transforming

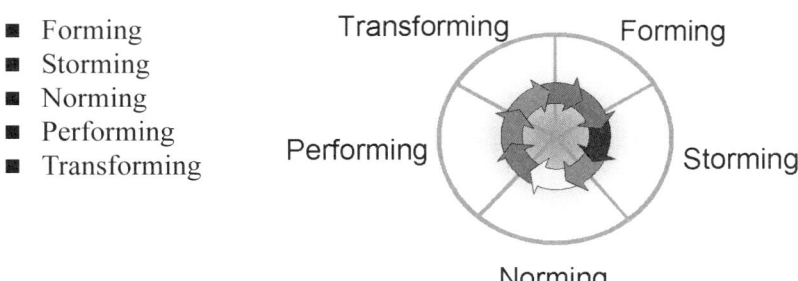

Abbildung 4: Die Entwicklung eines Teams

Jede dieser Phasen hat eine der Teamaufgabe übergeordnete Funktion. Sehen wir sie uns im Detail an:

Forming

Eintreffen. Das ist der Beginn der Gruppenbildung. Die Menschen sind mehrfach unsicher: Das Gruppenziel und der eigene Platz in der Gruppe sowie Kommunikationsformen sind noch nicht klar. Die Menschen beobachten einander zurückhaltend und wollen mehr über die anderen in Erfahrung bringen („Werde ich in der Gruppe akzeptiert? Kann ich meine gewohnte Rolle spielen? Wie hoch ist der Preis, den ich zahlen muss, um dabei zu sein?"). Institutionalisierte Führung gibt dabei Sicherheit. Die Menschen haben jemanden, der weiß, wo es langgeht. Das heißt nicht, dass er später auch als Chef akzeptiert wird. Die Gruppenaufgabe ist, die sozialen Kriterien des Zusammenseins zu finden, um Zugehörigkeit zu schaffen. Die Stimmung ist verhalten.

Storming

Mein Platz. Persönliche Erwartungen an die Gruppe und erste Interaktions-Routinen wurden entwickelt. Jetzt geht es darum, die eigene Rolle im sozialen Gefüge der Gruppe zu etablieren. Gewohnte Außenseiter suchen ihre Nische, gewohnte Führungsfiguren greifen den Teamleiter an, um die Führungsrolle zu klären und gewohnte Teamworker krempeln die Ärmel auf und beginnen anzupacken. Die Aufgabe der Gruppe ist, emotionale Bindung herzustellen und die Machtverhältnisse zu regeln. Die Stimmung ist emotional und dramatisch. Das Konfliktpotenzial ist in dieser Phase am größten.

Norming

Gemeinsame Basis. Im Idealfall sind negative Emotionen rasch durchlaufen, aus Chaos wird Ordnung. Die sozialen und Teamrollen werden verteilt und ausgefüllt. Die Aufgabe der Gruppe ist, Regeln der Zusammenarbeit zu entwickeln und sich über Ziele einig zu werden. Rituale bilden sich aus, die Zusammengehörigkeit stärken.

Performing

Gemeinsames Schaffen. Die Gruppe arbeitet, erlebt Misserfolge und Erfolge, die den Zusammenhalt der Gruppe weiter stärken. Die Aufgabe der Gruppe ist, die gemeinsamen Ziele zu verfolgen und die Bindung permanent zu festigen. Motivation und Leistung sind in dieser Phase am größten.

Transforming

Übergang. Wenn sich der Gruppenzweck ändert, erfüllt oder verloren gegangen ist, löst sich die Gruppe in der bestehenden Form auf. Es entsteht Raum für neue Zusammensetzungen, neue Rollenverteilung oder Abschied.

Außer Storming nichts gewesen. Ziel der Gruppenentwicklung in Organisationen ist, rasch die Performing-Phase mit Leistung, Ergebnissen und positiver Zusammenarbeit zu erreichen. Wenn sich die Zusammensetzung der Gruppe, die Aufgabe oder das Ziel der Gruppe markant verändern, entstehen zumindest Ansätze von Revolution im Sinne von Rückentwicklung; die Gruppe kehrt in die Storming-Phase zurück und erhält damit den Freiraum, neue Strukturen, Rollenverteilungen und Regeln zu schaffen. Dann entwickelt sie sich weiter bis zum Performing. Wenn Team-Coaching verlangt wird, ist häufig zu beobachten, dass die Gruppe nach außen hin so tut, als würde sie performen, tatsächlich aber in einer andauernden Storming-Phase feststeckt, weil nicht offen gelegte persönliche Ziele das dauerhafte Commitment stören und Rollen verhindern. Ihre Aufgabe als Team-Coach ist dann, für die verdeckten Ziele Lösungen entwickeln zu lassen, damit Norming möglich wird.

Rangdynamik

Das A und O im Team. Die Storming-Phase zu managen ist DIE entscheidende Qualität am Anfang jedes Teams. Sie darf nicht zu kurz gehalten sein, damit alle ihre Positionen bestimmen können und dieses Bestreben nicht hineinwirkt in die Norming- und Performing-Phase. Sie sollte aber

auch nicht länger als nötig die Entwicklung der Gruppe aufhalten. Rangdynamik hilft, die Storming-Phase besser zu verstehen und zu managen.
Die rangdynamischen Rollen haben nichts mit der Verteilung der Aufgaben zu tun und sie müssen nicht mit der offiziellen Hierarchie der Gruppe
übereinstimmen. Als Coach erhalten Sie primär die offiziellen Informationen. Selten wird man Ihnen offen sagen, dass es einen informellen Boss in
der Gruppe gibt, auf den die Mitarbeiter mehr hören. Diese Rollenverteilung
ist eine Komponente der „Gruppenpersönlichkeit", über die Sie als Coach
Bescheid wissen sollten, um die Gruppe zu verstehen. Das Modell der Rangdynamik (entwickelt von Psychiater und Psychotherapeut Raoul Schind-
ler) beschreibt fünf typische Rollen in Bezug auf Gruppen:

- Gegner
- Alpha
- Beta
- Gamma
- Omega

Gegner

Das Gegenüber. Der äußere Gegner ist nicht Bestandteil des Teams, er ist für
das Team Ursache, dagegen zu arbeiten. Das können Fertigungsfehler, die
Konkurrenz, die gegnerischen Rudermannschaften oder Menschen mit anderer Ideologie sein.

Alpha

Alpha ist der Chef der Gruppe, er gibt die Richtung vor und vertritt die
Gruppe nach außen. Zum Alpha wird, wer die attraktivste Konfrontation
mit einem äußeren Gegner anbietet. Je reizvoller Alpha diese Idee dem
Team macht, desto sicherer sitzt er im Sattel.

Beta

Beta ist die Stütze von Alpha. Er steht eher am Rand der Gruppe und hat
weniger Interesse an ihr als an dem, was rund um die Gruppe geschieht. Er

informiert Alpha über besondere Ereignisse, die sonst von ihm nicht wahrgenommen würden. Betas in der Gruppe sind die ersten Anwärter für Alpha,
sie übernehmen in Abwesenheit von Alpha gerne Führungsfunktion.

Gamma

Gamma sind die Arbeiter in der Gruppe. Sie sind durch die Idee ihres
Chefs motiviert und können die Anforderungen erfüllen, die sich aus dieser Idee ergeben.

Omegas

Omega tragen die Idee von Alpha nicht mit oder sind überfordert. Sie
sind nicht motiviert und desintegrieren sich von der Gruppe. Dieser Prozess geschieht in drei Phasen:

- In der ersten Phase kapseln sie sich von den anderen ab, beteiligen sich
  nicht an gemeinsamen Aktivitäten und sind in ihrer Arbeit wenig kom-
  munikativ. Das ist das erste Alarmzeichen.
- Die zweite Phase ist geprägt von Frustration. Der Mitarbeiter beginnt
  jetzt wieder mehr zu kommunizieren, allerdings als Nörgler und negativer Kritiker. Er versucht, Allianzen mit anderen zu bilden, die sich
  darin einig sind: Die Gruppe ist nicht auf dem richtigen Weg.
- In der dritten Phase kommt es zum offenen Aufruhr gegenüber dem Alpha. Der Mitarbeiter sucht Verbündete, um Alpha als Chef zeitweise
  oder vollständig zu entmachten.

Im Fluss. Niemand ist ein Alpha, Beta, Gamma oder Omega. Es kann sein,
dass ein Mitglied der Gruppe die Gamma-Rolle übernommen hat und bei
steigenden Erwartungen kurz die Omega-Rolle einnimmt. Dieselbe Person
ist in einer anderen Gruppe Alpha oder Beta. Wie bei allen Modellen ist
auch hier kein Verlass auf Stabilität.

Die Rolle der Führungskraft. Führungskräfte tun ihre Arbeit nicht zwingend in Alpha-Rollen. Jede Rolle hat Konsequenzen für den Führungsstil
und die Gruppe:

- Führen als Gegner: Der Führungsstil ist desinteressiert, die Mitarbeiter identifizieren sich nicht mit ihm.
- Führen als Alpha: Der Führungsstil ist ausgewogen, die Mitarbeiter sind mit ihrem Chef zufrieden.
- Führen als Beta: Der Stil ist technokratisch. Die Atmosphäre ist kühl und sachlich.
- Führen als Gamma: Der Stil ist konsensorientiert, die Mitarbeiter sind verunsichert und haltlos.
- Führen als Omega: Der Stil ist diktatorisch, die Gruppe bleibt in der Storming-Phase.

Who's who in der Gruppe. In Bezug auf die Rangdynamik der Gruppe stellen sich zu Beginn des Coaching wichtige Fragen: Ist der formelle Chef auch Alpha oder gibt es ein informelles Alpha, das nur darauf wartet, den Chef vom Thron zu stoßen? Wer sind die Betas? Sie sind mit ihren Vernetzungen nach außen und ihrem Status in der Gruppe und gegenüber dem Chef wichtige Elemente der Veränderungsarbeit, weil sie unterstützend wirken können. Wer sind die Omegas in der Gruppe und in welchem Stadium der Omega-Entwicklung sind sie?

Vollständigkeit. Wenn der Chef den Grad der Herausforderung für das Team nach oben schraubt, besteht Potenzial für Omegas: die Überforderung. Das ist eine natürliche Entwicklung, denn die Gruppe hat Anspruch auf jede der Rollen, sie braucht einen Chef und sie braucht Mitglieder, für die die Herausforderung am Rand ihrer Leistungsfähigkeit liegt. Dann sind die Gammas im idealen Arbeitsbereich zwischen Über- und Unterforderung. Alpha geht damit eine Gratwanderung zwischen leichter Überforderung und vollständiger Integration aller in den Arbeitsfluss. Ohne diese Dynamiken wäre die Gruppe ein lebloses Gebilde.

Das High-Performance-Team

Der Unterschied macht das Team. Im Idealfall ist ein Team ein Organismus, der Lösungen hervorbringt, die Einzelne nicht so gut, so schnell oder gar nicht schaffen würden. Ein Team macht Sinn, wenn es ein ge-

meinsames Ziel hat und die Fähigkeiten der Teammitglieder einander ergänzen. Damit sind gleichzeitig auch die Hauptursachen von Teamproble-
men beschrieben: unterschiedliche Ziele/Interessen und unterschiedliche
Persönlichkeitsbilder.

Nebenziele. Nehmen wir an, das Team kennt sein Ziel und seine Aufgabe.
Damit ist nicht gesagt, dass alle das Ziel auch akzeptieren. Selbst wenn es
so wäre: neben dem gemeinsamen bestehen auch persönliche Ziele und
Bedürfnisse. Sie betreffen einerseits das, was als Ergebnis für jeden Einzelnen rausschauen soll (Karrieresprung, Anerkennung, Provisionen, Gelegenheiten sich zu verwirklichen etc.). Und sie betreffen den Weg, den
das Team geht. Teammitglieder haben unterschiedliche Bedürfnisse, was die
Art der Zusammenarbeit betrifft: die Art der Kommunikation, Auftragserteilung, gegenseitige Wertschätzung, Empathie, Korrektheit etc.). Persönliche Ziele und Bedürfnisse sind zum Teil bekannt, zum größten Teil werden sie verschwiegen. Bekannt sind sie dort, wo die Beziehung ohnedies
gut und das Problempotenzial gering ist. Wo es nicht gut klappt, wird mit
Sicherheit nicht darüber geredet, sehr wohl aber danach gehandelt.

Alle Menschen sind anders. Menschen mit unterschiedlichen Fähigkeiten haben auch unterschiedliche Gewohnheiten entwickelt, zu planen, zu
entscheiden, miteinander zu reden und zu arbeiten und als Teammitglied
nach außen aufzutreten. Im Team, das gemäß seiner Definition auf Unterschiede ausgerichtet ist, ist die Wahrscheinlichkeit groß, dass diese Unterschiede mit den Bedürfnissen der anderen in Konflikt geraten. Insbesondere dann, wenn weder die Bedürfnisse noch deren Verletzung kommuniziert werden.

Das Feld bestellen. Das Wissen über Einzel- und Gruppenziele und persönliche Bedürfnisse ist notwendige Basis, um Lösungen zu entwickeln.
Doch sie werden aus gutem Grund in der Gruppe nicht genannt, weil persönliche Ziele möglicherweise anderen Zielen widersprechen und weil es
(vor allem im Business-Kontext) sozial wenig anerkannt ist, über Bedürfnisse zu reden. Als Coach brauchen Sie also Wege, um dennoch dahinter
zu kommen. Der Kernpunkt dabei ist Einzelarbeit. Nur im Vieraugengespräch können Sie die persönlichen Interessen und Bedürfnisse offen
legen. Nur einzeln sind Teammitglieder in der Lage, ihren sicheren und
guten Platz im Team zu entwickeln und zu festigen.

DAS TEAM-C.O.A.C.H.-MODELL

Fünf Phasen. Sehen wir uns gemeinsam an, was Team-Coaching von Einzel-Coaching unterscheidet. Was läuft in den fünf Phasen des C.O.A.C.H.-Modells anders als bei Einzelarbeit?

CONTRACTING – Klärungen vor dem Team-Coaching

Team-Contracting. Im Team-Coaching sind mehr Menschen involviert als in anderen Coaching-Spezialformen. Das hat auch Auswirkungen auf die Phase 1 des C.O.A.C.H.-Modells (siehe Seite 41ff.). Bevor Sie sich als Coach dem Team widmen, sollten Sie zu den Vereinbarungen der Phase Contracting zusätzliche Punkte klären:

- Wer ist der Auftraggeber des Coaching? Wenn es nicht der Teamleiter ist, kann es sich um einen „vergifteten Auftrag" handeln. Wenn der Chef des Teamleiters oder der Personalchef den Auftrag geben, sollten Sie sich fragen, ob er versucht, seine Verantwortung auf Sie als Coach zu übertragen. Sollte das so sein, ist der Auftraggeber Klient und nicht das Team.
- Der Teamleiter ist im Coaching involviert. Manche versuchen das zu vermeiden („Machen Sie mir ‚klar Schiff' im Team. Sie kriegen das schon hin!"). Auch das wäre ein „vergifteter Auftrag".
- Will das Team gecoacht werden oder wollen es nur einzelne Teammitglieder? Wer will es, wer nicht? Sie haben erst dann einen Auftrag, wenn der Teamleiter und die Mehrheit des Teams das Coaching wollen.
- Ist sich das Team über Anlass und Ziel des Coaching einig oder bestehen Auffassungsunterschiede? Wenn ja, sollte der Teamleiter das zuerst klären. Sie können dazu Ihre Moderation anbieten.

Sind diese Punkte und alle anderen Punkte der Phase Contracting geklärt, können Sie den Vertrag schließen.

OFFENLEGEN – Fokus auf den Einzelnen

Das Ganze beginnt mit seinen Teilen. Meist haben die Leute mehrfach versucht, die Dinge zum Besseren zu wenden, in gemeinsamen Meetings oder in Einzelgesprächen. Doch Einzelinteressen halten das Problem aufrecht. Sie werden bestenfalls indirekt kommuniziert – durch Vorhaltungen. Diese werden von den anderen als Angriff gedeutet, was das Problembewusstsein nur bestätigt („Ich sag es ja immer, mit denen kann man nicht zusammenarbeiten!"). Und die Spirale dreht sich weiter nach unten und wird noch dadurch verstärkt, dass sich die Bilder der Räume und Menschen mit den negativen Emotionen verbunden haben. Wenn die Leute diese Räume betreten oder diese Menschen zu Gesicht bekommen, werden die negativen Emotionen wieder spürbar, auch wenn es bis jetzt ein toller Tag war. Auf der Ebene der Gruppe lässt sich das Problem für Sie als Coach also nicht lösen, zumindest nicht am Anfang.

Vieraugenprinzip. Die Phase des Offenlegens läuft also in Einzelgesprächen ab. Zusätzlich zu den Aufgaben der Phase Offenlegen brauchen Sie noch weitere Informationen über jeden Einzelnen:

- Welche Rolle hat er derzeit in der Gruppe?
- Was ist sein persönliches (offizielles und inoffizielles) Anliegen in der Gruppe?

Wer bin ich? Um die Rolle in der Gruppe zu erkunden, hilft die Frage: „Was ist Ihnen im Team wichtig?" Alphas werden auch über ihre Idee des äußeren Gegners erzählen und wie sehr es ihnen gelingt, gegen ihn aufzutreten. Betas werden unter anderem auch erwähnen, wie die Gruppe nach außen hin auftritt und welche Meinung die Umwelt von der Gruppe hat. Omegas sind an ihren negativen Aussagen über das Team zu erkennen, je stärker die Emotionen, umso weiter hat sich Omega bereits entwickelt.

Hidden Agenda. Das Anliegen, für das Sie als Coach engagiert wurden, ist oft nicht das eigentliche, sondern die Summe verborgener Themen.

Max wurde bei Beförderungen übergangen und ist nun nicht gut auf Hans zu sprechen, der bevorzugt wurde. Dieses Thema begleitet jede Interaktion zwischen den beiden und führt zu weiteren Kommunikationsstörungen. Das wirkt sich auch auf jene aus, die einem der beiden näher stehen und sich mit ihm gegen den anderen verbünden.

Diese Themen gilt es im Einzelgespräch zu erkunden. Dazu brauchen Sie eine tragfähige Beziehung zum Klienten und Vertrauen.

Opfer und Nörgler. Die verborgenen Themen herauszufinden ist bei jenen einfacher, die sich als Omega wahrnehmen. Sie nutzen die Gelegenheit, ihr Leid zu klagen. Genauso leicht werden Ihnen die Nörgler ihr Herz ausschütten, die zu Kritik neigen. Sie erzählen freimütig, was im Team schief läuft.

Spieler. Ein oder mehrere Teammitglieder haben meist die Haltung: „Ich verstehe gar nicht, worum es geht. Es ist doch alles in Ordnung, die anderen beklagen sich nur immer." Sie haben die Täterrolle und spielen Ihnen gegenüber den coolen Typ. Sie sind in deren Augen ein Störenfried, der ihnen nur ihre Spiele verderben möchte. Von diesen Menschen verborgene Themen zu erfahren ist schwieriger als bei den anderen. Heben Sie sich die für den Schluss auf. Beginnen Sie die Gespräche bei den Opfern.

Die Täter zuletzt. Zuletzt interviewen Sie den oder die „Täter" des Gruppenkonflikts. Spielen Sie alle Möglichkeiten aus, um eine tragfähige Beziehung aufzubauen und zu erhalten und geben Sie ihm zu erkennen, dass Sie seine Kompetenzen in der Gruppe erkannt haben, die wahrscheinlich auch von den anderen zugestanden wurden. Fragen Sie ihn dann: „Um die anderen Teammitglieder besser einschätzen zu können: Wenn die anderen gefragt würden, welche verborgenen Themen Sie selbst haben, die den Konflikt aufrecht erhalten, was würden die dann sagen? Was meinen Sie?" Auf diese Art und Weise gefragt, wird er Ihnen darüber Auskunft geben. Damit wird Ihr Bild vollständig.

Annähern – Fokus auf das Ganze

Gruppenbild. Im Team-Coaching ist sowohl das Team als auch jedes einzelne Mitglied Ihr Klient. Sie bilden in dieser Phase die Synthese des Teammodells und des Modells jedes einzelnen Mitglieds. Die Komponenten der Synthese sind die Gruppendynamik, Rangdynamik und alles, was die Gruppe als Ganzes betrifft: gemeinsame Kontexte und Erfahrungen, Aufgaben, Abläufe und Rituale, die Sammlung aller Fähigkeiten, Regeln und Wertvorstellungen und die Ziele. Das Idealbild eines Teams ist:

- gemeinsame Ziele sind bekannt und im Einklang mit den Einzelinteressen,
- die für die Gruppen-Interaktion wesentlichen Bedürfnisse der Teammitglieder sind bekannt,
- die Gruppe arbeitet in der Performing-Phase,
- Alpha ist unbestritten Alpha, und es gibt wenige Omegas, die rasch wieder zu Gammas werden,
- Kontexte, Erfahrungen, Aufgaben, Rituale und Interaktionsregeln werden als gemeinsam empfunden.

Realbild versus Idealbild. Stellen Sie sich nun die Frage: Wo weicht die Gruppe, die ich gerade coache, von diesem Idealbild ab? Was ist wiederherzustellen, um dem Idealbild nahe zu kommen? Wenn eine Gruppe in der Performing-Phase trotz ihres Problems weiter zusammenarbeitet, heißt das: Die Gruppe ist in der Lage, ihre Stärken auszuspielen. Meistens sind dann Kommunikationsprobleme die Ursache. Ihre Aufgabe ist in diesem Fall, den Mitgliedern ihre unterschiedlichen Persönlichkeitsbilder und die Auswirkungen auf die Kommunikation bewusst zu machen. Ist die Gruppe schon länger in der Storming-Phase, dann geht es um mehr. Dann stehen nicht die Teamstärken, sondern die Konflikte im Vordergrund. Die Norming-Phase ist der Transformator, das Konfliktpotenzial in Stärken zu verwandeln. Die Gruppe muss die Norming-Phase vollständig durchlaufen, um Rollen und gemeinsame Regeln zu entwickeln.

CHANGEWORK – Vom Individuum zum Ganzen

Im Folgenden stellen wir einen Standardablauf für Team-Coaching dar, der universell einsetzbar ist und von Ihnen je nach Ihrer Erfahrung mit anderen Techniken kombiniert werden kann.

Schritt 1: Vom Opfer zum Aktiven

In der Phase Offenlegen hatten Sie die „Opfer" des Teams interviewt. Opfer verschließen sich durch ihre Rolle den Zugang zu ihren Ressourcen und damit zur Lösung des Problems. Deshalb sind sie die häufigsten Klienten im Coaching. Ihre Aufgabe ist daher, zunächst in Einzelarbeit die Opfer des Teams zu unterstützen, wieder vollständig handlungsfähig zu werden, indem sie sich ihre Fähigkeiten, Ressourcen und Handlungsoptionen bewusst machen. Zirkuläres Fragen im Vieraugengespräch ist dafür die am besten geeignete Technik.

Schritt 2: Vom Täter zum Mentor

Vom Feind zum Bedürfnisträger. Täter unterscheiden primär zwischen Freund und Feind und verschließen sich damit der vollständigen Gruppen-Integration. Sie blenden aus, über Bedürfnisse zu reflektieren – die der anderen und auch die eigenen. Weisen Sie einem Täter den Weg in diese Denkrichtung, indem Sie ihn nach seinen Bedürfnissen fragen: „Worum geht es Ihnen dabei? Was ist Ihnen da wichtig?" Damit eröffnen Sie die Möglichkeit, den Klienten Ideen entwickeln zu lassen, wie sowohl er als auch die anderen ihre Bedürfnisse konfliktfrei erfüllen können.

Schritt 3: Vom Nörgler zum Kreativen

Die Nörgler haben gute Strategien, zu bewerten und Fehler und Missstände zu erkennen, sie schaufeln sich damit aber den Zugang zu den kreativen Ressourcen zu. Lösungsansätze bleiben ungedacht. Unterstützen Sie diese Teammitglieder mit lösungsorientierten Fragen.

Schritt 4: Aktive, Kreative und Mentoren integrieren

Positionieren Sie sich! Ausgestattet mit ausreichend Lösungsideen, können Sie nun mit jedem einzelnen Klienten den ersten Schritt zur Re-Integration des Teams gehen. Nehmen Sie Papier und schreiben Sie auf jedes Blatt den Namen eines Teammitgliedes, sodass jede Person durch ein Blatt repräsentiert wird. Der Klient setzt nun voraus, dass seine Lösungsideen bereits Wirkung gezeigt haben und das Team gut und harmonisch zusammenarbeitet. Lassen Sie nun den Klienten die Gruppe in diesem Status im

Raum mit Hilfe der Blätter positionieren. Der Klient findet für jedes Team-mitglied einen guten Platz im Raum. Zuletzt positioniert er sich selbst (ad personam!) im Raum und setzt sich damit örtlich in Beziehung zur Gruppe. Lassen Sie den Klienten mehrere Positionen ausprobieren und den Platz finden, wo er sich am besten integriert fühlt. Lassen Sie jedes Teammitglied diese Aufgabe einzeln lösen, somit hat jeder „im Trockendock" seinen Platz im harmonisch funktionierenden Team gefunden.

Schritt 5: Einzeln in der Gruppe

Gruppe symbolisch betrachtet. Unterstützt durch Lösungsideen und In-tegrationsbilder, können Sie die Teammitglieder zur ersten Arbeit in der Gruppe bitten. Sorgen Sie dabei für eine ungewohnte Umgebung, die nicht mit den vergangenen Gruppenerfahrungen verbunden ist. Bevor Sie die Leute ihre Aufgabe lösen lassen, setzen Sie den Ablauf in einen Rahmen:

- Jedes Teammitglied macht sich die selbst entwickelten Lösungsideen und seine Position in der harmonisch funktionierenden Gruppe bewusst und löst die Aufgabe im Bewusstsein dieser Erkenntnisse.
- Es wird kein Ergebnis entstehen, sondern viele. Und das ist gut so, denn ein Team ist nur dann handlungsfähig und erfolgreich, wenn sich unterschiedliche Fähigkeiten und Charaktere zusammenfinden.
- Jedes Ergebnis ist das Ergebnis eines Menschen, der als Mitglied des Teams auch damit einen wertvollen Beitrag leistet.

Jedes der Teammitglieder hat die Aufgabe, ein Tier als Symbol für die Gruppe zu wählen und die erkannten Analogien daraus abzuleiten.

Das Mitglied eines Teams, das in einem Zeitschriftenverlag mit wis-senschaftlichen Themen befasst war, entwickelte folgende Meta-pher:

„Wir sind wie die Maulwürfe. Buddeln im Untergrund, graben nach Genießbarem, bilden dort weitläufige Netzwerke und lockern dabei gleich auch den streng wissenschaftlich gefestigten Boden auf. Und dann kommen wir mit den Ergebnissen an die Oberfläche. Diejenigen, die einen sauberen, korrekten Rasen wollen, verdammen uns. Aber die an Auflockerung der Wissenschaft interessiert sind, die heißen uns willkommen."

Teamtiere. Jedes Teammitglied erzählt der Gruppe, welches Tier er als Symbol für die Gruppe gewählt hat und welche Analogien er erkennt. Die Gruppe nimmt alle Ergebnisse auf, ohne sie zu kommentieren oder interpretieren. Wenn die Einzelarbeit vor dieser Aufgabe gute Ergebnisse brachte, werden die Teammitglieder positive Symbole und Analogien finden und berichten. Im Grunde ist auch diese Aufgabe Einzelarbeit, aber sie wird in der Gruppe geleistet und führt die Teammitglieder langsam an ein positives Miteinander heran. Die Gefahr, dass alte Ressentiments wieder aufbrechen, reduzieren Sie damit deutlich.

Schritt 6: Von der Kleingruppe zum Ganzen

Schritt für Schritt. Die nächste Aufgabe hat einen doppelten Zweck: Sie setzt die langsame Bewegung vom Einzelnen zur Gruppe fort und initiiert einen gemeinsamen Werte-Abgleich. Jeder überlegt zunächst für sich selbst, was ihm in der Gruppe wichtig ist. Das kann ein Wort oder eine kurze Definition sein. Weisen Sie vorher darauf hin, dass die Werte positiv formuliert sein sollen; die Teilnehmer beschreiben nicht, was sie nicht wollen, sondern nennen ihre Gruppenbedürfnisse, die sie erfüllt sehen wollen. Begründen Sie es damit, dass zu wissen, was der andere will, viel mehr Information ist als zu wissen, was er nicht will. Bedürfniserfüllung im Team setzt Handlungen voraus, die negative Formulierung beschreibt aber nur, wie man nicht handeln soll, und erfüllt damit nicht seinen Zweck.

> *In der Gruppe des Zeitschriftenverlages wurden unter anderem folgende Werte genannt: gegenseitige Unterstützung, gegenseitig informieren, Akzeptanz des „Andersseins", Feedback geben, frühzeitige Terminvereinbarungen, Akzeptanz, wenn man einmal „im stillen Kämmerlein" nachdenken möchte usw.*

Die wahren Werte. Jedes Teammitglied entscheidet sich für die drei höchstrangigen Werte. Die Teammitglieder beginnen in Zweiergruppen. Jeder nennt seine drei Werte; die Aufgabe in der Gruppe ist, sich auf gemeinsame drei Werte zu einigen. Sie können von den ursprünglich genannten abweichen oder gemeinsam umformuliert werden, sodass beide gut damit zurechtkommen. Im nächsten Schritt bilden jeweils zwei Gruppen eine Vierergruppe. Die Aufgabe ist dieselbe wie vorhin: gemeinsam entwickelte Werte nennen und sich auf drei Werte der neuen Gruppe einigen, auch hier können die Teammitglieder die Formulierungen verändern. Ist das geschafft, fügen sich die Vierer- zu Achtergruppen zusammen und kommen wieder zu einem gemeinsamen Ergebnis. Zum Abschluss dieser Aufgabe hat die gesamte Gruppe schrittweise drei Werte beschrieben, die für alle gelten. Die Teammitglieder reflektieren damit (vielleicht erstmals) ihre eigenen Bedürfnisse und erfahren einiges über die Bedürfnisse ihrer Kollegen.

Hoffnung – Komme, was wolle

Der krönende Abschluss. Nun schreiten die Teammitglieder zur Preisverleihung für besonders wertvolle Leistungen: Sie kreieren ein Denkmal ihres Teams. Die Aufgabe lautet: „Wie sieht dieses Team mit diesen Symbolen und Werten aus, wie wäre eine körperliche Repräsentation dieses Teams als Ganzes? Bilden Sie dieses Denkmal des Teams mit Ihren Körpern ab." Weisen Sie darauf hin, dass das Team wie das entstehende Bild aus Einzelindividuen und Einzelleistungen besteht. Entsprechend ihren Rollen der Rangdynamik und ihres Aktivitätspotenzials wird zunächst eine Person sich im Raum aufstellen und eine körperliche Skulptur bilden, der sich dann Zug um Zug die anderen anschließen und langsam ein Gesamtkunstwerk bilden. Die Vorsichtigen, die sich das lieber mal anschauen, haben Zeit genug dazu und lassen sich schließlich durch den Gruppendruck animieren, einen körperlichen Beitrag zu ihrem Denkmal zu leisten.

Als das Team des Zeitschriftenverlages sein Denkmal gesetzt hatte, sagte der Coach:
„... ein Team, das in seiner Zusammensetzung etwas ganz Besonderes darstellt, weil es unterschiedliche Haltungen und Formen braucht, um so zu sein, wie es ist, sodass alle Stärken und Fähigkeiten zusammenfließen können und ein Gemeinsames bilden, das wirkt. Und obwohl oder gerade weil jeder Einzelne da und dort ein bisschen Druck spürt oder sich ein klein wenig unsicher fühlt in seiner Haltung, ist das Ganze stabil und gibt Sicherheit und Kraft ..."

Lösen Sie die Skulptur auf (nachdem Sie das Denkmal zur Erinnerung und als positives Symbol des Zusammenhalts fotografiert haben). Machen Sie dem Team Ihr Kompliment, besprechen Sie die generativen Lernerfahrungen und geben Sie eine Aufgabe, die leicht lösbar ist.

Das Team des Zeitschriftenverlages erhielt die Aufgabe, sich die nächsten drei Monate lang zweimal in der Woche zu treffen und zu würfeln. Bei gerader Zahl erzählt jedes Teammitglied eine Minute lang, wie es ihm gerade geht und was ihn bewegt. Die einzige Regel dabei ist: Jeder hat eine Minute Zeit, in der ihm die anderen zuhören.

Dann bleibt Ihnen nur noch, dem Team Glück und Erfolg zu wünschen.

MODERATION

Wenn Ideen auf Kritik stoßen. Selbst in harmonischen Teams kracht es gelegentlich, auch wenn sich alle über das Ziel einig sind und zu guten Ergebnissen kommen wollen. Jeder leistet eben seinen Beitrag, der seiner Rolle entspricht.

Eine gemeinnützige Organisation möchte die Ergebnisse ihrer Arbeit des letzten Jahres auf ihrer Website präsentieren. Es soll eine eigene Seite gestaltet werden, auf der auch die Sponsoren gezeigt werden. Sieben Vereinsmitglieder finden sich zu einer Arbeitsgruppe zusammen.

Peter: „Wir könnten etwas mit einem kurzen Film-Clip machen. Das macht das Ganze interessanter."

Tomas: „Moment, so geht man nicht vor, wenn es professionell werden soll! Wir brauchen zuerst eine Struktur der Website, dann können wir über solche Ideen nachdenken."

Herbert: „Und was haltet ihr davon? Wir zeigen zu Beginn eine schwarze Seite und jemand sagt etwas."

Tomas: „Und was soll der sagen? Nein, so geht's wirklich nicht. Das Ganze ist zu unstrukturiert."

Peter meldet sich doch noch mal zu Wort: „Wenn schon Struktur, dann möchte ich aber etwas Innovatives, vielleicht in Form einer Spirale oder so."

Tomas: „Und wer soll das Design von so was bezahlen?"

Maria, die bisher schwieg, wird unruhig: „Leute! Das gibt es doch nicht. Wenn ihr nicht bald auf einen grünen Zweig kommt, dann geh ich."

Meeting-Desaster. Vielleicht haben Sie Ähnliches schon erlebt: Ein Meeting läuft, jemand hat Ideen und ein Kollege weiß gleich, warum das nicht geht, eine zweite Idee taucht auf und wird niedergemacht, vielleicht traut sich noch eine dritte Idee hervor, um gleich darauf vernichtet zu werden. Das läuft so lange, bis einer die Geduld verliert und wilde Drohungen ausstößt, weil ihm das Ganze auf die Nerven geht, was die Stimmung zusätzlich anheizt. Wie entsteht so etwas, obwohl scheinbar alle Voraussetzungen für ein erfolgreiches Meeting erfüllt sind?

Kritik ist aller Laster Anfang. In einem Meeting, das mit guten Voraussetzungen beginnt und wo es um Entwicklungen geht, haben die Kreativen die größte Motivation. Sie haben den besten Zugang zu ihren Gefühlen und strotzen vor Ideen. Damit begegnen sie aber der Schönwetterseite des Retters: dem Nörgler. Er weiß am besten, warum man so nicht agiert und warum etwas nicht funktionieren kann – der Meister der Killer-Phrasen. Im Spiel zwischen kreativen Ideen und negativer Kritik ist er der Stärkere. Denn er macht die Situation dramatisch und damit den Kreativen zum Opfer, der ab jetzt frustriert schweigt. Derjenige, der erwartet hat, dass sich im Meeting was tut, und die Sache bald konkret wird, ist enttäuscht, verärgert und wird zum Täter: Er haut auf den Tisch und klagt die anderen an. Begonnen hat das Drama beim Nörgler.

Sonnenseiten. Und was ist die Lösung? Die drei Dramarollen (Täter, Opfer und Retter) neigen auch dann zu charakteristischem Verhalten, wenn gerade kein Konflikt läuft: Sie werden zum Checker, zur Diva und zum Nörgler (siehe Trinergy®-Konfliktlösung, Seite 261ff.). Jede Rolle in diesem Spiel hat seine besonderen Stärken:

■ Opfer/Diva – Kreativität, Flexibilität

Diven sind generell (nicht nur bei ihrem Auftritt) kreativ und strotzen vor guten Ideen. Sobald die Situation dramatisch wird, trennen sie sich von ihren Ideen, finden als Opfer keine Lösung und kommen zu Ihnen um Rat.

■ Täter/Checker – Realitätssinn, Durchsetzungskraft

Täter sind aktiv und wollen etwas bewegen, in die Praxis umsetzen, allerdings nehmen sie dabei keine Rücksicht auf andere. Ihre Stärke ist ihre Energie, Ausdauer, Beharrlichkeit und praxisorientierte Planung.

■ Retter/Nörgler – positive Kritik, Einfühlungsvermögen

Wenn Drama läuft, sind sie für die Opfer da, doch wenn die Situation konfliktfrei ist, hätten sie keine Beschäftigung, sie verwenden daher ihre Energie, vor Opferfallen zu warnen. Denn sie haben ein Gespür dafür, was schief gehen könnte. Der Ausdruck der Warnung vernichtet allerdings alles, auch die gute Absicht und die positiven Bestandteile eines Ansatzes. Die Stärke bleibt das Gespür für andere und der sensible Mängel-Sensor.

Die richtige Reihenfolge. Das ist der Schlüssel erfolgreicher Meetings. Kreativität, Realitätssinn und positive Kritik sind drei wichtige Stärken, wenn es um Entwicklung geht. Dabei spielt die Reihenfolge eine entscheidende Rolle. Eine kreative Idee positiver Kritik auszusetzen macht keinen Sinn. Zuerst muss die Idee Realitätsgehalt und Praxisbezug bekommen. Nebulose Ideenwolken lassen sich ausschließlich destruktiv, aber nicht positiv kritisieren, dazu sind sie zu wenig konkret. Die Reihenfolge jeder Entwicklung ist Idee, Planung, Kritik.

Moderationsregeln. Vereinbaren Sie als Moderator zunächst Inhalte und Rahmenbedingungen des Meetings. Klären Sie dann folgende Punkte:

■ Als Moderator nehmen Sie inhaltlich keinen Einfluss, Ihre Aufgabe ist, die Struktur des Meetings zu ordnen und auf das Ziel auszurichten. Dafür haben Sie auch die Kompetenz, das Meeting zu steuern und (unterbrechend) einzugreifen, um die nützliche Struktur aufrecht zu erhalten. Kündigen Sie an, dass Sie Statements unterbrechen werden, wenn sie dieser Struktur zuwiderlaufen.

■ Jeder kommt zu Wort – zum richtigen Zeitpunkt. Zuerst werden Ideen entwickelt, dann die Ideen in praxisnahe Pläne überführt und dann positive Kritik daran geübt. In einem weiteren Durchlauf werden für die Kritikpunkte Lösungsideen entwickelt, in Pläne überführt und kritisiert, so lange, bis alle sagen: Das ist rundum eine gute Lösung. Abweichen von dieser Reihenfolge wird vom Moderator unterbrochen.

■ Jedes Ergebnis ist ein positives Ergebnis. Das gilt es jedenfalls zu würdigen, bevor sich die nächste Stärke daran macht, die Dinge noch zu verbessern.

Dramafrei geht's schneller. In diesem Setting kann jeder seine Stärken ausspielen. Denn er weiß: Alles, was er entwickelt, wird von zwei weiteren Stärken gewürdigt und optimiert. Die Vorteile liegen auf der Hand: Jeder wird gehört und bringt seine spezifische Stärke ein, das Meeting läuft ohne Drama, alle können sich mit dem Ergebnis identifizieren und es geht viel rascher als mit üblichen Streitgesprächen.

Alle oder Untergruppen. Sie können entweder die ganze Gruppe in der jeweiligen Stärke involvieren (alle sammeln Ideen usw.) oder sie teilen die Gruppe in drei Untergruppen auf und ordnen jeder eine der drei Stärken zu. Entweder Sie oder die Teilnehmer entscheiden dann, welcher Gruppe sie angehören wollen. Sie können diese Technik selbst als Moderator nützen oder Ihrem Team, das Sie gecoacht haben, als Technik mit auf den Weg geben, um auch in sachlich kontroversen Meetings künftig dramafrei zu bleiben und rasch zu guten Ergebnissen zu kommen.

ZUSAMMENFASSUNG

Damit Team nicht heißt: Toll, ein anderer macht's!

Das Feld bestellen. Nützen Sie das C.O.A.C.H.-Modell im Team-Coaching.

Team-Basics

Gruppendynamik
Team-Evolution. Erkennen Sie, in welcher Gruppenphase sich das Team befindet.

- *Forming:* Die Gruppe beginnt sich zu bilden.
- *Storming:* Individuelle Rollen und Erwartungen prallen aufeinander.
- *Norming:* Die sozialen und Teamrollen werden verteilt und ausgefüllt.
- *Performing:* Die Gruppe arbeitet, erlebt Misserfolge und Erfolge, die den Zusammenhalt der Gruppe weiter stärken.
- *Transforming:* Wenn sich der Gruppenzweck ändert, erfüllt oder verloren gegangen ist, löst sich die Gruppe auf.
- *Best of.* Fördern Sie als Coach die rasche Entwicklung der Gruppe zur Performing-Phase.

Rangdynamik

Das A und O im Team. Erkennen Sie die Gruppenrollen der Mitglieder.

Alpha hält die Gruppe zusammen durch die Idee eines äußeren Gegners.

Beta steht eher am Rand der Gruppe und hat weniger Interesse an ihr als an dem, was rund um die Gruppe geschieht; er informiert Alpha über besondere Ereignisse, die sonst von ihm nicht wahrgenommen würden.

Gamma sind die Arbeiter in der Gruppe, sie sind durch die Idee ihres Chefs motiviert.

Omega tragen die Idee von Alpha nicht mit oder sind überfordert.

Die Rolle der Führungskraft. Erkennen Sie, aus welcher Position der Chef der Gruppe führt:

- *Führen als Alpha:* Der Führungsstil ist ausgewogen, die Mitarbeiter sind mit ihrem Chef zufrieden.
- *Führen als Beta:* Der Stil ist technokratisch. Die Atmosphäre ist kühl und sachlich.
- *Führen als Gamma:* Der Stil ist konsensorientiert, die Mitarbeiter sind verunsichert und haltlos.
- *Führen als Omega:* Der Stil ist diktatorisch, die Gruppe bleibt in der Storming-Phase.

Gemeinsamkeiten und Unterschiede

Nebenziele. Erforschen Sie, ob einzelne Mitglieder der Gruppe Ziele verfolgen, die nicht mit den Gruppenzielen konform gehen.

Alle Menschen sind anders. Beobachten Sie, wo Gewohnheiten und Verhaltensweisen Einzelner mit den Bedürfnissen der anderen in Konflikt geraten.

Das Team-C.O.A.C.H.-Modell

Fünf Phasen. Nutzen Sie das Team-C.O.A.C.H.-Modell für Ihre Arbeit mit Gruppen.

CONTRACTING – *Klärungen vor dem Team-Coaching*
Team-Contracting. Klären Sie zusätzlich zu den Vereinbarungen der Phase Contracting folgende Punkte:

- Wer ist der Auftraggeber des Coaching?
- Ist der Teamleiter in das Coaching involviert?
- Will das Team gecoacht werden oder nur einzelne Teammitglieder?
- Ist sich das Team über Anlass und Ziel des Coaching einig oder nicht?

OFFENLEGEN – *Fokus auf den Einzelnen*
Vieraugenprinzip. Sprechen Sie mit jedem Mitglied unter vier Augen. Sie brauchen noch weitere Informationen über jeden Einzelnen:

- Welche Rolle hat er derzeit in der Gruppe?
- Was ist sein persönliches (offizielles und inoffizielles) Anliegen in der Gruppe?

Hidden Agenda. Erkunden Sie die verborgenen Anliegen, beginnend bei den Omegas, über die Kritiker hin zu jenen, für die alles in Ordnung ist.

ANNÄHERN – *Fokus auf das Ganze*
Realbild versus Idealbild. Stellen Sie sich die Frage: Wo weicht die Gruppe, die ich gerade coache, vom Idealbild einer Gruppe ab?

CHANGEWORK – *Vom Individuum zum Ganzen*
Standard-Team-Coaching. Coachen Sie die Gruppe in sechs Standard-Schritten.

1. **Vom Opfer zum Aktiven.** Aktivieren Sie die Opfer. Zirkuläres Fragen im Vieraugengespräch ist die am besten geeignete Technik.
2. **Vom Täter zum Mentor.** Fragen Sie die „Täter" nach ihren Bedürfnissen: „Worum geht es Ihnen dabei?"
3. **Vom Nörgler zum Kreativen.** Unterstützen Sie die Nörgler mit lösungsorientierten Fragen.
4. **Aktive, Kreative und Mentoren integrieren.** Lassen Sie jedes Teammitglied seinen Platz im Team finden.

5. *Einzeln in der Gruppe.* Bitten Sie das Team zur ersten gemeinsamen Gruppenarbeit. Jeder wählt ein Tier als Symbol für die Gruppe.
6. *Von der Kleingruppe zum Ganzen.* Lassen Sie die Teilnehmer zuerst in Kleingruppen und dann gemeinsam die drei höchsten Werte entdecken.

HOFFNUNG – *Komme, was wolle*
Der krönende Abschluss. Weisen Sie die Mitglieder an, eine Team-Skulptur zu bilden.

Moderation

Sonnenseiten. Nützen Sie die Sonnenseiten der drei Drama-Rollen in Meetings:

- Kreativität, Flexibilität
- Realitätssinn, Durchsetzungskraft
- Positive Kritik, Einfühlungsvermögen

Die richtige Reihenfolge. Lassen Sie die Teilnehmer in der Reihenfolge Idee, Planung, Kritik zu Wort kommen.
Moderationsregeln. Klären Sie dann folgende Punkte:

- Sie nehmen inhaltlich keinen Einfluss. Sie unterbrechen Statements, wenn sie dieser Struktur zuwiderlaufen.
- Jeder kommt zu Wort – zum richtigen Zeitpunkt.
- Jedes Ergebnis ist ein positives Ergebnis.

8 UNTERSCHEIDUNGEN – PSYCHOTHERAPIE, SUPERVISION UND MEDIATION

Das Who's who der Veränderungsarbeit

> SEELENLEIDEN ZU HEILEN VERMAG DER VERSTAND NICHTS,
> DIE VERNUNFT WENIG,
> DIE ZEIT VIEL,
> ENTSCHLOSSENE TÄTIGKEIT ALLES.
>
> JOHANN WOLFGANG GOETHE

Wer ist der Scharlatan? Der Arzt fragt den Patienten: „Was haben Sie denn bisher gegen Ihre Krankheit unternommen?"
„Ich war bei einem Heilpraktiker."
„So ein Schwachsinn! Warum vertrauen Sie sich denn so einem Halb-Scharlatan an! Jeder, der auf so jemanden hört, ist selber schuld. Was hat er Ihnen denn geraten?"
„Dass ich zu Ihnen gehen soll."

Wege mit Herz. Menschen, die ihren spirituellen Weg bewusst wählen, sind in einer ähnlichen Situation: Viele Religionen preisen ihren Weg. Welches Ordnungssystem für Glaubenssätze sollen wir wählen? Klienten, die Hilfe bei Problemen suchen, geht es ähnlich, sie stehen vor der Entscheidung, wem sie vertrauen sollen. Was ist der richtige Weg? Vielfach wird die Frage auf der Ebene der Methoden diskutiert. Das greift zu kurz. Exzellente Psychotherapeuten haben auch Lieblingsmethoden, sind aber mit anderen auch erfolgreich. Klienten sind gut beraten, wenn sie dem Scout folgen, der antwortet: „Alle kennen den Weg und wissen Sie durch den Dschungel zu führen. Wählen Sie den, der den Weg mit ganzem Herzen geht."

In diesem Kapitel erfahren sie,
- **was Coaching von Psychotherapie, Supervision und Mediation unterscheidet und**

- *welche Grenzen Ihnen als Coach in Bezug auf Ihre Klienten ge-setzt sind.*

VERÄNDERUNGSSCHULEN

Kann alles alles? Wo sind die Grenzen des Coaching? Was kann Psychotherapie und was nicht? Was bezeichnen wir als Supervision und wann sollte Mediation statt Coaching empfohlen werden? Die Definition dieser Begriffe ist eine Möglichkeit, Unterscheidungen zu treffen.

Psychotherapie

Psychotherapie. Eine bis heute verwendete Definition aus dem Jahr 1978 stammt vom Wiener Psychotherapeuten Hans Strotzka: Psychotherapie ist demnach ein bewusster und geplanter interaktioneller Prozess zur Beeinflussung von Verhaltensstörungen und Leidenszuständen, die in einem Konsensus (möglichst zwischen Patient, Therapeut und Bezugsgruppe) für behandlungsbedürftig gehalten werden, mit psychologischen Mitteln (durch Kommunikation) meist verbal, aber auch averbal, in Richtung auf ein definiertes, nach Möglichkeit gemeinsam erarbeitetes Ziel (Symptomminimalisierung und/oder Strukturänderung der Persönlichkeit) mittels lehrbarer Techniken auf der Basis einer Theorie des normalen und pathologischen Verhaltens.
Von Psychotherapie können wir also sprechen, wenn:

- Störungen oder Krankheiten behoben werden sollen;
- eine persönliche Interaktion zwischen dem Patienten bzw. Klienten und dem Psychotherapeuten vorliegt;
- eine Vereinbarung zu einer Psychotherapie vorliegt;
- keine ausschließliche Behandlungen mit Medikamenten oder Prinzipien aus paramedizinischen Bereichen erfolgt;
- dem Handeln des Therapeuten eine Theorie und überprüfbare Anschauungen zugrunde liegen, und ein Unterschied zwischen gesundem und gestörtem, normalem und pathologischem Verhalten und Erleben gemacht wird.

Coaching

Die Kutsche. Der Begriff Coaching leitet sich vom amerikanischen Wort für „Kutsche" („coach") ab. Er soll bildhaft die Vorstellung eines geborgenen Raumes vermitteln, in dem ein Klient seine Probleme darlegen kann. In weiterer Folge lernt er diese, durch Anwendung eigener Ressourcen, zu bewältigen. Ganz allgemein verstehen wir unter Coaching eine individuelle Form lösungsorientierter, personenzentrierter Beratung und Betreuung. Coaching ist häufig mit der beruflichen Situation des Kunden befasst. Der Prozess kann auch private Inhalte, Fragen der persönlichen Entwicklungsplanung oder der Gesundheit umfassen. Der Kunde wird nicht als Patient betrachtet. Der Coaching-Prozess ist zeitlich begrenzt und findet je nach Vereinbarung in einer oder mehreren Sitzungen statt. Der Coach liefert keine direkten Lösungsvorschläge bzw. Ratschläge, sondern begleitet und unterstützt den Kunden (Coachee) mit Hilfe spezieller „Werkzeuge".
Von Coaching sprechen wir also bei einer Beratungsleistung, die

- lösungsorientiert,
- zeitlich begrenzt,
- zielgerichtet,
- individuell maßangefertigt
- und – speziell beim Business-Coaching – „near the job" ist.

Supervision

Interaktion. Eine aktuelle Definition von Supervision lautet: Supervision ist Interaktion, deren Aktoren die Rollen „Supervisor", „Supervisand" und „Auftraggeber" spielen. Die Aktoren legen in einem Kontrakt die Spielregeln ihrer Zusammenarbeit fest. Supervisor und Supervisand interagieren in Sitzungen. An ihre Rollen bestehen Muss-, Soll- und Kann-Erwartungen:

Rolle des Supervisors:

- Muss: Der Supervisor leitet die Kontrakt-, Supervisions- und Auswertungssitzungen. Ziel ist, das Lernen des Supervisanden zu unterstützen.

172

- Muss: Der Supervisor interagiert selektiv, authentisch und empathisch mit dem Supervisanden.
- Muss: Der Supervisor agiert nicht stellvertretend für den Supervisanden außerhalb des Supervisionssystems.
- Muss: Der Supervisor gewährleistet Datenschutz.
- Soll: Der Supervisor legt eine Rechnung.

Rolle des Supervisanden:

- Muss: Der Supervisand nimmt an Kontrakt-, Supervisions- und Auswertungssitzungen teil.
- Muss: Der Supervisand sucht die Interaktion mit dem Supervisor und allfälligen Mitsupervisanden.
- Muss: Der Supervisand reflektiert in der Interaktion seine Praxis, mit der Absicht, sich zu entlasten und/oder zu lernen.

Rolle des Auftraggebers:

- Kann: Der Auftraggeber verhandelt oder stellt Bedingungen über Umfang, Frequenz, Preis und Zielsetzungen.
- Kann: Der Auftraggeber nimmt an der Kontraktsitzung oder an Auswertungssitzungen teil.

Unterschiedliche Ansätze. Supervision ist also ein Beratungsformat, in dem mit unterschiedlichen Ansätzen wie Themenzentrierte Interaktion, Gestalt, Psychoanalyse, Gruppendynamik usw. gearbeitet wird. Aktoren können Einzelpersonen oder soziale Systeme sein. Die Rollen „Auftraggeber" und „Supervisand" können in Personalunion gespielt werden. Inhalt der Reflexion sind problematische Szenen, die der Supervisand erlebt hat oder auf die er sich vorbereiten will. Die Reflexion fokussiert die Szenen auf das Verhalten und Innenleben der Beteiligten und Betroffenen.

Mediation

Konfliktlösung. Allgemein wird Mediation als Methode innerhalb der psychologischen Beratung mit dem Schwerpunkt Konfliktlösung definiert. Die Aufgabe des Mediators ist, die im Streit liegenden Parteien zu unterstützen, ihren Streit durch eine Kompromissfindung zu überwinden. Oft ist die

Mediation in betrieblichen oder familiären Konfliktsituationen die einzige Alternative zur Gerichtsverhandlung. Ausgehend von der Tatsache, dass Mediation eine Alternative zur gerichtlichen Konfliktlösung darstellt, gehört sie zur „alternative dispute resolution" (ADR). Mediation ist eine Methode, die folgende Elemente enthält:

- Drei-Ebenen-Arbeit gemäß der Themenzentrierten Interaktion (Beziehungs-, Prozess- und Sachebene),
- das Erkennen von Wahrnehmungs- und Entscheidungsmustern,
- Wahrnehmungsphänomene als Konfliktfaktoren bestimmen,
- Entscheidungsverzerrungen aufdecken.

Gemeinsamkeiten und Unterschiede

Der kleinste gemeinsame Nenner. Gibt es den gemeinsamen Nenner für alle Formen der Veränderungsarbeit? Ja, er heißt „anlassbezogenes Lernen". Die Art und Weise, wie gelernt wird, ist jedoch durchaus unterschiedlich:

- *Lernen im Coaching.* Das Ziel jedes Coaching ist generatives Lernen. Das heißt, der Klient entwickelt Strategien, um sein aktuelles Problem zu lösen. Das Entwickeln dieser Strategien ist selbst eine Strategie. Diese kann der Klient in zukünftigen Problemsituationen selbsttätig nutzen. Darin ähnelt ein Coaching der Supervision. Das Setting einer Supervision ist allerdings strenger festgelegt als beim Coaching.
- *Lernen in Mediation.* Der generative Effekt der Mediation wird eher gering sein. Natürlich kann man niemanden daran hindern, Strategien der Konfliktlösung auf zukünftige Situationen anzuwenden. Mediation ist primär auf die Lösung eines aktuellen Konflikts fokussiert; und da sie als „Methode innerhalb der psychologischen Beratung" definiert ist, wird der generative Effekt eher woanders zu finden sein.
- *Lernen in Psychotherapie.* Wenn wir der Definition von Hans Strotzka folgen, ist der generative Lerneffekt der Psychotherapie geringer als der des Coaching. Strotzka spricht von Symptomminimalisierung und/oder Strukturänderung der Persönlichkeit. Genau genommen bedeutet das: Es geht in erster Linie um die Minimalisierung von Symptomen. Warum? Weil es als Erstes genannt wird. Das bedeutet: Menschen lernen, mit ihren Sympto-

men zu leben. In zweiter Linie geht es darum, die Struktur der Persönlichkeit so zu verändern, dass der Klient mit den (minimalisierten) Symptomen gut leben kann. Erst an dritter Stelle steht die Strukturänderung der Persönlichkeit, die vielleicht dazu führt, dass die Symptome verschwinden.

- *Lernen in der Supervision.* Auf Basis der Reflexion kann der Supervisand Lernziele formulieren, die er inner- oder außerhalb der Supervision verfolgt.

ARGUMENTE UND GEGENARGUMENTE

Pro und Kontra. Diskussionen zum Thema Coaching laufen über die folgenden Themen, und als Coach ist es vorteilhaft, sich mit diesen Fragen auseinander gesetzt zu haben:

- *Methoden.* *„Die angewendeten Methoden sind oft undurchschaubar, ihre Wirkung unbewiesen und es fehlen grundlegende Modelle."* Dem wird entgegengehalten, dass Coaching eben lösungsorientiert ist. Daher geht es mehr darum, anzuwenden, was wirkt, als darum, wissenschaftlich zu beweisen, wieso diese Wirkung eintritt.

- *Begriff.* *„Hinter dem Begriff Coaching verbirgt sich eine Unzahl verschiedener Methoden. Der Klient weiß also gar nicht, was ihn erwartet."* Es gibt auch nicht DIE Psychotherapie. Auch Psychotherapie ist ein Oberbegriff für eine Reihe von Methoden mit recht unterschiedlichen Ansätzen aus den Bereichen der Tiefenpsychologie, des Behaviorismus, der humanistischen und transpersonalen Psychologie usw.

- *Lösungsorientierung.* *„Coaching ist fast zwanghaft lösungsorientiert und Problemursachen werden ausgeblendet."* Coaching ist zwar lösungsorientiert, dort, wo es Sinn macht, wird ein professioneller Coach natürlich auch die Ursache aufdecken. Nur belässt er es nicht dabei, sondern erarbeitet mit dem Klienten neue Verhaltensmöglichkeiten.

- *Zeit.* *„Der Zeitrahmen eines Coaching ist zu kurz bemessen. Tief greifende Veränderungen sind daher nicht möglich."* Dahinter steckt der Glaubenssatz, dass Veränderung lange dauern muss und sicherheitshalber sollte es auch noch weh tun. Abgesehen davon gibt es durchaus ernst zu nehmende Ansätze der Kurzzeittherapie. Man denke dabei an die Arbeit von Steve DeShazer.

- **Ausbildung.** *„Coaching-Ausbildungen sind nicht geregelt. Der Klient weiß also nicht, ob sein Coach Profi oder Amateur ist. "* Hier schaffen Abhilfe aus dem Argumentationsdilemma: die ersten akademischen Coaching-Ausbildungen und internationale Coaching-Verbände, der größte und bedeutendste ist die ICF (International Coach Federation). Abgesehen davon werden Klienten sicher Informationen über ihren Coach einholen, ehe sie ein Coaching vereinbaren.
- **Recht haben oder glücklich sein?** Die Liste lässt sich sicher fortsetzen. Sieger wird der bleiben, der die besseren rhetorischen Tricks gelernt hat. Eine Entscheidungshilfe für Klienten ist das sicher nicht, es wirkt eher abschreckend. Abgesehen davon tut diese Diskussion so, als gäbe es bessere und schlechtere Methoden. Fatal daran ist, dass dadurch gegenseitiges Lernen unmöglich wird. Wieso sollte z.B. ein Business-Coach nicht vom Wissen und Können eines Gestalttherapeuten profitieren können und umgekehrt? Wir meinen, dass ein möglichst großes Set an Methoden nur ein Vorteil sein kann. Mehr Methoden bedeuten größere Flexibilität, und das heißt, besser auf die individuellen Bedürfnisse des Klienten eingehen zu können. Und der Klient sollte im Mittelpunkt der Aufmerksamkeit stehen.

ZUSAMMENFASSUNG

Das Who's who der Veränderungsarbeit

Psychotherapie: Störungen und Krankheiten

Von Psychotherapie sprechen wir, wenn

- Störungen oder Krankheiten behoben werden sollen,
- eine persönliche Interaktion zwischen dem Patienten bzw. Klienten und dem Psychotherapeuten vorliegt,
- eine Vereinbarung zu einer Psychotherapie vorliegt,
- keine ausschließliche Behandlungen mit Medikamenten oder Prinzipien aus paramedizinischen Bereichen erfolgt,
- dem Handeln des Therapeuten eine Theorie und überprüfbare Anschauungen zugrunde liegen, und ein Unterschied zwischen gesundem und gestörtem, normalem und pathologischem Verhalten und Erleben gemacht wird.

Coaching: Die Kutsche

Von Coaching sprechen wir bei einer Beratungsleistung, die

- lösungsorientiert,
- zeitlich begrenzt,
- zielgerichtet,
- individuell maßangefertigt
- und – speziell beim Business-Coaching – „near the job" ist.

Supervision: Reflexion

Supervision ist Interaktion, deren Aktoren die Rollen „Supervisor", „Supervisand" und „Auftraggeber" spielen. Inhalt der Reflexion sind problematische Szenen, die der Supervisand erlebt hat oder auf die er sich vorbereiten will. Die Reflexion fokussiert die Szenen auf das Verhalten und Innenleben der Beteiligten und Betroffenen.

Mediation: Konflikte

Ist eine Methode innerhalb der psychologischen Beratung mit dem Schwerpunkt Konfliktlösung. Die Aufgabe des Mediators ist, die im Streit liegenden Parteien zu unterstützen, ihren Streit durch eine Kompromissfindung zu überwinden.

Gemeinsamkeiten und Unterschiede

Der kleinste gemeinsame Nenner. Er heißt „anlassbezogenes Lernen".
Lernen im Coaching. Das Ziel jedes Coaching ist generatives Lernen. Darin ähnelt Coaching der Supervision.
Lernen in Mediation. Mediation ist primär auf die Lösung eines aktuellen Konflikts fokussiert.
Lernen in Psychotherapie. Es geht in erster Linie um die Minimalisierung von Symptomen. In zweiter Linie geht es darum, die Struktur der Persönlichkeit so zu verändern, dass der Klient mit den (minimalisierten) Symptomen gut leben kann; an dritter Stelle steht die Strukturänderung der Persönlichkeit, die dazu führt, dass die Symptome verschwinden.
Lernen in der Supervision. Auf Basis der Reflexion kann der Supervisand Lernziele formulieren, die er inner- oder außerhalb der Supervision verfolgt.

9   SECHS BEWÄHRTE METHODEN

Das Beste nutzbar machen

> JEDEN TAG DENKE ICH UNZÄHLIGE MALE DARAN,
> DASS MEIN ÄUSSERES UND INNERES LEBEN
> AUF DER ARBEIT DER JETZIGEN UND DER SCHON
> VERSTORBENEN MENSCHEN BERUHT ...
>
> ALBERT EINSTEIN

Nicht im luftleeren Raum. Der Physiker, Mathematiker und Philosoph Bertrand Russel hielt einen Vortrag über Astronomie. Danach sprach ihn eine ältere Frau an, sie sei überzeugt, dass alles ganz anders sei: „Die Welt ruht auf einem Elefanten, der auf einer Schildkröte steht."
„Und worauf steht die Schildkröte?"
„Die Schildkröte steht auf einer anderen Schildkröte."
„Und worauf steht dann diese Schildkröte?"
„Bevor Sie weiterfragen: Es sind immer wieder Schildkröten, bis ganz nach unten."

Von den Besten lernen. Neue Ideen beruhen auf alten Ideen und entstehen durch deren Synthese. Wenn Sie besser werden wollen als Coach, dann beschäftigen Sie sich mit den Ideen exzellenter Coachs! In diesem Kapitel finden Sie sechs bewährte Methoden aus unterschiedlichsten Schulen der Veränderung. Nehmen Sie sie als Inspiration oder als Grundlage für eigene Ideen, die Ihnen die Arbeit mit dem nächsten Klienten erleichtert.

In diesem Kapitel lernen Sie Methoden aus sechs Schulen der Veränderung kennen, je nach Vorerfahrung und -bildung als Inspiration oder mögliche Technik für Ihre Coaching-Praxis:

- *NLP*
- *Clean Language*
- *Focusing*
- *EMDR*
- *Provokatives Coaching*
- *System-Aufstellungen*

NLP – NEURO-LINGUISTISCHES PROGRAMMIEREN

Quelle: Richard Bandler, Mathematiker und Psychologe, und John
Grinder, Professor für Linguistik. Literatur: u.a. *Neue Wege der Kurzzeit-
therapie* von Richard Bandler und John Grinder. *Metasprache und
Psychotherapie – die Struktur der Magie 1* von Richard Bandler und
John Grinder.

NLP ist ... zumindest ein Garant für heiße Diskussionen; Grundlage eines
erfüllten Lebens für die einen, ultimativer Beweis der drohenden Welt-
herrschaft finsterer Mächte für die anderen. NLP-Entwickler haben – un-
geachtet dieser Diskussion – eine Reihe von Modellen und Methoden entwickelt, die unserer Erfahrung nach im Coaching höchst nutzbringend ein-
gesetzt werden können.

Modelling

Wie alles begann. NLP wurde nicht im Labor erfunden, sondern ist das
Ergebnis systematischer und detaillierter Verhaltensanalysen. Als Bandler
und Grinder begannen, sich mit menschlichem Verhalten zu beschäftigen,
erkannten sie, dass jedes Verhalten in Mustern – also Strategien – abläuft.
Die Grundfrage war: Worin unterscheiden sich Menschen, die Dinge exzellent tun, von allen anderen? Sie begannen zu untersuchen, wie diese
Menschen denken, sprechen und mit anderen in Beziehung treten. Sie ana-
lysierten dabei Therapeuten wie Milton Erickson, Virgina Satir und Fritz
Perls, aber auch Wissenschaftler, Manager u.a. Aus den Ergebnissen entwickelten sie Verhaltensmodelle, die auch anderen Menschen vermittelt
werden können. Das große Verdienst von Bandler und Grinder ist, dass sie
neben den Ergebnissen vor allem die Methode des Modelling beschrieben
haben. Modelling ist die beste Art zu lernen und zu entwickeln.

Strategiearbeit – einfach genial – genial einfach. Der Unterschied zwischen erfolgreichen und weniger erfolgreichen Strategien ist oft gering. Vielfach reicht es, einen Schritt dazu zu tun oder wegzulassen; oder einfach nur
die einzelnen Schritte neu zu ordnen. Richard Bandler wendet diese Art der
Arbeit mit großem Erfolg an. Er versucht immer wieder, die Problemstrategie seiner Klienten zu „lernen". Höchst elegant dabei ist, dass seine Fragen

die Strategie des Klienten immer wieder unterbrechen – so lange, bis die Unterbrechung Teil der Strategie wird. Versuchen Sie es. Lassen Sie Klienten ihre Problemstrategie genau beschreiben und überlegen Sie, was anders sein müsste, damit der Klient das gewünschte Ergebnis erreicht.

Jeder hat schon alles, was er braucht. Dieser Satz von Virgina Satir ist einer der Grundgedanken des NLP, das sich stark am Konstruktivismus orientiert. Eine Besonderheit der allermeisten NLP-Techniken ist ihre starke Lösungsorientierung. Es geht darum, dem Klienten seine Ressourcen bewusst zu machen und sie zu aktivieren. Diese Idee ist stark generativ. Der Klient erlebt nicht nur, dass er in der Lage ist, ein Problem zu lösen; er lernt gleichzeitig, diese Strategie zu generalisieren und auf beliebige Bereiche zu übertragen. Das wohl beste Beispiel dafür ist eine Technik, die immer mit NLP in Verbindung gebracht wird und die im Coaching äußerst nützlich sein kann: das Ankern.

Ankern

Schon lang bekannt. Das Prinzip des Ankerns gehört sicher zu den bekanntesten Techniken des NLP. Wie viele andere Dinge auch, wurde das Ankern nicht vom NLP erfunden, sondern transparent und damit bewusst nutzbar gemacht. Der Erste, der über diese Art der Reiz-Reaktions-Konditionierung berichtete, war ein amerikanischer Arzt namens Bill Twittmeyer. Ihm fiel auf, dass er bei Untersuchungen den Pattelareflex (also jenes Vorschnellen des Unterschenkels, das entsteht, wenn man unterhalb der Kniescheibe leicht gegen das Bein schlägt) auslösen konnte, wenn er den Patienten nur das dafür verwendete Instrument zeigte. Der Einzige, den das wirklich interessierte – und der ganze Versuchsreihen dazu machte, war Iwan Pawlow. Wahrscheinlich haben Sie jetzt gerade an Glöckchen und speichelnde Hunde gedacht. Das ist ein Anker!

Jeder tut es. Der Prozess des Ankerns findet laufend statt. Denken Sie kurz an eine Person, die Sie sehr mögen – ein Gefühl wird entstehen: ein Anker, genauso wie Ihr Lieblingslied ein Anker ist. Und wenn Sie jetzt noch an Ihr Lieblingsgericht denken, wird Ihnen wahrscheinlich jetzt gerade das Gleiche passieren wie Pawlows Hunden. Auch Fotos, Souvenirs usw. fungieren als Anker, weil sie uns an bestimmte Erlebnisse erinnern. Anker lassen sich auch bewusst und absichtsvoll im Coaching einsetzen. Wenn es darum geht, einen bestimmten Prozess mit Ressourcen zu unterstützen, verwenden Sie Anker. Prinzipiell lassen sich Anker in jedem Sinnessystem etablieren. Am bekanntesten ist sicher die Methode des kinästhetischen Ankerns.

Schritt für Schritt. Sehen wir uns die Schritte der Methode an:

Ankern

1. Vereinbaren Sie mit Ihrem Klienten die Stelle, wo Sie den Anker setzen (sie sollte auch für den Klienten zugänglich sein).
2. Lassen Sie den Klienten das Gefühl, die Ressource benennen.
3. Bitten Sie den Klienten, sich an eine Situation zu erinnern, in der diese Ressource zugänglich war.
4. Vertiefen Sie die Referenzerfahrung, indem Sie den Klienten durch alle fünf Sinnessysteme führen. Achten Sie auf die Physiologieveränderungen beim Klienten.
5. Ankern Sie die Ressource kurz vor dem Höhepunkt der Emotion. Das ist meist kurz vor dem Höhepunkt des Einatmens. Es ist leicht zu erkennen, wenn Sie mehrere Male durch die Situation führen oder den Klienten bitten, die Emotion zu verstärken.
6. Separator: Unterbrechen Sie den Zustand. Fragen Sie den Klienten etwas Belangloses usw. und lösen Sie dann den Anker aus. Achten Sie auf die Physiologieveränderungen.
7. Future Pace:
   a. Lassen Sie den Klienten an eine relevante zukünftige Situation denken.
   b. Der Klient geht assoziiert in den Anfang der Situation und hält sie an.
   c. Lösen Sie den Anker aus, während der Klient dissoziiert durch die Situation geht.
   d. Überprüfen Sie Zufriedenheit und Ökologie, d.h.: Ist die Veränderung für den Klienten gut und auch für sein Umfeld? Wenn nicht: zurück an den Start, auf der Suche nach einer geeigneteren Ressource!

Ein guter Freund für jeden Coach. Ankern ist eine Technik, die auf der Koppelung von Sinneseindrücken einer Erfahrung beruht. Coachs benutzen sie, um positive Erfahrungen bewusst abrufbar zu machen. Geankerte Erfahrungen können dann in Situationen, in denen man diese Ressource braucht, zugänglich gemacht werden. Beliebt ist auch das verdeckte Ankern – d.h. das Ankern von Ressourcen, ohne dass es dem Klienten bewusst wird. Dies ist dann nützlich, wenn ein Klient Ressourcen brauchen kann, die während einer Intervention nicht oder nur eingeschränkt zugänglich sind.

Praxisbeispiel

Franz hat seine Klientin Michaela, eine Abteilungsleiterin, gerade durch einen Kreativprozess geführt.

Franz: „Auf einer Skala von 1 bis 10: Wie groß ist die Zuversicht, dass du in Zukunft Arbeiten delegieren kannst?"

Michaela: „Na, in etwa bei 7."

Franz: „Was würdest du denn noch brauchen, um – sagen wir – auf 8,5 oder 9 zu kommen?"

Michaela denkt kurz nach: „Ich glaube Vertrauen."

Franz: „Wie wäre es, wenn wir ‚Vertrauen' noch dazugeben? Zum Beispiel hier?" Franz deutet auf eine Stelle an Michaelas rechtem Unterarm. Michaela nickt. Franz sagt: „Gut, dann erinnere dich an eine Situation, in der du dieses Gefühl von Vertrauen ganz und gar gehabt hast. Komm ganz dort an, sieh dich um, sieh, was es zu sehen gibt, höre, was es zu hören gibt und spüre dieses Gefühl von Vertrauen. Und während du das tust, wirst du erkennen, ob es auch etwas zu riechen oder gar zu schmecken gibt, während du weiter siehst und hörst und das Gefühl von Vertrauen erlebst. Und wenn du möchtest, kannst du dieses Gefühl sogar doppelt so stark machen." Franz berührt die Stelle an Michaelas Unterarm, auf die er vorher gedeutet hat.

Als Michaela von ihrer kleinen Reise zurückkommt, plaudert Franz kurz mit ihr und fragt dann, während er die Stelle an Michaelas Unterarm berührt, wo er den Anker gesetzt hat: „Und was ist damit?" Schlagartig verändert sich Michaelas Physiologie in der Art und

Weise, die Franz beobachtet hat, als er die kleine Trance induzier-
te. „Das scheint zu funktionieren. Lass uns noch etwas probieren.
Stell dir das nächste Meeting vor, es gäbe etwas zu delegieren. Dei-
ne Zuversicht diesbezüglich ist bei 7. Halte den Film jetzt an. Geh dis-
soziiert durch die Situation und schau dir an, was passiert, wenn du
das dazugibst." Franz löst den Anker aus.

Einfach und wirksam. Michaela ist erstaunt. Die Situation, an die sie gedacht
hat, hat mit ihrem Beruf nichts zu tun. Trotzdem ist sie jetzt noch zuversichtlicher als vorher. Sie kann sich noch besser vorstellen, dass sie notwendige Arbeiten delegieren wird und es dadurch für sie und andere besser wird.

Mehr Verhaltensmöglichkeiten. Sie können – verdeckt oder offen – jedes
Gefühl bei einem Klienten ankern. Ist Ihr Klient am Anfang einer Sitzung
guter Laune, ankern Sie das. Möglicherweise brauchen Sie gerade dieses
Gefühl bei einer anstehenden Intervention. Wenn Ihrem Klienten eine nützliche Emotion gerade nicht zugänglich ist, können Sie so vorgehen, wie im
Beispiel vorher beschrieben – bitten Sie den Klienten, sich an eine relevante
Situation zu erinnern und führen Sie ihn durch alle Sinnessysteme. Und
wenn Ihr Klient keine findet und meint, dass er so ein Gefühl noch nie
gehabt hat? Dann haben Sie jene geniale Frage von Richard Bandler, die er
einem Klienten gestellt hat, der behauptete, sein ganzes Leben depressiv gewesen zu sein und keinen anderen Zustand zu kennen. Und die Frage ist:
„Wenn das so ist, woher weißt du dann, dass der Zustand, in dem du dich
befindest, nicht absolute Glücksseligkeit ist?"

2. Clean Language

Quelle: Der neuseeländische Therapeut David Grove entwickelte
Ende der 80er Jahre diese besondere Form der Traumaarbeit. Zurzeit
lebt er in den USA. Neben seinem therapeutischen Wirken hält er
Fortbildungsworkshops für Therapeuten vornehmlich in den USA und
England. Literatur: *Das Trauma heilen, Metaphern und Symbole in
der Psychotherapie* von David J. Grove und B. I. Panzer.

Arbeiten im Modell des Klienten. Clean Language hat zwei Besonder-
heiten: Der Coach arbeitet ausschließlich mit den Metaphern, die der Klient
anbietet; und er bleibt strikt im Modell des Klienten – besonders auf der
sprachlichen Ebene. Überraschend für den Klienten ist die Aufforderung,

sein Problem in Form einer Metapher zu beschreiben – und das so genau wie möglich. Der Klient muss seine Probleme nicht verteidigen, im Gegenteil: Der Klient kann sich mit seinem Problem und der zugrunde liegenden Problemmetapher beschäftigen, um sich einer Lösung anzunähern.

Die Rückseite des Spiegels. Klienten repräsentieren ihre Probleme unbewusst in erstarrten Metaphern. Ziel der Clean-Language-Methode ist, die Problemmetapher bewusst und wieder dynamisch zu machen, damit sie abgeschlossen werden kann. Es ist dabei unerheblich, ob es sich um eine einmalige Episode handelt, oder ob es mehrere Erlebnisse derselben Art gibt. Clean Language bietet sich an, wenn der Klient sein Problem metaphorisch schildert, z.B.: „Die Angst sitzt mir im Nacken."

Schritt für Schritt. Sehen wir uns die Schritte der Methode an:

Clean Language

1. Der Klient macht eine metaphorische Aussage über die aktuelle Befindlichkeit (zum Beispiel „Die Angst sitzt mir im Nacken.").
2. Beginnen Sie Ihre Sätze mit „und" gefolgt von einer Wiederholung der Klientenäußerung, das unterstützt die Redynamisierung der Problemmetapher.
3. Stellen Sie Fragen in Bezug auf die vom Klienten verwendete Metapher:
4. Raum:
   a. „… und wo genau ist < Aussage des Klienten>?"
   b. „… und wo herum ist < Aussage des Klienten>?"
5. Eigenschaften:
   a. „… und ist da noch etwas dran an < Aussage des Klienten>?"
   b. „… und welche Art von ... (Gefühl, Wahrnehmung, Eindruck ...) ist dieses < Aussage des Klienten>?"
6. Zeit:
   a. „… und was passierte gerade bevor < Aussage des Klienten>?"
   b. „… und woher kam < Aussage des Klienten>?"
   c. „… und was passiert als Nächstes?"
   d. „… und was passiert dann?"
7. Symbolik:
   a. „… und dieses < Aussage des Klienten> ist wie was?"

Praxisbeispiel

Rainer sitzt seiner Klientin Andrea, einer 35-jährigen Krankenschwester, gegenüber. Im Lauf der Sitzung spricht sie von einer undefinierbaren Angst, die ihr im Nacken sitzt.

Rainer: „Und wo genau ist die Angst, die Ihnen im Nacken sitzt?"

Andrea: „Sie ist hinter mir. Dunkel und bedrohlich."

Rainer: „Und dieses Dunkle, Bedrohliche hinter Ihnen ist wie was?"

Andrea: „Es ist wie eine schwarze Gewitterwolke."

Rainer: „Ah, und woher kommt diese große schwarze Gewitterwolke?"

Andrea: „Sie war schon immer da."

Rainer: „Und diese Gewitterwolke, die schon immer da war, möchte wohin?"

Andrea sieht Rainer überrascht an. Nach einer Pause: „Ja. Sie möchte über mich hinwegziehen. So dass ich sie sehen kann."

Rainer: „Und wenn Sie die Gewitterwolke über sich hinwegziehen lassen, was geschieht dann?"

Andrea senkt den Kopf, nach ein paar Sekunden lacht sie: „Wenn ich den Kopf senke, kann sie an mir vorbei, über mich nach vorne ziehen. Dann werden auch meine Nackenschmerzen besser!"

Rainer: „Und wenn Sie den Kopf senken, die Nackenschmerzen gehen und die Gewitterwolke über Sie hinwegzieht, was geschieht dann?"

Andrea: „Dann möchte sie sich entladen, vor mir, so dass ich ihr dabei zusehen kann. Und der Regen aus der Wolke möchte vor mir auf den Boden prasseln und der Boden wird fruchtbar ..."

Licht ins Dunkel. Stück um Stück erarbeitet Rainer die Problemmetapher mit seiner Klientin und führt sie immer weiter zurück, an den Punkt vor der Angst. Von dort wird die Lösungsmetapher entwickelt. Andrea ist erstaunt darüber, dass Rainer ihre Aussagen permanent aufgreift und sie auffordert, in den Beschreibungen immer präziser zu werden. Bis jetzt hatte sie den Begriff Angst immer unreflektiert als Beschreibung für ihren Zustand verwendet. Sie kann nun erkennen, was genau sie mit Angst meint und woher es kommt. Und damit ist auch eine Lösung möglich.

Die Stimme macht's. Einer der entscheidenden Faktoren ist die Tonalität des Coachs. Damit der Klient über seine Problemmetapher reflektieren kann, sollte der Coach eine leichte Trance induzieren. Nützlich ist, wenn Sie die Aussagen des Klienten 1:1 pacen und vertiefende Fragen stellen. Mit Hilfe von neuen Fragen können Sie nützliche Informationen sammeln, die die Basis der Lösungsmetapher bilden.

Die Macht der Geschichten. Wenn Sie gerne mit Metaphern arbeiten, Spaß am Assoziieren haben, gut zuhören können und gleichzeitig auf hohem Niveau intervenieren wollen, versuchen Sie es mit Clean Language. Diese Art von Intervention ist eine der ursprünglichsten Arten des Lernens. Erinnern Sie sich an Ihre Reaktion als Kind, wenn jemand zu Ihnen gesagt hat: „Du, es war einmal ..."

3. FOCUSING

Quelle: Eugene T. Gendlin beobachtete in den 60er Jahren, dass Menschen, die ökologisch mit Krisen und Problemen umgehen können, oft über eine besondere Art der Selbstwahrnehmung verfügen. Er entwickelte die Methode des Focusing, um diese Art der Selbstwahrnehmung zu lehren. Gendlin über Focusing: „Focusing fordert dazu auf, die vagen, undurchsichtigen und noch nicht ganz klaren Körpersignale zu beachten, die sich in Zusammenhang mit einer bestimmten Lebenssituation zeigen." Literatur: *Focusing, Technik der Selbsthilfe bei der Lösung persönlicher Probleme* von Eugene T. Gendlin.

Mentor trifft kognitiven Theoretiker. Coachs benutzen diese Methode gerne bei Klienten, die am liebsten rein kognitiv über ihre Probleme philosophieren, Lösungsmöglichkeiten entwickeln und diese mit „Ja, aber ..." wieder verwerfen. Die Idee, eine emotionale Ebene mit einzubeziehen, überrascht den Klienten und gibt ihm die Möglichkeit, das Problem in einer für ihn ungewohnten Art und Weise zu betrachten und Lösungen zu kreieren. Ein Ziel des Focusing ist auch, den Klienten wieder in Kontakt mit seinen Emotionen zu bringen.

Gespürter Sinn. Das zentrale Element dabei ist der „Felt Sense". Direkt übersetzen könnte man diesen Begriff mit „gefühlter bzw. gespürter Sinn". Der Entwickler der Methode Eugen T. Gendlin kennzeichnet mit diesem Kunstwort eine besondere Art von Gefühl. Der Klient greift dabei gleichzeitig auf seinen inneren Dialog und die Kinästhetik zu. Äußerlich erkennbar wird ein Felt Sense durch einen zu Boden gerichteten, defokussierten Blick. Klienten beschreiben den Felt Sense oft als ein „ganzheitliches" Gefühl über eine Situation. Er entsteht in der Randzone zwischen Bewusstem und Unbewusstem.

Schritt für Schritt. Sehen wir uns die Schritte der Methode an:

Focusing

1. Fragen Sie Ihren Klienten,
   a. wie er sich jetzt gerade fühlt;
   b. welches Gefühl ihn daran hindert, sich wohl zu fühlen. Lassen Sie Ihren Klienten genau beschreiben, was ihn daran hindert, sich wohl zu fühlen.
2. Weisen Sie Ihren Klienten an, sich vom Problem zu dissoziieren. Ihr Klient soll das Problem vor sich liegen lassen, bis seine innere Stimme sagen kann: „Abgesehen davon fühle ich mich gut."
3. Lassen Sie den Klienten nun einen „Griff" finden: Was ist die Eigenart des Felt Sense, in dem er gerade ist? Welche Worte, Sätze oder Bilder kommen aus dem Felt Sense? Welche Eigenschaftswörter passen dazu? (Das Finden des „Griffes" lässt den Klienten das Problem anders als bisher wahrnehmen. Erkennbar ist das an deutlichen Physiologieveränderungen.)
4. Lassen Sie den Klienten zwischen „Griff" und Felt Sense hin- und herpendeln, um festzustellen, ob beide zusammenpassen.
5. Wenn die Übereinstimmung zwischen „Griff" und Felt Sense erreicht ist, soll der Klient dieses Gefühl eine Minute lang auskosten.
6. Kehren Sie mit dem Klienten an den Anfang zurück und durchlaufen Sie die Schritte so lange, bis die Befindlichkeit des Klienten gut ist.
7. Nun kann der Klient offene Fragen an seinen Körper stellen und die auftauchenden Antworten dankbar annehmen.

Praxisbeispiel

Michael, ein 29-jähriger Programmierer, sitzt seinem Coach Hans gegenüber.

Michael: „Es geht um die Frage, ob ich meinen gut bezahlten Job in einem internationalen IT-Konzern aufgeben und das Angebot eines Freundes, eine eigene Firma zu gründen, annehmen soll."

Präzise beschreibt er die Vor- und Nachteile beider Optionen. Innerhalb der nächsten 30 Minuten denkt Michael laut über mögliche Optionen nach. Immer wieder wägt er Für und Wider ab und verwirft sie nach und nach alle. Schließlich sitzt er mit gerunzelter Stirn, verschränkten Händen und zur Decke gerichtetem Blick da.

Hans: „Kann es sein, dass es weniger darum geht, welche Möglichkeit Sie wählen, sondern eher darum, überhaupt eine Entscheidung zu treffen?"

Michael: „Deswegen bin ich ja hier!"

Hans: „Das denke ich auch. Und wenn Sie sich Ihre momentane Unfähigkeit, eine Entscheidung zu treffen, vor Augen halten, was fühlen Sie dabei?"

Michael: „Eigentlich bin ich ziemlich wütend."

Hans: „Heißt das, dass dieses Gefühl der Wut Sie daran hindert, sich gut zu fühlen und eine Entscheidung zu treffen?"

Michael nickt.

Hans: „Gut, dann beschreiben Sie genau, was es ist, das Sie daran hindert, sich gut zu fühlen."

Michael tut es.

Hans: „Und nun lassen Sie das Problem vor sich liegen und betrachten es so lange, bis Ihre innere Stimme Ihnen sagen kann: „Abgesehen davon fühle ich mich gut." ...

Emotionen sind unwiderstehlich. Michael ist überrascht, wie sehr sich sein Problem emotional repräsentiert und wie sehr der Felt Sense die Wahrnehmung seines Problems verändert. Am Ende der Sitzung meint Michael, dass ihm jetzt klar sei, worum es eigentlich gegangen ist: um seine Unfähigkeit, in wichtigen Situationen eine Entscheidung zu treffen.

Das Miteinbeziehen der emotionalen Ebene würde ihm zudem helfen, in Zukunft leichter Entscheidungen zu treffen und sich dabei wohl zu fühlen.

Körpergefühle als Ratgeber. Der Klient kann den Kontakt zwischen Denken und Fühlen wieder herstellen. Entscheidend ist die Erfahrung, sich auf die unbewusste Seite des Erlebens als eine körperlich gefühlte Qualität direkt beziehen zu können. Das Finden des Griffes ist entscheidend für die veränderte Problemwahrnehmung. Der Klient achtet auf Sätze und Bilder, die aus dem Felt Sense kommen. Er pendelt zwischen Griff und Felt Sense so lange hin und her, bis ein Gefühl der Übereinstimmung entsteht.

Menschen enden nicht unterhalb des Kinns. Sie können Focusing besonders dann verwenden, wenn Ihr Klient rein kognitive Konzepte zu seinem Problem bildet und versucht, rationale Erklärungsmodelle aufzubauen, die die Lösung verhindern. Wenn Sie erkennen, dass Ihr Klient damit beschäftigt ist, seine Emotionen zu unterdrücken, schlagen Sie ihm Focusing als Experiment vor. Ihr Klient wird sowohl über den für ihn ungewöhnlichen Weg als auch über das Tempo, in dem die Lösung entsteht, überrascht sein. Bauen Sie Focusing in eine Sitzung ein, wenn Ihr Klient vom Thema abgleitet und sich in Betrachtungen verliert, die nutzlos sind.

4. EMDR – Eye Movement Desensitization and Reprocessing

Quelle: Eye Movement Desensitization and Reprocessing (EMDR) ist eine von Francine Shapiro 1987-1991 entwickelte traumabearbeitende Methode, welche die Möglichkeiten der Behandlung seelisch traumatisierter Klienten nachweislich erheblich verbessern kann. Literatur: *EMDR, Eye Movement Desensitization and Reprocessing, Grundlagen & Praxis, Handbuch zur Behandlung traumatisierter Menschen* von Francine Shapiro.

Beide Gehirnhälften nutzen. Francine Shapiro entwickelte Ende der 80er Jahre diese Methode: Schnelle Fingerbewegungen vor den Augen des Klienten, denen der Klient mit seinem Blick folgt, spielen dabei eine entscheidende Rolle. Die dadurch entstehenden raschen Augenbewegungen erinnern an

- REM-Phase des Träumens, denn REM steht für Rapid Eye Movements,
- Interventionen der Kinesiologie, z.B. die Augenbewegungen entlang einer liegenden Acht,
- die pendelnde Taschenuhr bei der klassischen Hypnose,
- Augenbewegungsübungen im Yoga und in schamanistischen Schulen aller Kontinente.

Der positive Effekt dieser Stimulationstechniken entsteht durch die Verbesserung der Zusammenarbeit zwischen den beiden Gehirnhälften. Zwei Phasen werden unterschieden:

Phase 1: Desensibilisierung, bestehend aus acht Schritten. In dieser Phase kann der Klient einschränkende Glaubenssätze und Gefühlszustände abschwächen.

Phase 2: Reorganisierung, bestehend aus fünf Schritten.

Schritt für Schritt. Sehen wir uns die Schritte der Methode an:

Focusing Phase 1: Desensibilisierung

1. Problembild: Der Klient bildet zu seinem Problem ein Bild.
2. Problemstatement: Der Klient entwickelt ein Problemstatement über sich selbst. Günstig ist eine Syntax, die mit „Ich bin ..." beginnt.
3. Zielstatement: Unterstützen Sie Ihren Klienten bei der Entwicklung eines Zielstatements.
4. Ziel-Skalierung: Lassen Sie Ihren Klienten seine jetzige Position in Bezug auf das Ziel skalieren. Verwenden Sie eine siebenteilige Skala (1 bedeutet fast unerreichbar, 7 bedeutet erreicht).
5. Emotion benennen: Weisen Sie Ihren Klienten an, einen Namen für jene negative Emotion zu finden, die beim Verbinden des Problembildes mit dem Problemstatement auftritt. Wann immer Sie ab jetzt diese Emotion ansprechen, verwenden Sie diesen Namen.
6. Emotions-Skalierung: Lassen Sie den Klienten die negative Emotion auf einer zehnteiligen Skala skalieren (1 bedeutet kein Problem, 10 bedeutet größtes Drama).
7. Körperrepräsentation: Weisen Sie den Klienten an, eine Stelle in seinem Körper zu finden, an der die negative Emotion auftritt.

8. Desensibilisierung:
   - Leiten Sie die Augenbewegungen des Klienten, indem Sie Ihren Zeige- und Mittelfinger (erst langsam, dann schneller werdend) vor den Augen Ihres Klienten hin- und herbewegen. Sie können dabei zwischen links-rechts, oben-unten und schrägen Bewegungen wechseln. Unterstützen Sie die Physiologieveränderungen des Klienten dabei verbal.
   - Nach dem Beenden der geführten Augenbewegungen fragen Sie: „Was taucht jetzt bei Ihnen auf?"
   - Greifen Sie die Antwort auf und wiederholen Sie die Desensibilisierung so lange, bis keine neuen Assoziationen mehr auftauchen.
   - Gehen Sie zur Ausgangsemotion zurück und lassen Sie den Klienten erneut skalieren. Nennt der Klient einen Wert, der größer als 1 ist, wiederholen Sie die Desensibilisierung.

Die Lücken füllen. Mit der Desensibilisierung allein ist es nicht getan. EMDR verbindet symptomorientiertes Vorgehen mit einem lösungsbezogenen Ansatz. Ohne diesen Schritt entsteht eine Lücke, die der Klient wieder füllt – oft mit jener Verhaltensweise, die das Problem war. Ein Verhalten, das der Klient als problemhaft beschreibt, war einmal die Lösung eines noch größeren Problems. Steht diese Verhaltensweise nicht mehr zur Verfügung, hat der Klient möglicherweise gar keine Handlungsmöglichkeiten mehr. Methoden, die sich darauf beschränken, das Problem symbolisch zu verbrennen, explodieren zu lassen usw. führen oft zu einer Verschlimmerung. Der Klient kann nämlich folgenden Glaubenssatz bilden: „Mit dem Verhalten war es zwar schwer, aber ohne dieses Verhalten geht gar nichts mehr." Ersparen Sie das Ihrem Klienten: Die fünfstufige Phase der Reorganisation ermöglicht dem Klienten, neue Verhaltensweisen zu bilden und zu erleben. Die einzelnen Schritte dazu sind:

Focusing Phase 2: Reorganisation

1. Ziel-Neuskalierung: Lassen Sie Ihren Klienten das Zielstatement neu skalieren (1 bis 7).
2. Futurepace: Ihr Klient soll sich eine Situation in der Zukunft vorstellen, in der die negative Emotion früher aufgetreten wäre. Lassen Sie den Klienten dissoziiert durch die Situation gehen, damit er den Unterschied erleben kann.
3. Festigung: Bringen Sie danach durch geführte Augenbewegungen die Stimmigkeit des Zielstatements auf das Maximum von 7.
4. Körpertest: Ihr Klient vergegenwärtigt sich Zielstatement und Zielbild und überprüft seine Körperempfindungen (treten hier Probleme auf, wiederholen Sie die Desensibilisierung).
5. Ursache: Unterstützen Sie den Klienten, Ursache der Veränderung zu werden, und sorgen Sie dafür, dass die Veränderung zu einem andauernden Prozess wird.

Praxisbeispiel

Ulrike sitzt neben ihrem Klienten Wolfgang, einem Lehrer.

Wolfgang: „Es geht um ein Erlebnis vor fünf Jahren; ich musste damals mit ansehen, wie mein 14-jähriger Sohn während des Schiurlaubs gegen eine Liftstütze prallte und trotz sofortiger Hilfe auf der Piste starb. Seither habe ich vor jeder Stunde panische Angst, dass einem meiner Schüler irgendetwas passiert."

Fast 20 Minuten lang schildert Wolfgang den Unfall bis ins kleinste Detail, bis er wortlos mit Tränen in den Augen dasitzt. Ulrike lässt Wolfgang sein Ziel definieren.

Ulrike: „Auf einer Skala von 1 bis 7, wobei 1 völlig unerreichbar und 7 erreicht bedeutet, wo wäre Ihre jetzige Position in Bezug auf das Ziel?"
Wolfgang: „Auf 2."

Ulrike: „Wenn ich Sie jetzt fragen würde, welchen Namen diese negative Emotion hat, wie wäre der?"

Wolfgang: „Lähmende Angst."

Ulrike: „Und wenn es eine Skala von 1 bis 10 gäbe, und 10 ist so stark wie nur denkbar, wie stark wäre ‚Lähmende Angst'?"

Wolfgang: „Ich glaube, ziemlich genau bei 9."

Ulrike: „Und wenn es eine bestimmte Stelle in Ihrem Körper gäbe, wo ‚Lähmende Angst' auftritt, wo wäre das?"

Wolfgang spürt kurz in sich hinein und deutet schließlich auf eine Stelle unterhalb des rechten Rippenbogens.

Ulrike: „Und nun konzentrieren Sie sich auf diese Körperstelle, die Emotion und das Erlebnis, während Ihre Augen meinen Fingerbewegungen folgen."

Und Ulrike beginnt Schritt für Schritt mit der Desensibilisierung und fragt dabei nach den auftretenden Assoziationen.

Zu starke Emotionen verhindern die Lösung. Immer wieder fragt Ulrike Wolfgang nach neuen Assoziationen. Dieses schrittweise Vorgehen macht es für Wolfgang leichter. Bis jetzt war er der Meinung, dass sein Problem nur auf einmal lösbar sei. Und weil es eben groß war, dachte er, dass er den Rest seines Lebens mit dieser Angst verbringen müsse. Nach einer Woche ruft er Ulrike an und erzählt, dass er zum ersten Mal seit langer Zeit eine Stunde ohne vorangehende Angstzustände halten konnte. Ulrike fragt, wie es ihm gehe, wenn er an das Erlebnis denkt. Wolfgang meint, es sei vorbei. Er sei in der Lage, ohne Angst und Panik an die Situation zu denken. Er sei zwar traurig, weil es passiert sei, wisse aber, dass seine Angst nichts ungeschehen machen könne; und dass sie nur ihm selbst geschadet habe.

Von links und rechts zum Ganzen. Entscheidend ist, den Klienten ein Stück von seinen Emotionen zu dissoziieren. Dabei hilft die Skalierung der Emotion und des Zielbildes. Der Klient kann dies nur tun, wenn er sich vom Erlebnis so weit distanziert, dass er auf eine eher kognitive Art darüber reflektiert. Die geführten Augenbewegungen aktivieren die linke und rechte Gehirnhälfte. Dadurch wird dem Klienten eine Integration von Emotion und Kognition möglich, die zu einer Neubewertung der Situation führt.

Be Cause! Wenn Ihr Klient mit einem psychischen Trauma zu Ihnen kommt, probieren Sie die EMDR-Methode. Besonders wenn der Klient ein Gefangener seiner Emotionen ist und in Opferstrategien fällt, können Sie mit EMDR erstaunliche Erfolge erzielen. Wenn Ihr Klient wiederholt schlimme Situationen reinszeniert, machen Sie ihn darauf aufmerksam und fragen Sie, ob das etwas besser machen wird. Schlagen Sie eine Methode vor, die emotional weniger belastend und lösungsorientiert ist. Ermöglichen Sie Ihrem Klienten, Ursache in seinem Leben zu werden.

5. PROVOKATIVES COACHING

Quelle: Frank Farrellys Provokative Therapie. Farrelly, Professor an der Universität von Wisconsin, arbeitete fast 20 Jahre im klinischen Bereich als Therapeut. Er ist Mitglied der Academy of Certified Social Workers und Autor verschiedenster Publikationen. Ein Klient über ihn: "The kindest, most understanding man I have ever met in my whole life, wrapped up in the biggest son of a bitch I have ever met." Literatur: *Provokative Therapie* von Frank Farrelly, Jeffrey M. Brandsma; *Lachen lernen. Einführung in die Provokative Therapie Frank Farrellys* von Jürgen Wippich, Ingrid Derra-Wippich.

Wachrufen statt provozieren. Das Besondere am Provokativen Coaching ist die scheinbare Leichtigkeit, mit der die Sitzung abläuft. Erfahrene Klienten überrascht, dass sie nicht über Ziele, Werte oder Lösungen nachzudenken haben. Das Gespräch dreht sich weder darum, das Problem zu lösen, noch lösungsorientiert Ideen zu generieren. Im Gegenteil: Der Coach überzeichnet das Problem und stellt es gleichzeitig als die Lösung für den Klienten dar. Oberflächlich betrachtet scheinen Lachen und Provokation die wesentlichen therapeutischen Elemente zu sein. Mit warmherzigem Lachen, einem Zwinkern in den Augen steigert der Coach den Widerstand gegenüber alten Glaubenssätzen und Gewohnheiten und macht die Bahn frei für nützlichere. Die Lösung wird wachgelacht. Klienten berichten nach der Sitzung: „Es war eine humorvolle Unterhaltung, und ich fühle mich tief verstanden und bewegt."

Professionelles Opfer trifft Lachsack. Das Ziel des Provokativen Coaching ist, Widerstand des Klienten gegen sein bisheriges Verhalten hervorzurufen, diesen Widerstand produktiv zu nützen, die Selbstverantwortung des Klienten zu steigern und den Entschluss zur Veränderung zu festigen. Coachs nützen diese Methode bei Klienten, die über ihre Verhaltensweisen hadern, sich als Opfer ihres Umfeldes wahrnehmen und schon mehrere Versuche unternommen haben, mit Hilfe von Coachs oder Therapeuten die Situation zu verändern. In bereits absolvierten Sitzungen erworbene Gewohnheiten („Ich weiß schon, wir sprechen jetzt über meine Ziele ...") können nicht genützt werden. Überraschung ist der beste Freund des Coachs.

Schritt für Schritt. Sehen wir uns die Schritte der Methode an:

1. Sprechen Sie mit dem Klienten über
   a. die Wichtigkeit der Arbeit. Unterstreichen Sie die Bedeutung des Gesprächs;
   b. den Zeitrahmen (das Gespräch dauert genau 25 Minuten). Implizit sagen Sie damit: Veränderung ist in dieser kurzen Zeit möglich. Und so ist es auch.
2. Gespräch im provokativen Stil. Bauen Sie durch Angleichen der Körpersprache eine tragfähige Beziehung auf.
   a. Problem-Statement anhören. Lassen Sie den Klienten kurz sein Problem schildern.
   b. Berühren Sie den Klienten in humorvollen Phasen.
   c. Stellen Sie das Problem noch viel schlimmer dar, als es der Klient sieht. Sie steigern damit die Kraft des nächsten Schrittes. Stellen Sie dabei in Frage, worauf der Klient stolz ist, was er nicht in Frage gestellt wissen möchte (z.B. die Qualität der Ideen).
   d. Stellen Sie das Problem als Erfüllungsbedingung von absurden und komischen Werten dar, gepaart mit viel Humor.
   e. Inkongruentes Lachen. Übertreiben Sie Ihr Lachen. Auf unbewusster Ebene bleiben Sie damit der Beziehung zum Klienten treu.
3. Nach 25 Minuten räumliche Veränderung: Stehen Sie auf und gehen Sie mit dem Klienten ein paar Schritte.
4. Sagen Sie zum Klienten: „Hatten Sie in den 25 Minuten Reaktionen auf das, was Ihnen Herr/Frau ... dort geboten hat?" (Halb-Dissoziation)
5. Bitten Sie den Klienten, drei Reaktionen zu benennen.

Praxisbeispiel

Monika, ein professioneller Coach, sitzt neben ihrem Klienten Kurt:

Kurt: „Es geht um meinen Chef; ich traue mich nie ihn anzusprechen. Ich hätte ein paar ganz gute Ideen, die würde ich ihm gern erzählen, aber im entscheidenden Moment verlässt mich der Mut."

Monika: „Kurt, es gibt Mitarbeiter, die haben gute oder weniger gute Ideen, die gehen schnurstracks zu ihrem Chef und erzählen ihm davon und er veräppelt sie, weil er die Idee doof findet. Und dann gehen sie wieder zu ihm mit einer Idee und der Chef ist begeistert und gibt ihnen den Auftrag, das umzusetzen. Dann klettern sie ein bisschen die Karriereleiter nach oben. Diese Mitarbeiter entwickeln sich einfach weiter. Na ja! Und dann gibt es eben auch noch Sie! *Ich meine, Kurt, sehen Sie sich doch an, welche großartigen Ideen kann Ihr Chef von Ihnen schon erwarten, so wie Sie aussehen."*

Kurt nickt.

Monika: „Ich finde es völlig richtig, dass Sie ihm Ihre Ideen nicht vorschlagen; sie würden ihm doch nur seine Zeit stehlen. Und das wäre die totale Katastrophe. Sie beweisen da ein erstaunlich gutes Urteilsvermögen. Sie können sich doch nur lächerlich machen. Nein, Sie haben vollkommen Recht, überlassen Sie das den klügeren Kollegen. Der Chef verspeist Sie doch zum Frühstück."

In Kurts Gesicht erscheint der Anflug eines Lachens.

Monika lacht: „Sie machen das wirklich gut, Kurt: Wenn Sie den Mund halten, können Sie weiter den kleinen Duckmäuser spielen; das macht Sie interessant. Schließlich ist das Ihre einzige Möglichkeit, interessant zu wirken, als graue Maus, wie Sie eine sind. Ich meine, Karrieretypen gibt es wie Sand am Meer, aber Duckmäuser, die sich nicht mal Pieps sagen trauen, die sind sehr selten. Damit könnten Sie im Zirkus auftreten, als einzige graue Maus, die nicht mal piepst, und die Menschen würden Ihnen zujubeln. Großartige Idee, Kurt. Man wird Sie bewundern."

Kurt: „Na, ganz so ist es nicht. Manchmal trau ich mich schon, etwas zu sagen. Und meine Ideen sind auch nicht ganz übel."

Und so geht es weiter, bis 25 Minuten um sind.

Lachen mit Nebenwirkung. Kurt ist berührt von einem tiefen Verständnis, das Monika ihm entgegenbrachte, und erstaunt darüber, dass nicht über Lösungen oder Ziele gesprochen wurde. Doch er fühlt: Sein Widerstand gegenüber seinem Problem ist gestärkt. Das Unbewusste des Klienten hat die Botschaft verstanden und nimmt seine Arbeit selbstständig auf. Er hat im Augenblick keine Idee, wie diese Veränderung aussehen könnte, aber eine Ahnung, dass er die Fähigkeiten dazu hat. Nach drei Tagen ruft er Monika an und berichtet, dass er einen gut geeigneten Zeitpunkt gewählt und dem Chef eine seiner besten Ideen vorgetragen hat. Die Reaktion des Chefs war: Er werde darüber nachdenken – und das ist für Kurt ein gutes Zeichen.

Problem-Widerstand. Der Coach begeistert sich für das Symptom und vertritt die Meinung, es wäre Blödsinn, sich zu verändern, im Gegenteil, der Klient habe damit die bestmögliche Strategie gewählt und solle sich bloß nicht verändern. Allerdings sind die vom Coach gewählten Vorteile absurd, sodass der Klienten sie nicht akzeptieren kann. Die Reaktion auf den provokativen (nicht provokanten!) Gesprächsstil ist: Der Widerstand gegenüber dem Problemverhalten wächst. Der Klient beginnt von sich aus nach Lösungen zu suchen. Bei dieser Form des Coaching sollte sich der Coach für den Klienten am Ende der Sitzung vom Prozess dissoziieren. Im Kopf des Klienten trennt sich der Coach von eventuell provokant aufgenommenen Phasen des Coaching und bleibt in seinem Veränderungsprozess. Die Dissoziation erfolgt dreifach: durch den Zeitrahmen der 25 Minuten (Dissoziation von diesem Zeitrahmen), durch den Satz: „Hatten Sie Reaktionen auf das, was Herr/Frau ... gesagt hat?" (Dissoziation des Coachs) und durch das Wegbewegen vom Sitzungsort (räumliche Dissoziation). Der Klient bleibt assoziiert.

10 Minuten wachlachen. Sie können Provokatives Coaching als einzelne Phase in eine Coaching-Stunde einbauen. Wenn Sie erkennen, dass der Fortschritt stockt oder der Klient in Opferstrategien zu fallen droht, vereinbaren Sie mit ihm Provokatives Coaching. Verweisen Sie auf die besondere Bedeutung der nächsten Phase, die zum Beispiel genau zehn Minuten dauern wird. Gehen Sie mit dem Klienten an einen anderen Platz, um nach den zehn Minuten zur räumlichen Dissoziation wieder an den ursprünglichen Ort zurückkehren zu können. Lassen Sie den Klienten noch mal kurz das Problem beschreiben, und dann geht's los: übertreiben, umdeuten und inkongruent lachen. Achten Sie auf die Zeit! Kehren Sie dann zurück, erfragen die drei Reaktionen und setzen Ihre Coaching-Stunde mit einer weiteren Intervention fort. Viel Spaß beim Lachen mit Ihrem Klienten!

6. System-Aufstellungen

Quelle: Bert Hellinger und Gunthard Weber, Arzt und systemische Berater, Gründer der Internationalen Arbeitsgemeinschaft Systemische Lösungen nach Bert Hellinger, Mitbegründer der Internationalen Gesellschaft für systemische Therapie (IGST) und Leiter des Wieslocher Instituts für systemische Lösungen. Literatur: *Praxis der Organisationsaufstellung*, herausgegeben von Gunthard Weber.

3-D-Coaching. In diese Kategorie fallen Familien- und Organisations-Aufstellungen, wir werden uns hier im Besonderen Organisations-Aufstellungen anschauen. Diese geben, selbst wenn alle rationalen Potenziale mehr oder weniger ausgeschöpft sind, oft überraschend neue Sichtweisen. Stellvertreter repräsentieren realitätsnah das jeweilige System. Strukturelle Störungen und Beziehungskonflikte werden dadurch sichtbar. Die Repräsentanten geben Hinweise auf das Führungsverhalten, auf Folgen früherer Ereignisse oder auf den Platz im System. Wichtige Informationen werden in einem ziel- und lösungsfokussierten Prozess offen gelegt und Dynamiken für den Aufstellenden transparent gemacht. Teams, Abteilungen und ganze Unternehmen sind erfolgreich, wenn sie – so wie beim Fußball – „gut aufgestellt", also an ihrem richtigen Platz sind. In vereinfachter Form kann man diese Art der Arbeit auch mit Gegenständen wie Spielfiguren oder Stühlen durchführen.

Ans Licht kommen. Coachs nützen diese Methode bei Klienten, die gewohnt sind, vernetzt zu denken, und denen es leicht fällt, Strukturen und deren Wirkungen zu erkennen. Interessanterweise passiert es solchen Klienten immer wieder, dass sie in Bezug auf sich selbst den Wald vor lauter Bäumen nicht sehen. Ihre sonst erfolgreichen Strategien versagen, es entsteht ein blinder Fleck und die Betroffenen denken „präzise" an der Lösung vorbei.

Sechs bewährte Methoden

Die Grundidee ist: Die Organisation weiß, wie ihre Probleme gelöst werden können. Dieses Wissen ist jedoch nicht zugänglich; die Lösungsstrategien sind zum Problem geworden. Es entstehen Verhaltensmuster, die für die Organisation schädlich werden. Diese Muster zu entdecken und als veränderbar zu erfahren ist ein Ziel der systemischen Organisationsaufstellung. Menschen haben jede Menge innerer Bilder und Vorstellungen, wie etwas ist oder sein sollte. In einem System entstehen Störungen, wenn sich Menschen in spezifischen Verhaltensmustern verstricken, die Ressourcen und Lösungen verdecken. Obwohl in unseren inneren Bildern Lösungsmöglichkeiten angelegt sind, sind sie nicht mehr zugänglich. Aufstellungen machen sie wieder sichtbar.

Schritt für Schritt. Sehen wir uns die Schritte der Methode an:

System-Aufstellungen

1. Sammeln Sie Informationen:
   a. Wer gehört zum System – welche Personen?
   b. Was gehört zum System – Abstraktes. Oft werden wichtige abstrakte Elemente wie Rohstoffe, Produktionsstandorte usw. ausgeblendet und verursachen Probleme.
   c. Worüber spricht der Klient von sich aus, was muss erfragt werden? Was sind die blinden Flecken des Klienten? An welchen Stellen wird Widerstand spürbar?
2. Lassen Sie den Klienten die entscheidenden Personen (Abstraktionen) aufstellen. Unterstützen Sie das mit einer leichten Trance. Unabhängig davon, ob es sich um eine Aufstellung mit realen Personen oder Figuren handelt, ist Intuition wichtig. Es geht um die gefühlsmäßige Repräsentation der Problematik, nicht um rationale Konzepte (die sind schon ausgeschöpft).
   a. Achten Sie auf die Positionen der Figuren (Personen) zueinander. Entfernungen und Winkel sind aufschlussreich.
   b. Wer hat mit wem Blickkontakt?
   c. Schauen alle in eine Richtung, fehlt dort jemand oder etwas, wo alle hinsehen?
   d. Stehen Repräsentanten abgewandt, mit Blick zur Tür oder Fenster, sind sie auf dem Weg aus dem System hinaus?

e. Schauen alle in verschiedene Richtungen, wurde das gemeinsame Ziel aus den Augen verloren.

f. Stehen Personen einander gegenüber, bedeutet das Konfrontation oder Abschied.

3. Stellen Sie nun das Bild Schritt für Schritt um. Entwickeln Sie die Lösung. Achten Sie auf die Reaktionen des Klienten.

    a. Lösen Sie Konflikte auf, die sich im Bild zeigen.

    b. Schaffen Sie Ausgleich (Zugehörigkeit), Ordnung (Hierarchie) und Bindung (Geben und Nehmen). Je nach Dynamik werden dabei Übergabe-, Ausgleichs-, Abschiedsrituale usw. notwendig sein.

    c. In einem wirksamen Lösungsbild steht der Chef ganz rechts und die Teammitglieder anschließend in der Reihenfolge der Zugehörigkeit (Ausnahme: Der Beitrag eines jüngeren Teammitglieds ist so groß, dass es weiter rechts stehen muss). Kunden stehen mit Blickkontakt schräg vor dem Team, ehemalige Mitarbeiter in angemessenem Abstand meist rechts, im rechten Winkel, mit Blickkontakt. Sie können jedoch auch in ihre eigene Richtung schauen. Ist ein ehemaliger Leiter Mentor des jetzigen gewesen, macht es oft auch Sinn, wenn er hinter dem jetzigen Leiter steht und ihm unter Umständen die Hand auf die Schulter legt. Dies verstärkt die Kraft des Mentors.

4. Die Aufstellung ist beendet, wenn alle relevanten Dynamiken geklärt sind und alle Personen ihren Platz gefunden haben. Der Klient nimmt das Lösungsbild und das damit verbundene Gefühl in sich auf. Der Coach unterstützt dies, indem er sagt: „Lass etwas Gutes damit beginnen."

Vier Grundannahmen leiten ihn bei der Lösungsfindung:

- Das Prinzip der Gleichwertigkeit der Zugehörigkeit (alle, die zum System gehören, haben auch Anspruch darauf) – damit die Existenz eines Systems gesichert ist.
- Das Prinzip der direkten Zeitfolge (die dem System länger angehören haben Vorrang vor Späteren) – damit ein System wachsen kann.
- Das Prinzip der inversen Zeitfolge (neue Systeme, wie Tochtergesellschaften, haben Vorrang vor älteren) – damit ein System sich fortpflanzen kann.

■ Das Prinzip des Vorranges des höheren Einsatzes und des Fähigkeitsvorranges (die Bedeutung des Beitrages für das Bestehen des Systems) – damit das System stabil bleibt.

Der Ablauf. Zu Beginn der Arbeit interviewt der Coach den Klienten. Es ist durchaus möglich, dass es in dieser Phase schon Klärungen für den Klienten gibt. Danach wählen Sie die relevanten Systemelemente aus. Hier geht es darum, den Kern des Anliegens zu verstehen. Sie entscheiden, welche Elemente das beschriebene System auf angemessene Weise repräsentieren, und starten den Prozess. Die Elemente werden durch Personen oder Figuren repräsentiert und vom Klienten in ein Raumbild übertragen. Dieses Raumbild entsteht intuitiv. Die Befragung der Repräsentanten (oder des Klienten, wenn Figuren aufgestellt wurden) deckt die Beziehungen und Dynamiken auf. Der Coach arbeitet mit räumlichen Umstellungen, bis eine bessere Ordnung erreicht ist. Er arbeitet mit Thesen, die überprüft, weiterentwickelt, verworfen oder bestätigt werden – so lange, bis eine Form gefunden wird, die für das System gut ist.

Praxisbeispiel

Helga, Leiterin des Key Account Managements eines internationalen Telekommunikations-Unternehmens, sitzt ihrem Coach Franz gegenüber.

Helga: „Die Leute meiner Abteilung treiben mich in den Wahnsinn. Manchmal möchte ich den ganzen Krempel am liebsten hinschmeißen. Sie kapieren einfach nichts – kaum etwas funktioniert."

Franz: „Wollen wir uns die Zusammenhänge ansehen?"

Helga ist einverstanden und Franz nimmt Spielfiguren aus der Schublade und stellt sie vor Helga hin.

Franz: „Nehmen Sie an, dass diese Unterlage hier ein Raum wäre, in dem Sie sich mit den Mitarbeitern befinden. Stellen Sie die Figuren rein gefühlsmäßig auf, zuerst Sie und dann die Mitarbeiter, in der Reihenfolge der Zugehörigkeit zum Team."

Franz führt Helga in eine leichte Trance und lässt sie die Spielfiguren aufstellen. Helga stellt die Figur, die sie repräsentiert, ganz an den Rand des Tisches und die Mitarbeiter in einiger Entfernung zu ihr. Alle außer ihr sind in eine Richtung orientiert.

Franz: „Wäre hier eine Wand, würden Sie gegen die Wand schauen. Sie haben keinen Blickkontakt mit den Mitarbeitern, und die schauen auch nicht auf Sie. Sie sind an etwas anderem interessiert. Was ist mit Ihrem Vorgänger?“

Helga: „Was hat der damit zu tun?“

Franz lässt Helga die Figur ihres Vorgängers aufstellen. Sie positioniert ihn am Rand des Tisches im Blickfeld der Mitarbeiter.

Franz: „Sehen Sie, er ist gegangen, ist bereits außerhalb des Systems. Die beiden, die ihm am nächsten stehen, werden ihm nachfolgen. Und die anderen werden über kurz oder lang auch gehen. Ihre Mitarbeiter nehmen Abschied und Sie stehen allein da.“

Franz stellt die Figuren von Helga und ihrem Vorgänger einander gegenüber und lässt sie zu ihm sagen:

„Sie haben die Abteilung aufgebaut, das war lange bevor ich kam. Ich achte Sie und Ihre Leistung, und ich danke Ihnen, dass Sie Platz gemacht haben.“

Franz: „Ihr Vorgänger sagt zu Ihnen: Ich werde aus der Ferne freundlich darauf schauen, was Sie tun.“

Dann stellt er Helgas Figur in die Mitte des Tisches, reiht die Mitarbeiter links neben ihr auf und stellt als neue Figur die Kunden der Abteilung der Gruppe gegenüber. Helga betrachtet das Lösungsbild. Sie nickt und meint: „Ja, das macht Sinn.“

Man kann erkennen, was besser ist, ohne zu wissen, was gut ist. Helga hat nicht erwartet, dass ein Bild die Situation in ihrer Abteilung so klar zeigt. Sie ist erstaunt über den Einfluss, den ihr Vorgänger nach wie vor hat, obwohl er nicht mehr da ist. In der nächsten Sitzung berichtet sie, dass sie mit den beiden Mitarbeitern, die am längsten im Team sind, über den ehemaligen Chef gesprochen hat. Was seine Ideen für die Zukunft der Abteilung waren, was er wohl zu ihren Ideen gesagt hätte, wie die Mitarbeiter die Zukunft der Abteilung einschätzen und was sie zu ihren Ideen sagen. Der ehemalige Chef werde mehr und mehr zu einer Art Mentor, meint Helga.

Sie sehe ihre Mitarbeiter jetzt mit ganz anderen Augen. Und das wirke sich auf das Klima in der Abteilung und auf die Kontakte zu den Kunden aus. Helga ist auf einem guten Weg.

Sichtbare Zusammenhänge. Ziel der Aufstellungsarbeit ist, dem Klienten ein plastisches Bild der Problemsituation, die wirkenden Dynamiken und die mögliche Lösung zu zeigen. Das Verführerische an Aufstellungen ist die Geschwindigkeit. Verführerisch deshalb, weil Menschen mehr und mehr das Gefühl haben, keine Zeit zu haben. Was lange dauert, verfehlt die Gunst der Stunde! Rat Suchende denken daher oft: „Ich stell das schnell auf, dann bin ich meine Probleme los." Klienten übersehen dabei, dass die Aufstellung der kleinere Teil der Arbeit ist. Was sich in der Aufstellung zeigt, muss dann auch gelebt werden, sonst ist die Aufstellung nutzlos.

Imagine all the people. Sie können Aufstellungsarbeit immer dann einsetzen, wenn Sie erkennen, dass eine Individuallösung nicht dauerhaft sein wird. Wenn die Gefahr besteht, dass der Klient in seinem System in alte Muster zurückfällt, erweitern Sie seine Sichtweise. Ermöglichen Sie ihm einen Blick auf das Ganze. Problemhaftes Verhalten ist oft der gescheiterte Versuch, Dynamik (die im System wirkt und nicht gesehen wird) auszugleichen. Das Bild macht die Dynamik transparent und zeigt Lösungsmöglichkeiten. Wenn Ihr Klient den Wald vor lauter Bäumen nicht sieht, zeigen Sie ihm den Wald und führen Sie ihn durch den Wald an seinen Platz. Denn wenn alle, die dazugehören, ihren Platz haben, ist der Klient mit sich im Reinen und zufrieden.

ZUSAMMENFASSUNG

Das Beste nutzbar machen

Neuro-Linguistisches Programmieren

Strategiearbeit. Lassen Sie Klienten ihre Problemstrategie genau beschreiben. Lernen Sie als Coach, was Sie tun müssen, um das Problem haben zu können. Überlegen Sie, was anders sein müsste, damit der Klient das gewünschte Ergebnis erreicht.

Jeder hat schon alles, was er braucht. Eine Besonderheit der allermeisten NLP-Techniken ist ihre starke Lösungsorientierung. Es geht darum, dem Klienten seine Ressourcen bewusst zu machen und sie zu aktivieren.

Ein guter Freund für jeden Coach. Nutzen Sie die Möglichkeiten von Ankern im Coaching. Ermöglichen Sie dem Klienten, positive Erfahrungen bewusst abrufbar zu machen. Machen Sie es sich leicht: Ankern Sie verdeckt Ressourcen, die während einer Intervention nicht oder nur eingeschränkt zugänglich sind.

Clean Language

Arbeiten im Modell des Klienten. Lassen Sie den Klienten die Problemmetapher bewusst und wieder dynamisch machen, damit sie abgeschlossen werden kann. Die Methode ist sowohl für Traumata, die der Klient selbst erlebt hat, als auch für solche, die durch die Generationen weitergegeben wurden, geeignet.

Die Macht der Geschichten. Wenn Sie gerne mit Metaphern arbeiten, Spaß am Assoziieren haben, gut zuhören können und gleichzeitig auf hohem Niveau intervenieren wollen, versuchen Sie es mit Clean Language.

Focusing

Gespürter Sinn. Bringen Sie den Klienten wieder in Kontakt mit seinen Emotionen. Das zentrale Element dabei ist der Felt Sense.

Menschen enden nicht unterhalb des Kinns. Sie können Focusing verwenden, wenn Ihr Klient rein kognitive Konzepte zu seinem Problem bildet und versucht, rationale Erklärungsmodelle aufzubauen, die die Lösung verhindern.

EMDR – Eye Movement Desensitization and Reprocessing

Beide Gehirnhälften nutzen. Stimulieren Sie Ihren Klienten bilateral. Ziel der EMDR-Methode ist, Klienten, die in ihren eigenen Emotionen gefangen sind, neue Möglichkeiten aufzuzeigen.

Be Cause! Besonders wenn der Klient ein Gefangener seiner Emotionen ist und in Opferstrategien fällt, können Sie mit EMDR erstaunliche Erfolge erzielen.

Provokatives Coaching

Wachrufen statt provozieren. Lassen Sie Ziele, Werte oder Lösungen weg, überzeichnen Sie das Problem und stellen es gleichzeitig als die Lösung für den Klienten dar. Das Ziel des Provokativen Coaching ist, Widerstand des Klienten gegen sein bisheriges Verhalten hervorzurufen, diesen Widerstand produktiv zu nützen, die Selbstverantwortung des Klienten zu steigern und den Entschluss zur Veränderung zu festigen.

10 Minuten wachlachen. Sie können Provokatives Coaching als einzelne Phase in eine Coaching-Stunde einbauen. Wenn Sie erkennen, dass der Fortschritt stockt oder der Klient in Opferstrategien zu fallen droht, vereinbaren Sie mit ihm Provokatives Coaching.

System-Aufstellungen

3-D-Coaching. Machen Sie eine Organisationsaufstellung, um Zusammenhänge in Systemen darzustellen und Lösungen aufzuzeigen.

Vier Grundannahmen für die Lösungsfindung:

- Das Prinzip der Gleichwertigkeit der Zugehörigkeit (alle, die zum System gehören, haben auch Anspruch darauf) – damit die Existenz eines Systems gesichert ist.
- Das Prinzip der direkten Zeitfolge (die dem System schon länger angehören haben Vorrang vor Späteren) – damit ein System wachsen kann.
- Das Prinzip der inversen Zeitfolge (neue Systeme, wie Tochtergesellschaften, haben Vorrang vor älteren) – damit ein System sich fortpflanzen kann.
- Das Prinzip des Vorranges des höheren Einsatzes und des Fähigkeitsvorranges (die Bedeutung des Beitrages für das Bestehen des Systems) – damit das System stabil bleibt.

Imagine all the people. Setzen Sie Aufstellungsarbeit ein, wenn Sie erkennen, dass eine Individuallösung nicht dauerhaft sein wird. Besteht die Gefahr, dass der Klient in seinem System in alte Muster zurückfällt, erweitern sie seine Sichtweise. Ermöglichen Sie ihm einen Blick auf das Ganze.

10 ACHT NEUE COACHING-TECHNIKEN

Entwickelt und weiterentwickelt von Roman Braun und dem Team von Trinergy® International

WER LANGE GLÜCKLICH SEIN MÖCHTE,
MUSS SICH OFT VERÄNDERN.

KONFUZIUS

Das Neue aus dem Alten. Ein junger Samurai auf der Suche nach Ruhm machte sich eines Tages auf, um Morihei Ueshiba zu suchen. Dieser war auch Samurai und Meister in allen fernöstlichen Kampftechniken. Er hatte sich vor einiger Zeit zurückgezogen, um eine Verbindung aus allen Kampfsportarten zu bilden. Angeblich war es ihm gelungen und er hatte seine Fähigkeiten dabei so vervollkommnet, dass ihn niemand mehr gegen seinen Willen berühren konnte. Er nannte seine neue Kunst „Aikido", allerdings beschloss er gleichzeitig, nie wieder zu kämpfen, denn die Erkenntnis aus seiner Synthese war ein Wort: „Frieden".

Bei Sonnenaufgang erreichte der junge Samurai das Haus des Meisters, fand ihn im Garten sitzend, zog sein Schwert und versuchte ihn zu berühren. Als die Sonne unterging, ließen die Kräfte des Jungen nach, er kniete sich vor dem Alten hin und verneigte sich lange: „Dein Aikido lehrte mich Frieden. Bitte unterrichte mich, sodass auch ich den Frieden lehren kann." Als er sich aufrichtete, war er der erste Schüler des Alten.

Einleitende Worte von Roman Braun: „Begeben wir uns auf eine Tour durch neu- und weiterentwickelte Techniken, die uraltem Wissen entspringen. Die besten Denker aller Weltkulturen dachten über die Menschen und ihre Entwicklung zu einem besseren Leben nach. Sie waren und sind großartige Vorreiter der Coaching-Zunft. Wir brauchen uns nur dem Wagnis zu stellen, diese Heroen des Geistes nicht als Philosophen im Wolkenkuckucksheim zu sehen, sondern als Praktiker mit Hausverstand und starkem Bezug zur Realität. Ich habe Gedanken und Ideen von antiken und neuzeitlichen Denkern in Coaching-Prozesse gekleidet. Tausende Klienten haben sie in dieser Form genützt, um ihr Anliegen zu lösen und zu wachsen."

In diesem Kapitel erleben Sie acht neue Coaching-Techniken, die aus philosophischen Modellen entwickelt wurden:

- *Die Aristoteles-Integration*
- *Der Lebensfreudeprozess*
- *Timeline-Coaching®*
- *In-Trinergy®*
- *Der Triolog*
- *Der Schopenhauer-Prozess*
- *Re-Judgement*
- *Die Kant-Interventionen*

1. DIE ARISTOTELES-INTEGRATION

Inspiriert ist dieser Prozess von der Metaphysik des Aristoteles, den Stufen des Lernens von Gregory Bateson, den Neuro-Logischen Ebenen Robert Dilts und den vier Grundformen des spirituellen Yoga (Raja-, Jnana-, Bakhti-, Karma-Yoga).

> DAS, WAS WIRD, WIRD TEILS VON NATUR,
> TEILS DURCH KUNST, TEILS VON SELBST.
> UND ZWAR WIRD ES ALLES DURCH ETWAS
> UND AUS ETWAS UND ZU ETWAS.
>
> ARISTOTELES

Der Mensch als Ganzes. Eines der Ziele des Coaching ist, die neuen Lernerfahrungen im Leben des Klienten zu integrieren. Denn je mehr die Erfahrung alle Facetten des Menschen berührt und durchdringt, umso nachhaltiger wirkt sie. Doch was bedeutet das: ins Leben integrieren? Schon aus systemischer Sicht ist klar, dass Integration von Veränderung in die Handlungsabläufe des Klienten allein zu wenig ist. Das wäre, als hätte ein Rädchen eines Uhrwerks die Idee, langsamer laufen zu wollen als die anderen. Jeder Veränderungsimpuls bliebe auch auf der Strecke, wenn er sich nicht in die Zukunftsvorstellungen des Klienten fügte, ihnen vielleicht sogar widerspricht.

Alles in einem. Wir erinnern uns an die vier Bereiche des Menschseins aus Kapitel 2, Phase 3 und die vier Ursachen des Aristoteles (siehe Seite 62ff.).

Sie gehen konform mit den vier Grundbedürfnissen nach Stephen R. Covey (Professor für Business Management): dem physischen, sozialen, mentalen und spirituellen. Er sagt: „Die Erfüllung der vier Bedürfnisse auf in sich zusammenhängende Weise gleicht einer Verbindung chemischer Elemente. Wenn wir eine kritische Masse von Integration erreichen, erleben wir eine Explosion innerer Synergie, die das innere Feuer entfacht und dem Leben Vision, Leidenschaft und Abenteuergeist verleiht."

Schritt für Schritt. Sehen wir uns die Struktur der Aristoteles-Integration an, die Nummern in der Graphik zeigen die einzelnen Schritte:

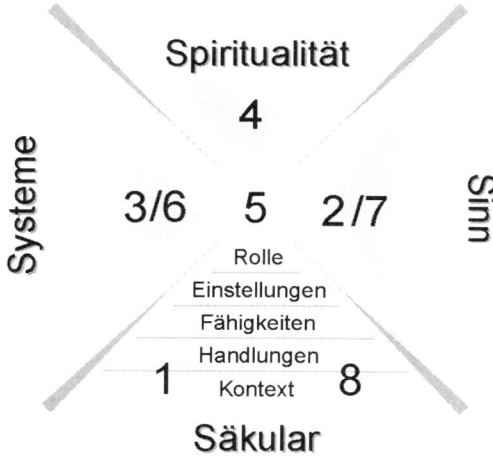

Abbildung 5: Die Aristoteles-Integration

Die Aristoteles-Integration

1. Etablieren des Modells auf dem Boden.
2. Lassen Sie den Klienten die Ebenen aller vier Bereiche wahrnehmen und erleben:
   a. Säkular: Kontext, Handlungen, Fähigkeiten, Einstellungen, Rollen
   b. Sinn: Ziele, Vision, Mission, Sinn
   c. Systeme: Herkunftsfamilie, Eltern, aktuelles System
   d. Spiritualität

3. Im Bereich Spiritualität ein Symbol konstruieren: Ihr Klient konstruiert ein Symbol für „ALLES".
4. Mitte: Mit dem Symbol genießt Ihr Klient in der Mitte ein paar Momente der Stille.
5. Systeme: Wie verändert das Symbol und der veränderte Sinn den Bereich der Familie?
6. Sinn: Lassen Sie den Klienten erleben, wie dieses Symbol die Ziele, Visionen und den Sinn verändert
7. Säkular: Sie führen den Klienten wieder vor der Rolle bis zum Kontext. Wie verändern das Symbol und die Veränderungen das Hier und Jetzt des Klienten?
8. Erfahrungen in eine konkrete Situation der Zukunft transformieren.

Der Ablauf. Ihr Klient bewegt sich im ersten Abschnitt vom Kontext bis zu seiner Rolle als Mensch und verbindet sich mit allen Bereichen seines Menschseins. Sie begleiten Ihren Klienten dabei, verbinden die einzelnen Schritte, indem Sie alle bisherigen Ebenen aufzählen und nach der Qualität der aktuellen Ebene fragen: Ein Beispiel: Ihr Klient war vorher im Kontext und in Handlungen und befindet sich aktuell in der Ebene der Fähigkeiten.

Und wenn Sie an diesem Ort, mit diesen Menschen, Dingen und Informationen handeln, was sind die Fähigkeiten, die Sie einbringen?

Sie gehen in dieser Form bis zur „Rolle" vor, im nächsten Schritt bitten Sie Ihren Klienten, sich mit dem Rücken zum Quadranten „Systeme" hinzustellen. Ihr Klient hat damit die Kraft der Familie im Rücken und sieht vor sich in der Zukunft den „Sinn". Im Quadranten „Spiritualität" konstruiert er ein „Symbol". Diese Phase ankern Sie bei Ihrem Klienten: Sie legen ihm Ihre Hand an eine vorher vereinbarte Stelle. Legen Sie vor dem Prozess die Ankerstelle mit dem Klienten fest; eine plötzliche Berührung könnte ihn irritieren. Das Symbol ist eine bildhafte Verstärkung, die Ihren Klienten auf dem Rückweg begleitet. Beim Zurückgehen verstärken Sie die Erfahrungen des Klienten.

Praxisbeispiel

Inge, ein Coach, sitzt neben Irene, einer Führungskraft. Irene hat sich während des Coaching dazu entschlossen, einen neuen Job in einem multinationalen Konzern anzunehmen. Sie wird eine halbjährige Einarbeitungsphase in Seattle machen.

Irene: „Ich würde gerne alles, was ich bis jetzt gelernt habe, stabilisieren. Im Moment fühle ich mich sehr gut und möchte meine Lernerfahrungen mitnehmen."

Inge: „Gut, dann werden wir ein bisschen Bewegung machen."

Inge etabliert auf dem Boden die Plätze für die vier Bereiche (siehe Grafik) und führt Irene Schritt für Schritt durch den säkularen Bereich, zum Bereich Systeme, zum Sinn und zur Spiritualität. Dort konstruiert Irene ein Symbol für die Lernerfahrungen. Sie tritt in die Mitte, gönnt sich dort einige Momente der Stille. Inge führt sie zurück zum Sinn, zur Familie und durch den säkularen Bereich.

Inge: „Der nächste Schritt wird Sie in die Zukunft bringen, in eine Situation, in der Sie all das, was Sie jetzt vereinigt haben, sehr gut anwenden können. Nehmen Sie alles mit, was da dazugehört, alles: Spiritualität, den Sinn, die Familie, das Selbstverständnis, die Einstellungen, Glaubenssätze, Werte, Fähigkeiten, Handlungen, Kontext. Und Sie dürfen jetzt eine Ahnung davon bekommen, wie reicher die Welt ist, wenn Sie mit all dem in Ihrer Zukunft durch Situationen gehen, verbunden mit allem, was zu Ihnen gehört. Und während Sie diese Situation ablaufen sehen, nehmen Sie gleichzeitig wahr, wie gut und vollständig und bereichert sich das anfühlt, ..."

Einfach verbindend. Klienten beschreiben die Erlebnisse mit dieser Form der Arbeit unterschiedlich: Sie sehen ihre Mission jetzt klarer, sie sind sich ihrer Fähigkeiten und Möglichkeiten jetzt sicher, sie haben Vertrauen zu sich, sie haben erkannt, dass sie dazugehören. Manche sagen sogar, sie wissen jetzt, wer sie sind und wozu sie hier sind. Sie empfinden ein Gefühl der Vollständigkeit, der Zugehörigkeit, des inneren Friedens und sogar des Glücks.

Alles und noch mehr. Sie können die Aristoteles-Integration als Abschluss-sequenz des Coaching-Prozesses oder auch einer einzelnen Sitzung durch-führen. Besprechen Sie mit dem Klienten nach der Integration die Verände-rungen, die er erlebt hat, verstärken Sie die Lernschritte: der Praxistransfer wird erleichtert und das Selbstverständnis Ihres Klienten gestärkt!

2. DER LEBENSFREUDEPROZESS

Inspiriert ist dieser Prozess von der Chaosforschung Benoit Mandel-brots und Gesprächen mit Otto Knapp im Schatten des schiefen Turms von Pisa.

EIN GLÜCKLICHES LEBEN
KANN NICHT POSTHUM VERLIEHEN WERDEN.

ROMAN BRAUN

Freude, schöner Götterfunken. Die Chaosforschung beschäftigt sich mit Systemen, in denen minimale Veränderung (der Flügelschlag eines Schmet-terlings) nicht berechenbaren Einfluss auf das gesamte System (das Wetter) hat. Sie will das Nichtvorhandensein von Ordnung erklärbar machen. Ein Versuch, Ordnung ins Chaos zu bringen, sind Fraktale; das sind Muster (zum Beispiel Verhaltensmuster), die im Großen erkennbar sind (zum Bei-spiel im Lebenslauf eines Menschen). Die gleichen Muster sind im Kleinen zu finden (zum Beispiel im Tagesablauf eines Menschen). Benoit Mandel-brot hat das in den bekannten Mandelbrot-Bildern grafisch verdeutlicht.

Lebensfreude. Der Prozess baut Ressourcen auf, und der Klient entwickelt einen Blick für das Wesentliche: Er schaut sich beim Beobachten seines Lebens gleichsam selbst über die Schulter und erkennt, was bisher unsicht-bar blieb. Es geht weder um Probleme noch um Lösungen. Der Prozess leitet den Klienten durch freudvolle Erinnerungen, macht ihm deutlich, wie viele dieser Momente er in seinem Leben schon erlebt hat, trotz all der negativen Episoden, die auch da waren. Der Coach unterstützt und begleitet auf dieser Reise durch die vergangenen und zukünftigen Freuden. Der Klient erkennt, was sein Leben bereichert, seine Aufmerksamkeit richtet sich auf die Freuden seines Lebens.

Schritt für Schritt: Sehen wir uns den Prozess im Detail an:

Der Lebensfreudeprozess

1. Freuden eines Tages. Fragen Sie den Klienten nach den Freuden eines ganz normalen Tages. Geben Sie ihm Zeit. Unterstützen Sie durch Fragen: Was ist in der Früh, wenn er das Haus verlässt, in der Mittagspause, nach Feierabend, am Abend? Wiederholen Sie die Antworten Ihres Klienten.
2. Freuden einer Woche. Welche Freuden kommen in einer Woche noch dazu, die nicht an jedem Tag zu finden sind?
3. Freuden eines Monats. Welche Freuden kommen in einem ganz normalen Monat noch dazu?
4. Freuden eines Jahres. Welche Freuden kommen noch dazu? Z.B. Geburtstage, Wechsel der Jahreszeiten, Weihnachten, Urlaub …
5. Freuden des bisherigen Lebens. Von der Gegenwart zurückblickend auf das gesamte Leben: Welche Freuden kommen da noch dazu? Z.B. die Kindheit, Freundschaften, die erste Liebe, das erste Auto, die Erfahrungen …
6. Freuden des gesamten Lebens irgendwann einmal. Was wird irgendwann einmal rückblickend auf alles, das gewesen ist, an Freuden dazukommen?
7. Die Freuden des Lebens in einem Tag. Lassen Sie den Klienten erkennen, wie die Freuden des gesamten Lebens sich mit einigen Freuden eines einzigen Tages decken, und wie sich einige der Freuden eines Tages in den Freuden des gesamten Lebens widerspiegeln. Das ist die Phase des Erkennens: Was ist wirklich wichtig? Was wird eines Tages bleiben? Die Prioritäten werden klar.
8. Fragen Sie Ihren Klienten, wie sich diese Erkenntnis auf sein zukünftiges Leben auswirken wird. Was gewinnt dadurch an Bedeutung, was verdient mehr Energie und Aufmerksamkeit?
   a. Wie wird sich diese Erkenntnis auswirken auf den heutigen Tag,
   b. die nächste Stunde,
   c. die nächste Minute schon?

Praxisbeispiel

Martina ist seit kurzem stellvertretende Leiterin einer Privatklinik. Manfred, ihr Coach, hat sie dabei unterstützt, sich ihre Rolle und beruflichen Ziele bewusst zu machen:

Manfred: „Die wirklich wichtigen Dinge sind ganz einfach, wenn wir sie erst einmal erkennen! Möchten Sie das Ganze zum Abschluss noch vervollständigen?" Martina bejaht.

Manfred: „Gut, dann setzen Sie sich jetzt noch ein bisschen bequemer hin, und entspannen Sie sich. Ich werde Sie auffordern, an die vielen kleinen und großen Freuden Ihres Lebens zu denken, die Sie an einem ganz normalen Tag erleben. Und nehmen Sie alles, was da kommt: Was sind so die Freuden eines ganz normalen Tages Ihres Lebens?"

Martina: „Die Sonne im Gesicht. Der Duft vom Kaffee in der Früh. So viele kleine Dinge, die Freude machen an einem Tag, ganz einfache. Das Gefühl des warmen Wassers beim Duschen ..."

Manfred: „Ja, genau, das Gefühl des warmen Wasser beim Duschen, und wenn Sie aus dem Haus gehen, was ist da noch?"

Martina entdeckt, unterstützt von Manfred, die glücklichen Momente und Freuden eines Tages, einer Woche, eines Monats, eines Jahres und des ganzen Lebens.

Manfred: „Martina, all diese Freuden Ihres Lebens: Ihre Kinder, die Liebe zu Ihren Partnern, die Herausforderungen, das Lernen, Bücher lesen, sich entspannen können, für andere da sein. Wie können Sie diese Freuden in den Freuden eines einzelnen Tages wiederfinden, wie spiegeln sich diese Freuden im Glück zum Beispiel des heutigen Tages?"

Martina: „Alles, alles finde ich darin, es ist ... wunderbar."

Der Reichtum des Lebens. Martinas Augen leuchten. Sie hat sich 20 Minuten lang mit all den Dingen beschäftigt, die ihr Leben bereichern – und es war so viel mehr, als sie dachte. Sie wird diese Fähigkeit jederzeit zur Verfügung haben, Ihr bewusster Verstand weiß um die neue Möglichkeit: Sie hat gelernt, als Beobachter auf ihr Leben zu schauen. Das, was wirklich wichtig ist, spiegelt sich im Kleinen wie im Großen. Ausgangspunkt ist die Tatsache, dass wir jeden Tag unzählige Momente der Freude erleben, in unserer westlichen Ablenkungsgesellschaft schenken wir dem jedoch wenig Aufmerksamkeit. Der Prozess ermöglicht Ihrem Klienten, mit seinem Innersten in Berührung zu kommen und vielleicht einen neuen Weg zu finden – einen Weg mit Herz.

Auf die Sonnenseite schauen. Die Anwendungsmöglichkeiten des Lebensfreudeprozesses sind vielfältig; im Paar-Coaching, in der Mediation, als Abschluss einer Coaching-Einheit. Achten Sie darauf, ob Ihr Klient dazu bereit ist: Besonders gut geeignet ist der Prozess bei Klienten, die lösungsorientiert sind und eine gute emotionale Beteiligung zeigen. Ermutigen Sie Ihre Klienten, diesen Prozess selbst auszuprobieren: Er kann sich vor dem Einschlafen an die Freuden des Tages erinnern und an die des nächsten Tages denken; es wird das Leben Ihres Klienten bereichern!

3. Timeline-Coaching®

Inspiriert ist dieser Prozess von den „Principles of Psychology" von William James, der Timeline-Therapy von Tad James und Wyatt Woodsmall und der Hypnotherapie Milton Ericksons.

> Der Mensch schiesst einen Pfeil in die Zukunft,
> an dem ein Seil befestigt ist.
> Der Pfeil bohrt sich in ein Bild,
> und der Mensch lässt sich
> an diesen Gegenstand heranschleppen.
>
> Paul Valéry

Pseudoorientierung in der Zeit. Was war, lässt sich nicht ungeschehen machen. Worauf Coaching abzielt, ist nicht die Vergangenheit oder die Gegenwart, sondern die Zukunft. Doch Zeit ist als vierte Dimension nicht greifbar, sie lässt sich mit den fünf Sinnen nicht erfassen. Als Coach müssen wir es schaffen, Zeit begreifbar zu machen, damit Zukunft nicht ein abstraktes Konstrukt bleibt, sondern sich mit Leben füllt.

Der Weg zum Ziel muss lebenswert sein. Und worum geht es in der Zukunft? Geht es darum, ein Ziel zu erreichen? Wohl kaum! Wenn das Ziel in weiter Ferne liegt, was ist bis dahin? Hoffnung allein kann den Weg zum Ziel nicht lebenswert machen. Denn das Leben besteht aus Wegen, nicht aus Zielen. Time-line-Coaching® nutzt die Zeitlinie, um Zukunft denkbar zu machen und ausgerichtet auf ein Ziel den Weg dahin so zu gestalten, dass es erreichbar wird, auf eine Art und Weise, dass auch der Weg dahin schön und lebenswert ist.

Schritt für Schritt. Sehen wir uns den Prozess im Detail an:

Timeline-Coaching®

1. Zielfoto: Der Klient macht ein Zielbild von einem Ziel oder Wunsch.
2. Elizitieren der Timeline: Ihr Klient zeigt mit dem Zeigefinger der nicht dominanten Hand in die Richtung „gestriger Tag", in die Richtung „nächste Woche" und dorthin, wo seine Gegenwart ist. Bitten Sie ihn, die Punkte durch eine Linie zu verbinden: Sie haben die Zeitlinie.

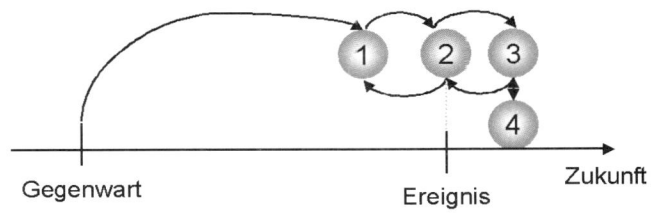

Abbildung 6: Timeline-Coaching®

3. 1. Position: Der Klient schwebt über seine Zeitlinie in die Zukunft, bis er vor sich und unter sich sein Zielbild sieht.
4. 2. Position: Über der Zukunft, über dem Ereignis nimmt der Klient die Lernerfahrung wahr
5. 3. Position: Eine halbe Stunde nach dem guten Ende des Ereignisses.
6. 4. Position: Der Klient landet in der Zukunft, eine halbe Stunde nach dem guten Ende des Ereignisses, blickt Richtung Zukunft,
   a. spürt das gute Ende des Ereignisses im Rücken,
   b. findet zwei bis drei neue Ziele oder Wünsche für die Zukunft.
   c. Dann blickt der Klient zurück und „erinnert" sich, wie er durch das Zielbild hierher gekommen ist.
7. Zurück in Richtung Gegenwart schwebend, nimmt der Klient die Kette der Ereignisse wahr, die zum guten Ende führen. In der Gegenwart landet er wieder in seinem Körper.

Praxisbeispiel

Irene, eine Beraterin, sitzt Christian, einem Unternehmer, gegenüber. Christian hat mit Irenes Unterstützung als Ziel definiert, das Unternehmen in seinem Bereich des Marktes unter die Top Ten zu bringen.

Irene: „Gut, mach dir mal ein Zielbild – du hast das Ziel erreicht, es ist gut gegangen und ein Freund von dir macht ein Bild davon – ein Zielfoto – dissoziiert, das heißt, du siehst dich selbst in diesem Bild. Als nächstes brauchen wir deine Zeitlinie, eine Linie, auf der deine Zeit organisiert ist. Nimm einmal deinen nicht dominanten Zeigefinger und halt ihn in die Höhe: Wo würdest du meinen, ist gestern für dich? Zeige dorthin."

Christian zeigt nach hinten.

Irene: „Und wo ist morgen? Und wo ist jetzt? Sehr gut, nun verbinde die Punkte miteinander, und du hast deine Zeitlinie."

Irene lässt Christian hoch über seiner Zeitlinie schweben. Er blickt in Richtung Zukunft und sieht das gute Ende des Ereignisses.

Irene: „Schweb noch ein Stück nach vorne und schau hinunter, nimm die Lernerfahrungen, die du da unten schon gemacht hast, jetzt, da die Situation zu einem guten Ende gekommen ist. Was immer da an Neuem kommt, lass das Lernen geschehen. Dann schweb ein Stück nach vorne, bis eine halbe Stunde nach dem Ereignis, wende dich in Richtung Zukunft und erkenne, was da noch dazukommen kann, mit dem guten Ende in deinem Rücken. Was ist da jetzt anders, was ist noch dazugekommen? Und dann dreh dich um, sodass du vor dir und unter dir wieder das gute Ende des Ereignisses siehst und weiter hinten die Gegenwart und eine Kette von Ereignissen, die von der Gegenwart zu dem guten Ende führt. Bleib hoch über deiner Zeitlinie und mach dich auf die Rückreise Richtung Gegenwart. Halt ab und zu inne, um vor dir und unter dir eine Situation zu würdigen, die zu der Kette gehört zwischen Gegenwart und dem guten Ende der Situation. Um dich selbst zu erkennen, in deinen Entwicklungsmöglichkeiten, deinem Weg, der schon vor langer Zeit begonnen hat, der zu dir passt, der deiner ist. Bis du hoch über der Zeitlinie angekommen bist über deiner

Gegenwart, dich siehst, sitzend im Raum, auf dem Stuhl. Und komm schön langsam, in deinem Tempo zurück in diesen Raum, in deinen Körper ..."

Erstaunen und Zuversicht. Christian erwacht aus seiner Trance und ist irritiert. Er ist zwischendurch eingeschlafen, einige Teile des Prozesses sind ihm nicht bewusst. Er ist überrascht, sein Ziel hat sich verändert. Er weiß, dass er es erreichen kann, etwas anderes ist ihm jetzt wichtiger. Am nächsten Tag ruft er Irene an und erzählt ihr von einer Situation mit seiner Frau, die völlig anders abgelaufen ist als üblich. Er freut sich: dass Änderungen so rasch und einfach gehen, stärkt seine Zuversicht.

Zuversicht stärken. Sie können Timeline-Coaching® nützen, wenn Ihr Klient ein Ziel formuliert und noch zusätzliche Ressourcen möchte oder zu wenig Zuversicht verspürt. Erhöht sich die Zuversicht, steigt auch die Wahrscheinlichkeit, dass die nötigen Fähigkeiten zum richtigen Zeitpunkt zur Verfügung stehen. Hat Ihr Klient diesen Prozess gelernt, kann er ihn jederzeit selbst anwenden. Damit steht ihm für die Zukunft ein effizientes Werkzeug zur Verfügung, mit dem er seine Ziele überprüfen und seine eigenen Lernfähigkeiten verstärken kann. Sie können Timeline-Coaching® zum Abschluss einer Coaching-Sitzung anbieten, um die Lernerfahrungen der Sitzung für Ihren Klienten zu verstärken, seine Zuversicht zu stärken.

4. IN-TRINERGY®

Inspiriert ist dieser Prozess von der Ideenlehre Platos, dem Disney-Prozess von Robert Dilts und dem Konzept der drei Gunas aus dem Ayurveda.

DER GROSSE WEG IST LEICHT ZU GEHEN,
DOCH DIE MENSCHEN BEVORZUGEN DIE SEITENPFADE.
ERKENNE ES, WENN DIE DINGE AUS DEM GLEICHGEWICHT SIND.

TAO TE KING

Ja, aber ... Kennen Sie dieses Spiel: Jemand hat ein Problem und erzählt es Ihnen; Sie springen an und machen einen Vorschlag: „Haben Sie schon mal versucht ...?" Die Reaktion darauf ist Achselzucken: „Ja, aber das hat auch nicht geholfen." Als erfahrener Mensch geben Sie den nächsten Rat, der mit „Das klappt doch auch nicht" quittiert wird. Das Spiel setzt sich fort, so lange, bis Ihnen nichts mehr einfällt und Sie frustriert abbrechen. So kann es auch nicht funktionieren. Sie haben es entweder mit jemandem zu tun, der sich lieber in Wehklagen ergeht als zu lösen, oder mit jemandem, der kaum eine Suppe ohne Haar findet. In beiden Fällen verpuffen Ihre Ratschläge rückstandsfrei.

Der Klient als Zukunfts-Designer. Die Lösung? Denken Sie an die Gewohnheit exzellenter Coachs, die Ebene zu wechseln. Wenn Ihr Gegenüber Probleme bejammert und Sie Lösungen finden, bleiben Sie in der Etage Ihres Gesprächspartners oder Klienten. Eine Etage höher erkennen Sie das dahinter verborgene Spiel. Ihr Angebot ist nicht die Lösung, sondern ein Lösungsprozess, eine Wegstruktur, die der Klient nimmt und sich damit selbst aus dem Schlamassel zieht. Robert Dilts hatte Walt Disneys Gabe erforscht, Kreativität zur Grundlage eines erfolgreichen Unternehmens zu machen. Das Ergebnis waren drei elementare Stärken, die es möglich machen, Ideen in erfolgreiches Handeln zu transformieren. In unserer Version nennen wir sie Muse, Macher und Mentor. Ziel dieser Strategie ist, das kreative Potenzial des Klienten zu stärken, eine neue Lernstruktur zu etablieren, einen produktiven und sinnvollen Entscheidungszirkel zu erzeugen.

Schritt für Schritt: Sehen wir uns den Prozess im Detail an:

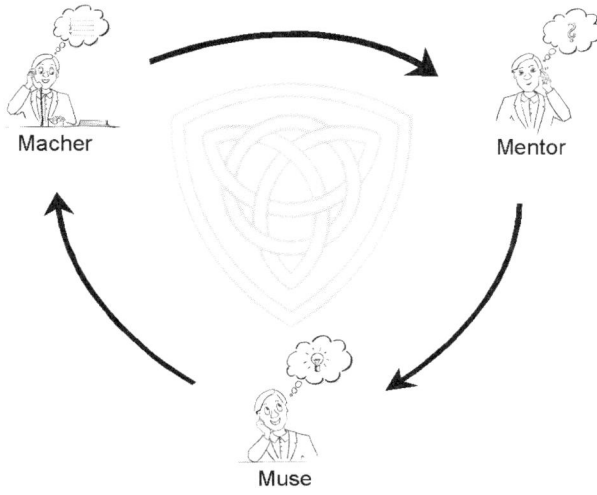

Abbildung 7: In-Trinergy®

In-Trinergy®

1. Etablieren des Problems: Der Klient soll ein Dreieck auf dem Boden definieren, die Seitenlänge des Dreiecks ist ein Schritt. An jedem der drei Punkte soll der Klient einen Aspekt des Problems fokusieren:
   a. die Fakten,
   b. die Werte, um die es geht,
   c. die Emotionen, die er damit verbindet.
2. Um dieses Dreieck soll der Klient ein größeres definieren:
   a. in Verlängerung der Fakten: die Macher-Energie,
   b. in Verlängerung der Werte: die Mentoren-Energie,
   c. in Verlängerung der Emotionen: die Musen-Energie.
3. Etablieren der Position der Muse: Beschreiben Sie die Musen-Energie: Kreativität, Ideenreichtum, Flexibilität, offen für Neues. Lassen Sie den Klienten eine Erfahrung der Vergangenheit finden, in der er diese Stärken besonders zur Geltung brachte. Lassen Sie den Klienten eine für diesen Zustand typische Körperhaltung einnehmen, eine, die er gerne einnimmt, wenn er Muse ist.
4. Etablieren der Position des Machers: Beschreiben Sie die Macher-Energie: Realitätssinn, Planung, Aktivität, Durchsetzungskraft. Lassen Sie den Klienten eine Erfahrung der Vergangenheit finden, in der er diese Stärken besonders zur Geltung brachte. Lassen Sie den Klienten eine für diesen Zustand typische Körperhaltung einnehmen, eine die er gerne einnimmt, wenn er Macher ist.
5. Etablieren der Position des Mentors: Beschreiben Sie die Mentor-Energie: positive Kritik, Feedbackqualitäten, Sensibilität, Einfühlsamkeit. Lassen Sie den Klienten eine Erfahrung der Vergangenheit finden, in der er diese Stärken besonders zur Geltung brachte. Lassen Sie den Klienten eine für diesen Zustand typische Körperhaltung einnehmen, eine die er gerne einnimmt, wenn er Mentor ist.
6. Aus der Entfernung die drei Positionen betrachten.
7. Mit dem Anliegen in die drei Positionen, erster Durchgang.
   a. Muse: In die Musen-Position gehen und typische Körperhaltung einnehmen. Der Klient blickt auf das Problemdreieck in der Mitte und entwickelt Lösungsideen dazu, ohne jeden Anspruch auf Umsetzbarkeit. Jeder kreative Gedanke, der kommt, ist gut. In der Metaposition das Ergebnis würdigen.

b. Macher: In die Macher-Position gehen und typische Körperhaltung einnehmen. Der Klient nimmt alle Ideen und entwickelt dafür realistische und detaillierte Pläne. In der Metaposition das Ergebnis würdigen.

c. Mentor: In die Mentor-Position gehen und typische Körperhaltung einnehmen. Der Klient nimmt die Pläne und achtet auf kritische Punkte. Was müsste an den Plänen noch verändert werden, damit sie erfolgreich umgesetzt werden können? In der Metaposition das Ergebnis würdigen.

8. Folgerunde: Ist der Mentor mit dem Plan noch nicht zufrieden, gibt er das, was noch zu verändern ist, an die Muse weiter. Die erfindet dafür Ideen, der Macher entwickelt Pläne und der Mentor achtet auf kritische Punkte. Der Prozess wird so lange wiederholt, bis der Mentor seine Zustimmung gibt.

9. In der Metaposition geht der Klient in die Zukunft und konstruiert die ersten Situationen, in denen er diesen Plan tatsächlich umsetzt. Er überprüft, ob diese Schritte ihn seinem Ziel näher bringen.

Praxisbeispiel

Markus ist freiberuflicher Schriftsteller und leidet unter dem Chaos in seiner Wohnung. Bücher, Manuskripte, Zeitschriften, Zeitungsausschnitte und Zettel liegen überall ungeordnet herum. Er bittet Johannes, einen Coach, ihm einen Rat zu geben. Markus beschreibt mit Johannes' Unterstützung das Ziel, Ordnung zu schaffen und zu halten. Markus braucht noch Ideen, wie er nachhaltig Ordnung halten kann. Nachdem Markus das Problemdreieck in der Mitte des Raumes etabliert hat (Schritt 1):

Johannes: „Gut. Wir brauchen jetzt drei Positionen, die für Ihre Energien stehen werden: Muse, Macher und Mentor. Bestimmen Sie dieses Dreieck in Verlängerung des Problemdreiecks."

Markus definiert drei Plätze rund um das Problemdreieck, sie stehen für Macher, Mentor, Muse.

„Gut: Sie werden als Erstes diese drei Positionen ‚beleben'. Wir fangen bei der Muse an, der Position des lebendigen, haltlos träumenden Kindes, phantasievoll und kreativ. Erinnern Sie sich an eine Erfahrung, wo die Phantasie nur so gesprudelt hat, überraschende Ideen aufgetaucht sind. Nehmen Sie eine Körperhaltung ein, die für diese Position charakteristisch ist. Wie verändert sich Ihre Atmung, wie die Kopfhaltung in der träumenden, lustvollen Muse?"

Markus etabliert auch die Position des Machers und des Mentors. Johannes bittet Markus, nun die Position der Muse einzunehmen:

Johannes: „Nehmen Sie wieder die typische Körperhaltung der Muse ein, die verbunden ist mit der Erfahrung, dass auch das Ihre Stärken sein können. Und jetzt, mit all Ihrer Kreativität und Phantasie, widmen Sie sich dieser Frage: Welche Ideen kommen Ihnen da?"

Markus: „Mmhh, ich könnte jeden Tag am Morgen oder Abend alles aufräumen, was herumliegt, aber ich glaube, ich brauche auch irgendwas, wo die Dinge geordnet sind."

In der Position des Machers entwickelt er den Plan, eine Regalwand zu kaufen und die Regale thematisch zu beschriften und jeden Abend außer Sonntag 15 Minuten lang alles darin wegzuräumen. Der Mentor erkennt noch, dass er für das Regal zu wenig freie Wände hat. In einem weiteren Durchgang in den drei Positionen kommt die Lösung: Er schenkt eines der großen Bilder seiner Freundin und hat jetzt Platz genug für Ordnung. Nach 30 Minuten weiß Markus, was er machen wird.

Ideen mit Bestand. Markus freut sich, das alles selbst entwickelt zu haben. Seine Vorfreude auf das, was er nun vorhat, ist groß. Er weiß auch: Mit dem Gelernten kann er für jedes Problem, zu dem ihm bisher nur Jammern und Wehklagen einfiel, kreative Lösungen finden.

Kreative Gewohnheiten entwickeln. Der Prozess ist für Klienten geeignet, die damit hadern, kein kreatives Potenzial zu besitzen, die davon überzeugt sind, dass ihnen nichts einfällt. Durch die präzise, auch räumliche Trennung der drei Zustände fällt es ihnen leicht, Ideen zu entwickeln. Damit durchbrechen sie ihre Gewohnheiten: die kritischen Einwände werden an ihren Platz verwiesen. Durch die Trennung der einzelnen Energien erlebt der Klient jede seiner Fähigkeiten pur und uneingeschränkt, in jeder Position entdeckt er seine Möglichkeiten. Die große Wirkung wird durch die exakte Trennung und die Reihenfolge der Positionen erzielt.

5. DER TRIOLOG

Inspiriert ist dieser Prozess vom Umgang mit Begierden im Zen-Buddhismus, dem Exerzitienbuch des Ignatius von Loyola und der Konflikttheorie Niklas Luhmanns.

> WILLST DU ETWAS SCHMALER MACHEN,
> MUSST DU ES VORHER SICH AUSWEITEN LASSEN.
> WILLST DU ETWAS LOSWERDEN,
> MUSST DU ES VORHER AUFBLÜHEN LASSEN.
> WILLST DU ETWAS NEHMEN,
> MUSST DU VORHER ZULASSEN, DASS ES GEGEBEN WIRD.
> DAS NENNT MAN DIE SUBTILE WAHRNEHMUNG
> DES SOSEINS DER DINGE.
>
> TAO TE KING

Das Loslassen von Begierden. Das Fundament des Buddhismus sind die „Vier Heiligen Wahrheiten":

1. Alles Leben ist Leiden.
2. Alles Leiden hat seine Ursache in den Begierden.
3. Die Aufhebung der Begierden führt zum Aufheben des Leidens.
4. Der Weg zu dieser Befreiung ist der heilige achtteilige Pfad, der da heißt rechter Glauben, rechtes Denken, rechtes Reden, rechtes Handeln, rechtes Leben, rechtes Streben, rechtes Gedenken, rechtes Sich-Versenken.

Der ersten Wahrheit sind wir im Arbeitsalltag oft nahe. Die zweite sehen wir in unserer Kultur zumeist nicht (schuld ist immer ein anderer). Die dritte erleben die meisten erst im Alter (wir nennen sie dann Weisheit). Die vierte ist recht gut und schön, aber was heißt „recht"?

Das Gute sehen. Den entscheidenden Hinweis gibt uns Ignatius von Loyola, der Gründer des Jesuitenordens. Er beschreibt in seinen Exerzitien, dass der Weg von Trostlosigkeit zur Tröstung über das Willkommenheißen des Schmerzes führt. Der geneigte Leser mag einwenden: Ich werde doch nicht etwas willkommen heißen, was ich weghaben will. Der Soziologe Luhmann sagt dazu, Krieg ist die engste Form der Koppelung. Im Krieg sind die Parteien weit stärker miteinander verbunden als im Frieden (gegenseitige Beobachtung, Spionage, Waffenentwicklung, Waffengänge usw.). Dasselbe gilt für den Menschen: Menschen, die „im Krieg stehen" mit ihren Gefühlen und Glaubenssätzen, kommen nicht los von ihnen, die Koppelung ist zu stark. Sobald wir ihre Bedeutung würdigen, können wir sie auch gehen lassen. Diese Gedanken sind zur Technik des Triologs zusammengefasst.

Schritt für Schritt: Sehen wir uns den Prozess im Detail an:

Der Triolog

1. Ihr Klient formuliert den einschränkenden Glaubenssatz. Sie bitten ihn, das Gefühl, das mit dem Glaubenssatz verbunden ist, wahrzunehmen und fragen:
   a. „Könntest du diesen Glaubenssatz und das dazugehörige Gefühl willkommen heißen?"
   b. „Würdest du?"
   c. „Was dann?"
2. Ihr Klient nimmt die Veränderung des Gefühles wahr. Sie fragen:
   a. „Könntest du dich in diesem Gefühl jetzt erkennen?"
   b. „Würdest du?"
   c. „Wann?"
3. Ihr Klient nimmt erneut die Veränderung des Gefühls wahr. Sie fragen:
   a. „Könntest du dieses Gefühl loslassen?"
   b. „Würdest du?"
   c. „Wofür?" Fragen Sie so lange nach dem „Wofür", bis Ihr Klient etwas nennt, was mit Beziehung zu anderen Menschen zu tun hat. Fragen Sie weiter: „Ist das genug?" Fragen Sie mit „Sicher?" so lange nach, bis Sie vom Klienten ein kongruentes „Ja" hören *und* sehen!
4. „Was dann?"
5. „Wann?"

Die Macht der Emotionen. Menschen sagen häufig: „Ich würde, wenn ich könnte". Der Prozess dreht diese Blockade um: Er fragt zuerst „Könntest du?" und klärt damit, ob der Klient die Handlungsoption des Loslassens wahrnimmt, und dann „Würdest du?" und klärt damit die Übereinstimmung mit den Werten des Klienten. Wenn die erste Frage mit Nein beantwortet würde, wäre die zweite Frage sinnlos. Achten Sie besonders auf die Frage: „Wofür würden Sie das Gefühl loslassen?" Die Frage zielt auf den Sinn, den das Loslassen für das Leben des Klienten macht. Der Entwickler der Logotherapie Viktor Frankl sagte, der Sinn des Lebens liegt nicht darin glücklich zu sein, sondern anderem menschlichen Sein in Form eines Du zu begegnen. Ähnlich dachte Kierkegaard, als er meinte: Die Tür zum Glück geht nach außen auf. Die Antwort auf diese Frage braucht also das Du, es muss mit anderen Menschen zu tun haben.

Praxisbeispiel

Siegfried, ein Mentaltrainer, sitzt Herlinde, einer 60-Jährigen, gegenüber. Sie hätte gern mehr Kontakt zu anderen Menschen und eine bessere Beziehung zu ihrem Freund. Nach einigen Minuten hat Siegfried einen einschränkenden Glaubenssatz herausgearbeitet: „Ich kann nicht auf andere Leute zugehen, ich bin zu dumm! Sie werden an mir nicht interessiert sein." Er bittet Herlinde, sich zu entspannen und die Augen zu schließen.

Siegfried: „Ich werde Ihnen eine Sequenz von Fragen stellen. Sie brauchen mir nicht zu antworten, beantworten Sie die Fragen für sich, achten Sie auf die Gefühle und nicken Sie nur, wenn es weitergeht!"

Herlinde nickt.

Siegfried: „Erinnern Sie sich an diesen Glaubenssatz und nehmen Sie nun das Gefühl wahr, das mit diesem Glaubenssatz verbunden ist. Haben Sie das?"

Herlinde: „Ja."

Siegfried: „Sehr gut. Und jetzt: Könnten Sie diesen Glaubenssatz und das dazugehörige Gefühl willkommen heißen? ... Würden Sie? ... Was dann?"

Herlinde: „Verwirrung!"

Siegfried: „Und jetzt, fühlen Sie die Verwirrung? Nehmen Sie dieses Gefühl und: Könnten Sie sich in diesem Gefühl erkennen? ... Würden Sie? ... Wann?"

Herlinde: „Jetzt!"

Siegfried: „Und jetzt, wie fühlen Sie sich jetzt?"

Herlinde: „Offen."

Siegfried: „Nehmen Sie das Gefühl Offenheit: Könnten Sie selbst dieses Gefühl loslassen? Würden Sie? Wofür?"

Herlinde: „Damit andere eine bessere Meinung von mir haben."

Siegfried: „Ist das genug?"

Herlinde: „Hmm ..., nein, eigentlich nicht."

Siegfried: „Wofür dann?"

Herlinde: „Um mitfühlender sein zu können."

Siegfried: „Ist das genug?"

Herlinde nickt.

Siegfried: „Sicher?"

Herlinde nickt und lächelt.

Siegfried: „Was dann? ... Wann?"

Einfach überraschend – überraschend einfach. Herlinde ist verwundert über die emotionale Veränderung, die sie während der Übung erlebte. Den Glaubenssatz und das damit verbundene Gefühl willkommen zu heißen war eine Erfahrung, die sie bereicherte, vollständig machte, so als hätte sie vorher einen Teil von sich negiert. Siegfried unterstützt Herlinde dabei, einen neuen, unterstützenden Glaubenssatz zu formulieren. Drei Wochen später ruft sie Siegfried an und berichtet ihm, dass sie seit neuestem sehr gute Gespräche mit Menschen führt, auf Leute zugeht. Ihr Lebenspartner freut sich ebenfalls, die Beziehung hat sich deutlich verbessert.

Einfach und wirksam. Diese Technik überrascht Ihren Klienten: Er heißt den Glaubenssatz willkommen, daran hat er bisher nicht gedacht – er wollte ihn ja loswerden! Das Drama darf gehen, Lernen und Veränderung wird möglich. Bitten Sie den Klienten, sich eine Situation vorzustellen, in der er diesen neuen Glaubenssatz brauchen wird. Führen Sie ihn durch diese Sequenz, fragen Sie nach Unterschieden zur bisherigen Situation. Was wird Ihr Klient anders machen, was wird besser sein?

Ergänzend: Der Mikrolog

Kurz und gut. Eine Kurzform für Triolog-Geübte ist der Mikrolog. Er ist geeignet, um im Selbstmanagement kurzfristig negative Emotionen loszulassen und gelingt umso besser, je mehr Erfahrung man mit Methoden des Mentaltrainings hat:

1. Könntest du das Gefühl loslassen?
2. Würdest du?
3. Wann?

Einige von uns gecoachte Spitzensportler bringen ihre mentale Vorbereitung auf den Wettkampf damit auf den Punkt. Probieren Sie es aus!

6. Der Schopenhauer-Prozess

Inspiriert ist dieser Prozess von *Welt als Wille und Vorstellung* Schopenhauers, der linguistischen Zielanalyse John Grinders und der Trancearbeit Milton Ericksons.

> So unempfänglich und gleichgültig
> die Leute gegen allgemeine Wahrheiten sind,
> so erpicht sind sie auf individuelle.
>
> Arthur Schopenhauer

Wertehierarchie. Eine gängige Technik ist, den Klienten anzuleiten, seine Werte zu reflektieren und in eine hierarchische Ordnung zu bringen. Auf dieser Basis erkennt der Klient die Ursache von Wertekonflikten und kann bewusst Lösungen dafür finden. Doch oft ist diese Technik nicht erfolgreich. Klienten machen zwar ihre Werte-Ordnung explizit und zeigen stolz auf den hohen Rang von Werten wie Freiraum, Spaß oder Harmonie, doch sie handeln nicht danach. Haben sie sich in der Hierarchie geirrt oder gibt es andere Gründe? Und welche Technik hilft in solchen Fällen?

Pessimismus versus Optimismus. Schopenhauer liefert uns die Antwort: Er beantwortet die philosophische Frage, ob Pessimismus oder Optimismus die bessere Strategie sei, damit, dass er zwischen Sinnespessimismus und Ideenoptimismus unterscheidet. Sinnespessimismus heißt, die Sinne darauf zu richten, was verändert werden sollte, damit die Welt und das eigene Leben sich zum Besseren wandeln. Er braucht dafür den Ideenoptimismus, als Gestalt dafür, wie eine bessere Welt sein könnte. Werte, die von Ideenpessimismus geprägt sind, beeinflussen das Leben negativ: Es geht dem Menschen dann nicht mehr darum, die Erfüllung anzustreben, sondern Verletzungen zu vermeiden. Hinter diesen ideenpessimistischen Werten stehen dramatische Glaubenssätze, welche die eigentliche Behinderung der persönlichen Entwicklung ausmachen. Nehmen wir den Wert Gesundheit: Wenn der Klient sagt: „Mir ist wichtig, nicht krank zu werden", steht vielleicht der Glaubenssatz dahinter: „Krankheit ist zwingende Ursache für ein schlechtes Leben". Der Schopenhauer-Prozess macht solche Werte mit dramatischen Glaubenssätzen dahinter explizit.

Schritt für Schritt: Sehen wir uns den Prozess im Detail an:

Der Schopenhauer-Prozess

1. Erfragen der Werte („Was ist Ihnen wichtig?" „Und was noch?").
2. Ranking der Werte („Was springt Sie als Erstes an?" „Und was springt Sie als Nächstes an?") Bildung einer Wertehierarchie.
3. Für jeden Wert: Erfragen der Glaubenssätze dahinter:
   a. „Warum ist Ihnen Wert 1 wichtig?"
      → 1. Antwort des Klienten = 1. Glaubenssatz
   b. „Warum ist Ihnen <1. Antwort des Klienten > wichtig?"
      → 2. Antwort des Klienten = 2. Glaubenssatz
   c. „Warum ist Ihnen <2. Antwort des Klienten > wichtig?"
      → 3. Antwort des Klienten = 3. Glaubenssatz
4. Für jeden der drei Glaubenssätze: Analyse der Glaubenssätze. Hinweise auf dramatisch wirkende Glaubenssätze sind:
   a. semantische und syntaktische Verneinungen („Karriere ist mir wichtig, weil ich dann nicht abhängig bin"),
   b. Komparative („Karriere ist mir wichtig, weil ich es auch so weit bringen möchte wie ..."),
   c. Modaloperatoren der Notwendigkeit (muss, darf nicht, kann nicht, sollte) („Karriere ist wichtig, weil ich es zu was bringen sollte").

Drama kontrolliert. Solange hinter unseren Werten dramatische Glaubenssätze wirken, werden diese unser Alltagsverhalten auch gegen unsere besseren Absichten bestimmen, denn die negativen Gefühle des Dramas haben Vorrang vor der Selbstverwirklichung. Äußert Ihr Klient also solche Glaubenssätze, unterbrechen Sie diesen Prozess und lassen Sie ihn diesen Glaubenssatz auflösen. Dazu können Sie u.a. den Triolog verwenden, der in diesem Buch beschrieben ist (siehe Seite 222). Der Klient erkennt den Widerspruch, meistens kommt es zu einer Neuordnung der Wertehierarchie.

Praxisbeispiel

Harald, ein Coach, sitzt neben Irene, einer Mittvierzigerin. Ihr Unternehmen hat ihr eine Stelle als Abteilungsleiterin angeboten, zu Einarbeitungszwecken soll sie für drei Monate nach Seattle. Das Angebot lockt, nimmt sie es an, hat sie jedoch wenig Zeit für ihre Familie. Ihr Mann verspricht, sie zu unterstützen. Irene zögert, ihr Sohn hat im Moment in der Schule Probleme, sie fürchtet, durch ihre Abwesenheit könnte sich dieser Zustand dramatisieren.

Irene: „Mir ist beides gleich wichtig, ich weiß einfach nicht, wie ich mich entscheiden soll."

Harald schlägt ihr vor, die Wertehierarchie zu überprüfen.

Harald: „Wenn Sie Ihr Leben anschauen, was ist Ihnen wichtig?"

Irene: „Meine Familie."

Harald: „Ihre Familie. Und was ist Ihnen noch wichtig?"

Irene: „Meine Karriere."

Harald: „Ihre Karriere. Und was ist Ihnen noch wichtig?" Er schreibt jeden Wert auf ein Kärtchen, die er vor seiner Klientin auflegt.

Harald: „Wenn Sie sich die Werte so ansehen, welchen möchten Sie als Ersten nehmen, was springt Sie so als Erstes an?"

Irene greift nach „Liebe".

Harald: „Und welchen möchten Sie sich als Nächsten nehmen?"

Irene legt die Kärtchen mit den Werten in einer Reihenfolge vor sich auf. Harald nimmt das erste Kärtchen und fragt Irene:

"Warum ist Ihnen Liebe wichtig?"

Irene: "Liebe ist für mich alles. Ich fühle mich geborgen, bin glücklich."

Harald: "Und warum ist glücklich zu sein für Sie wichtig?"

Irene: "Weil ich dann alles machen kann."

Harald: "Und warum ist es für Sie wichtig, alles machen zu können?"

Irene: "Weil ich dann viele Möglichkeiten habe."

Harald arbeitet die Werte der Reihe nach durch und fragt nach den dazugehörigen Glaubenssätzen. Auf die Frage "Warum ist Ihnen Karriere wichtig?" antwortet Irene: "Weil ich sonst nicht unabhängig sein kann." (Verneinung → dramatischer Glaubenssatz.)

Harald: "Warum ist unabhängig sein wichtig?"

Irene: "Weil mir dann keiner vorschreiben kann, was ich zu tun habe." (Verneinung → dramatischer Glaubenssatz.)

Harald: "Hm, und warum ist das wichtig, dass Ihnen keiner vorschreiben kann, was Sie zu tun haben?"

Irene: "Weil ich dann frei bin."

Harald: "Das heißt, Karriere bedeutet Freiheit – ist das wirklich so?"

Irene schüttelt den Kopf und lacht: "Das versteh ich nicht."

Harald stimmt in das Lachen ein: "Ich auch nicht. Schauen wir uns das einmal an?"

Der Wert „Karriere" ist mehrfach dramatisch besetzt. Damit zu arbeiten scheint sehr ergiebig zu sein.

Lernen ist immer und überall. Sie können den ersten Teil dieser Arbeit in jedem Erstgespräch einsetzen, wenn Sie die Wertehierarchie Ihres Klienten ans Licht bringen wollen. Vermuten Sie einen Wertekonflikt, überprüfen Sie die Glaubenssätze zu diesem Wert. Erklären Sie Ihrem Klienten die Bedeutung dieser Arbeit: Werte sind das, was Menschen leitet. Besprechen Sie mit Ihrem Klienten die Veränderungen, die Lernerfahrungen, die sich aus dieser Arbeit ergeben haben. Was wird an Neuem möglich? Bitten Sie Ihren Klienten, sich auszumalen, wie sich diese Veränderung auf seine Umwelt auswirken wird. Ergeben sich hier Bedenken, setzen Sie mit einer Runde In-Trinergy® fort.

7. RE-JUDGEMENT

Inspiriert ist dieser Prozess vom Reframing Virgina Satirs und der Codierung Niklas Luhmanns.

NICHT DIE DINGE SELBST BEUNRUHIGEN UNS,
SONDERN DIE MEINUNG, DIE WIR ÜBER DIE DINGE HABEN.

EPIKTET

Umdeutungen. Der Klient hat ein Anliegen, weil er die Situation auf eine bestimmte Art und Weise negativ bewertet. Der Vorgesetzte, der meint: „Ich kann doch nicht die Zügel einfach schleifen lassen", die Mutter, die überzeugt ist, ihr Sohn könne doch nicht allein in einem fremden Land existieren, oder die Frau, die meint, sie sei viel zu dick und außerdem undiszipliniert, sie alle haben eine Bewertung, die ihr Problem beschützt. Der Kommunikationsforscher Paul Watzlawick sagt: „Wir konstruieren die Welt, in der wir leben. In der Möglichkeit des Andersseins von subjektiven Wirklichkeiten liegt die Macht der als Umdeutung bekannten therapeutischen Interventionen!" Coachs nutzen die Umdeutung der Bewertung (auch bekannt als Reframing) als Technik.

Raus aus der Sackgasse. Falls Ihnen Reframing schon bekannt ist: Re-Judgement ist ein übergeordnetes System dazu. Es zeigt, dass Reframing nur eine von drei Arten der Auflösung von Bewertungen darstellt. Es erlaubt Ihnen, unterschiedliche Klienten-Typen zu berücksichtigen und differenzierter vorzugehen. Beginnen wir damit schon bei der Begriffsklärung: Was ist eine Bewertung? Sie besteht aus drei Komponenten:

1. etwas Wahrgenommenes, das bewertet wird,
2. ein Wert, der angewendet wird und
3. eine Beurteilung des Wahrgenommenen anhand des Wertes.

Der Soziologe Niklas Luhmann nennt den dritten Schritt die Kodierung eines Ereignisses. Z.B. im Restaurant:

1. Wahrgenommenes: die angebotene Speise
2. Wert: würzig
3. Beurteilung (= Kodierung): „schmeckt" oder „schmeckt nicht"

Die Bewertung kann auch komplexer ausfallen: Uns ist nicht nur der Geschmack wichtig, sondern auch kalorienarme und vitaminreiche Kost; und das Ambiente im Restaurant trägt ebenfalls zum Wohlbefinden bei. Die Kombination der Urteile führen wir zu einer Gesamtbewertung zusammen und empfehlen das Lokal weiter oder nicht.

Vier Formen der Bewertung. Die Problemsicht besteht darin, dass etwas Wahrgenommenes als Nichterfüllungsbedingung eines Wertes beurteilt wird:

1. Das Wahrgenommene verletzt den Wert des Klienten. Wenn das Wahrgenommene im Fokus bleibt, ergeben sich drei Möglichkeiten, die Problemsicht zu verändern:
2. Das Wahrgenommene erfüllt doch den Wert des Klienten. Das ist zumeist die vom Klienten angestrebte Lösung. Nur in wenigen Fällen ist sie gangbar.
3. Das Wahrgenommene verletzt einen anderen Wert. So paradox es klingt, aber: Allein das zu sehen hilft schon, die Problemsicht des Klienten aufzulösen.
4. Das Wahrgenommene erfüllt einen anderen Wert. Das ist das klassische Reframing.

In einer Übersicht noch einmal die Problemsicht und die drei Lösungsmöglichkeiten des Re-Judgement:

RE-JUDGEMENT	Das Wahrge-nommene erfüllt ...	Das Wahrge-nommene verletzt ...
... den Wert des Klienten	Wandlung	PROBLEMSICHT
... einen anderen Wert	Reframing	Weitung

Sehen wir uns diese vier Möglichkeiten und ihre Bedeutung für den Coaching-Prozess genauer an:

Re-Judgement

PROBLEMSICHT

Das Wahrgenommene verletzt den Wert des Klienten: Damit kommt der Klient zu Ihnen. Seine Bewertung fiel negativ aus, es ist keine Lösung in Sicht, und das ist sein Problem. Jede andere Bewertung ist ein Schritt zur Lösung, doch nicht jede ist für jeden gleich gut geeignet. Schauen wir uns also die drei anderen Möglichkeiten genau an:

Weitung

Das Wahrgenommene verletzt auch einen anderen Wert. Macht das Sinn? Das wäre ja eine Verschlimmerung der Situation. Diese Taktik nützt Provokatives Coaching (siehe Seite 194): Der Coach überzeichnet die Stärke der Problematik und bestätigt den Klienten, indem er einen weiteren Wert einbringt, der verletzt wird. Man könnte erwarten, dass der Klient dann noch mehr entmutigt ist, doch das Gegenteil ist der Fall: Der Klient beginnt dem Problem Widerstand zu leisten und entwickelt erste Handlungsoptionen hin zur Lösung. Grundlegend wird die Problemsicht geweitet, auf eine Art und Weise, der sich auch ein geübtes „Opfer" anschließen kann:

Inge sitzt Irmgard, einer Kollegin, gegenüber.

Irmgard: „Das Essen in der Kantine ist schon fast nicht mehr zu ertragen. Es ist einfach ungenießbar. Es ist schrecklich, jeden Tag dieses Zeug herunterschlingen zu müssen."

Inge: „Ja, nicht nur das! Es hat so eine üble Qualität, dass es sicher auch ungesund ist!"

Irmgard: „Ja stimmt, du hast Recht. Ich sollte doch lieber etwas Gesünderes von zu Hause mitnehmen oder auf dem Weg ins Büro einkaufen."

Ende der Komfortzone. Trotz der Klagen ist der Leidensdruck des Opfers nicht groß genug, um einen Handlungsimpuls zu generieren. Das Opfer befindet sich noch in der Komfortzone. Und dann kommt die Idee des Coachs, dass die Situation nicht nur den Wert, der bisher im Fokus der Aufmerksamkeit war, verletzt, sondern auch andere. Der Leidensdruck steigt bis über die Komfortgrenze, der Klient sieht sich durch die Realität gezwungen zu handeln. Und er setzt den ersten Schritt auf dem Weg zur Lösung.

Reframing

Das Wahrgenommene erfüllt einen anderen Wert. Das ist das klassische Reframing. Ein Wert ist verletzt, aber ein anderer, ranghöherer wird erfüllt. Der Coach gibt dem Klienten zu erkennen, dass seine Bewertung nicht komplex genug war. Er hat den höherrangigen Wert außer Acht gelassen. Die Situation kann bleiben, wie sie ist.

> *Friedrich: „Mein Aufgabenbereich hat sich endlich erweitert, aber mein Chef gibt mir zu wenig Anweisungen für den Umgang mit den neuen Aufgaben."*
>
> *Inge nickt: „Das ist der Nachteil, wenn man einen guten Eindruck macht."*
>
> *Friedrich sieht Inge mit großen Augen an: „Wie meinen Sie das?"*
>
> *Inge: „Na, ganz einfach: So wie ich Ihren Chef kenne, erscheinen Sie ihm wahrscheinlich als zu kompetent, denn inkompetenten Mitarbeitern widmet er sich ausgiebig."*
>
> *Friedrich: „Das hat etwas für sich!"*
>
> *Im weiteren Gespräch stellt sich heraus, dass Inge damit einen wunden Punkt getroffen hat: Eigentlich ging es um Friedrichs Selbstbewusstsein, das nun gestärkt war.*

Ankläger. Menschen, die andere anklagen, neigen selbst zu Reframings. Es ist ihr tägliches Handwerkszeug dafür, sich weiter im Einklang mit der Welt zu fühlen und andere als Schuldige zu sehen. Das klassische Reframing folgt dieser Strategie, um zu einer Lösung zu kommen.

Wandlung

Das Wahrgenommene erfüllt den Wert des Klienten. Also doch? Der Klient bewertet, das Ergebnis ist negativ, und der Coach soll das widerlegen? Ja, denn die Wandlung setzt beim unbewussten Teil des Wahrgenommenen an, nämlich den unbewusst angenommenen Folgen des Wahrgenommenen. Unsere Aussagen meinen immer mehr, als wir in Worte umsetzen. Kommunikation ist mehrfach selektiv, was wir in Worte fassen, ist immer nur die Spitze des Eisberges. Wenn z.B. jemand sagt: „Ich bin heute allein daheim" gibt es einen zweiten Teil, der getilgt ist. Der kann lauten:

- „... d.h. ich werde sechs Stunden fernsehen",
- „... d.h. ich werde mich einsam fühlen",
- „... d.h. ich werde alle meine Freunde anrufen",

oder unendlich viele andere mögliche Ideen, die mit dem geäußerten Teil der Botschaft zusammenhängen, aber nicht mitgeteilt werden. An diesem getilgten Teil setzt die Wandlung an:

Inges nächste Klientin ist Britta. Brittas persönliches Thema ist Selbstständigkeit, und bis jetzt hat sie dieses Thema lieber auf andere projiziert, anstatt sich selbst damit zu beschäftigen. Brittas Sohn Hans ist 15, sie erfährt beim Sprechtag, dass er seine Aufgaben nicht macht.

Britta: „Ich finde es Besorgnis erregend, dass Hans mit 15 noch immer so unselbstständig ist!"

Inge: „Unselbstständig? Also wenn das nicht Selbstständigkeit zeigt: Er ist doch sogar so selbstständig, dass er sich selbst gegen die Anweisungen der Lehrer verhält, seinen eigenen Prioritäten gemäß! Vom wem er das wohl hat?"

Der Weltverbesserer. Manche Klienten kommen in der Rolle der Kritiker oder Ratgeber anderer Menschen. Sie sind für andere im Coaching, sie selbst brauchen ihrer Ansicht nach keine Unterstützung, sie möchten andere retten. Überreden Sie Ihren Klienten! Zeigen Sie ihm, dass seine Sichtweise nur eine von vielen ist. Unterstützen Sie Ihre Argumentation mit Studien, wissenschaftlichen Erkenntnissen, Forschungsergebnissen. Klienten mit dieser Strategie lassen sich gerne von fundierten Unterlagen überzeugen.

Hoffnung statt Drama. Alle drei Strategien zielen darauf ab, das Drama zu beenden, den Druck vom Klienten zu nehmen. Das Modell berücksichtigt die unterschiedlichen Strategien Ihrer Klienten. Sie können dadurch besser auf die Einzigartigkeit Ihrer Klienten eingehen und präziser intervenieren. Die Neubewertung eröffnet dem Klienten mehr Handlungsmöglichkeiten.

8. DIE KANT-INTERVENTIONEN

Inspiriert ist dieser Prozess von der *Kritik der reinen Vernunft* Immanuel Kants, den hypnorhetorischen Mustern Milton Ericksons, Tad James Modellierungen des vorigen, dem Sprachspiel Ludwig Wittgensteins und der Logik Nagarjunas.

> OHNE SINNLICHKEIT WÜRDE UNS
> KEIN GEGENSTAND GEGEBEN UND
> OHNE VERSTAND KEINER GEDACHT WERDEN.
> GEDANKEN OHNE INHALT SIND LEER,
> ANSCHAUUNGEN OHNE BEGRIFFE SIND BLIND.
>
> IMMANUEL KANT

Struktur versus Flexibilität. Coaching-Techniken sind zum Teil komplexe Prozesse, die durch ihre ausgefeilte Struktur Veränderung bestmöglich unterstützen. Andererseits lässt die Struktur dem Coach wenig Freiraum. Interventionen mit Gesprächscharakter, ein scheinbar loses Fragen und Antworten, geben mehr Flexibilität. Solche Formen der Intervention wirken im scheinbar belanglosen Gespräch und gerade deshalb so tief greifend: Nebenbei eingestreute Fragen, scheinbar intuitiv entwickelt, können Klienten manchmal mehr überraschen als komplexe Prozesse.

Die Grundlagen des Denkens. Immanuel Kant untersuchte in seinem Hauptwerk die Grundlagen der Wahrnehmung und des Denkens. In „Kritik der reinen Vernunft" postuliert er zwei A-Priori-Bedingungen für die Wahrnehmung, nämlich

- Raum und
- Zeit,

wobei wir das Prinzip Raum nutzen, um unsere äußere Welt zu ordnen, und Zeit, um unser Innenleben zu strukturieren. Und er beschreibt vier A-Posteriori-Kategorien, die sich auf den Verstand beziehen:

- Qualität,
- Quantität,
- Modalität und
- Relation.

Die Kant-Interventionen zielen auf die von Kant als notwendig beschriebenen Grundlagen menschlicher Erfahrung ab, sie rütteln an den Grundfesten menschlicher Erkenntnis und menschlichen Denkens.

Schritt für Schritt: Sehen wir uns die Interventionen im Detail an:

Die Kant-Interventionen

Kant-Intervention RAUM

Nur lokale Gültigkeit. Diese Intervention unterstützt den Klienten, einschränkende Glaubenssätze über sich selbst aufzulösen. Sie werden als Entscheidungen angesehen, die irgendwo einmal getroffen wurden. Sie können diese Intervention z.B. anwenden, wenn Ihr Klient ein Problemstatement mit der Struktur „Ich bin zu ..." anbietet:

1. Spiegeln Sie das Problem, bringen Sie den Klienten zurück in die Situation der Entscheidung. Bitten Sie Ihren Klienten, sich an die jeweilige Entscheidungssituation zu erinnern.

2. „Wo warst du, als du diese Entscheidung getroffen hast?" (Damit wird die einschränkende Entscheidung auf einen Ort limitiert, überall anders ist es nicht existent.)

3. „Denk an einen anderen Ort, an dem du diese Entscheidung nicht getroffen hast – einen zweiten, dritten. Denk an all die Orte, an denen du diese Entscheidung nicht getroffen hast." (Der Fokus der Aufmerksamkeit richtet sich auf die Orte ohne einschränkende Entscheidung.)

4. „Hier, z.B. wenn du über deine gegenwärtige Situation nachdenkst, stelle fest, wie viele Möglichkeiten du hast, nun." (Ein Ort ohne einschränkende Entscheidung wird näher untersucht, Wahlmöglichkeiten und sinnvollere Entscheidungen werden entwickelt.)

5. „Denke über dieses Problem nach und stelle fest, wie du dich jetzt fühlst." (Wahlmöglichkeiten und nützlichere Entscheidungen treten in Kontakt mit dem Problem, die Lösung kann beginnen.)

6. „Denk an den nächsten Ort, an dem du x tun möchtest, wenn du weißt, was du jetzt schon weißt. Stelle fest, wie viel besser du dich fühlst, wenn du es nicht tust!" (Zweiter Lösungsweg oder Bestätigung des ersten. Der Klient überzeugt sich selbst von der Nützlichkeit.)

Kant-Intervention ZEIT

Es war einmal. Die Intervention ist gut geeignet für die Überwindung subjektiv erlebter Inkompetenzen. Diese Intervention ist eine Trance-Induktion, die den Klienten in die Zukunft führt und ihn die Zeit ohne sein Problem erleben lässt. Sie können diese Trance begleitend zu Ihrer Coaching-Arbeit nützen.

1. Bringen Sie Ihren Klienten in einen angenehm entspannten Zustand und sagen Sie ihm:

2. „Gehe in dich und versuche vergebens, das ehemalige Problem zu haben." (Distanziert den Klienten vom Problem und stellt es in die Vergangenheit).

3. „Es war ein schreckliches Problem, nicht wahr?" (Bestätigt noch einmal, dass es vergangen ist.)

4. „Und jetzt, wie wird es sein, wenn du diese Veränderung gemacht hast, nun?" (Führt den Klienten in die Zukunft, nachdem das Problem gelöst ist.)

5. „In der Zukunft, wenn du zurückblickst und siehst, wie es war, dieses Problem gehabt zu haben ... wenn du jetzt darüber nachdenkst und diese Veränderung für dich gemacht hast, könntest du sagen ‚STOPP' ... diese Veränderung gemacht habend und dich selbst sehen, nun." (Der Klient schaut auf das gelöste Problem begleitet mit positiver Emotion. Das STOPP macht die Emotion dauerhaft.)

6. „Magst du es, wie du nun aussiehst, wenn du diese Veränderung machen konntest, und auf dich selber zurückblickst und diese Veränderung gemacht hast, nun?" (Der Klient bestätigt die Veränderung.)

Kant-Intervention QUALITÄT

Problem und sonst nichts. Die Intervention ist hilfreich, wenn Menschen vom Problem vollständig vereinnahmt scheinen. Die Fragen reduzieren das Problem auf realistische Dimensionen und machen es für den Klienten bewältigbar:

1. „Was ist das Problem?" (Mit dieser Frage grenzen Sie das Problem ein und reduzieren es auf eines.)
2. „Woher weißt du, dass es ein Problem ist?" (Die Frage zielt auf eine bewusste Reflexion hin. Um die Frage zu beantworten, muss Ihr Klient sich vom Problem dissoziieren. Weiters fragt sie nach dem Beweis für das Problem.)
3. „Wann hast du das entschieden?" (Ziel ist, dass der Klient erkennt, dass er selbst es in der Hand hat, das Problem zu lösen: Er selbst hat entschieden, dass es eines ist; er kann es auch lösen.)
4. „Wann tust du das nicht?" (Hier fragen Sie nach Ausnahmen. Die Idee ist: Es gibt Situationen, in denen der Klient dieses Problem nicht hat, es kann also auch anders sein. Der Klient erkennt Wahlmöglichkeiten.)
5. „Was entscheidest du dann?" (Wieder die Idee, der Klient ist selbst Ursache in seinem Leben, er entscheidet. Diese Frage verstärkt die Selbstsicherheit des Klienten.)
6. „Wie unterscheidet sich das von dem, was war?" (Der Klient unterscheidet zwischen seinen Problem- und Lösungsstrategien.)
7. „Wie weißt du das, jetzt?" (Der Klient überzeugt sich selbst von der Richtigkeit seiner Gedanken.)
8. „Welche anderen Veränderungen möchtest du gerne machen?" (Die letzte Frage zielt auf das zukünftige Verhalten und die Wahlmöglichkeiten Ihres Klienten ab. Jetzt, da er die Unterscheidungen treffen kann, was wird sich verändern?)

Fiktive Realität. Nach Kant ist die Konstruktion der Erfahrung die Voraussetzung dafür, dass wir Erkenntnis gewinnen können; das heißt, wir brauchen zuerst die Idee, wie etwas funktionieren könnte, setzen es dann um und gewinnen so unsere Erkenntnisse. Die letzte Frage ist daher von besonderer Bedeutung. Unterstützen Sie Ihren Klienten dabei, konkrete Ideen der Umsetzung zu formulieren, fragen Sie nach, bestätigen Sie seine Ideen! Stärken Sie die Zuversicht des Klienten, seine Konstruktion umzusetzen.

Kant-Intervention QUANTITÄT

Dilemma. Diese Intervention ist nützlich in Fällen, wo der Klient zu einer Entscheidung zwei Seelen in seiner Brust spürt.

1. Lassen Sie den Klienten die Teile identifizieren, die an der Entscheidung hauptbeteiligt sind. (Z.B.: Familiensinn und Geschäftsgeist.)
2. Was ist das Verhalten der Teile? (Die Teile werden klar manifestiert, der Klient unterscheidet ihr Verhalten.)
3. Was ist die Absicht, die hinter den beiden Verhalten liegt? (Der Klient unterscheidet zwischen Absicht und Verhalten. Achten Sie darauf, dass der Klient die Absicht positiv formuliert.)
4. Was kann man aus diesen Verhalten lernen? (Verstärkt das Bewusstsein, dass dieses Verhalten für ihn einmal nützlich war und in anderen Situationen auch wieder sein kann. Der Klient bleibt in positiver Beziehung mit diesen Teilen.)
5. Reden Sie über die beiden Teile und vertauschen Sie dabei wie unabsichtlich die Absichten der Teile. (Durch die Verwirrung entstehen neue Sichtweisen: Der Geschäftssinn nutzt sein Verhalten z.B., um die Absicht zu verwirklichen, viel Zeit mit der Familie zu verbringen.)
6. „Was hat sich jetzt für Sie verändert?" (Die neuen Sichtweisen in das Leben des Klienten integrieren.)

Kant-Intervention MODALITÄT

Wenden Sie diese Form der Intervention an, wenn der Klient häufig Modaloperatoren der Notwendigkeit benutzt (ich muss, ich kann nicht, ich darf nicht, ich soll, ...).

1. Lassen Sie den Klienten sein Thema und das Ziel formulieren (z.B.: „Ich sollte konsequent sein.")
2. Bieten Sie Ihrem Klienten folgende Modaloperatoren-Sequenz an und lassen Sie ihn das Gesagte in Gedanken nachvollziehen:
   a. „Ich bin nicht (konsequent)."
   b. „Ich muss nicht und soll nicht (konsequent sein)."
   c. „Ich könnte nicht (konsequent sein)."
   d. „Ich kann nicht (konsequent sein)."

    e. „Ich möchte nicht (konsequent sein)."

    f. „Ich möchte (konsequent sein)." (Hier kippt das System des Denkens in Modaloperatoren.)

    g. „Ich muss und soll (konsequent sein)."

    h. „Ich könnte (konsequent sein)."

    i. „Ich kann (konsequent sein)."

3. „Was hat sich jetzt für Sie verändert?" (Die neuen Sichtweisen in das Leben des Klienten integrieren.)

4. Das Ergebnis ist zumeist: Der Klient erkennt, dass er *darf!* Eine unbewusst fehlende Erlaubnis entsteht.

Kant-Intervention RELATION

Das Ich und seine Ideen. Wenn Ihr Klient sich in einer negativen Rolle verfestigt sieht, in der er zu wenig Optionen und Fähigkeiten denken kann, lassen Sie ihn eine neue Rolle erfinden.

1. Elizitieren Sie die komplexe Äquivalenz des Klienten (z.B.: „Ich bin nachgiebig und d.h. ein Versager").

2. Spiegeln Sie die komplexe Äquivalenz des Klienten. („Das heißt, du bist nachgiebig und das bedeutet für dich, Versager zu sein." Sie zeigen, das Anliegen des Klienten zu verstehen.)

3. „Ist das alles, was du zu sein denkst?" (Die Frage initiiert Reflexion, die Identifikation wird auf eine Möglichkeit reduziert, andere werden eröffnet.)

4. „Bist du nicht mehr als das?" (Erweiterung des Rollenverständnisses. Die geschlossene Frage erzeugt ein Ja.)

5. „Was bist du, das nicht (die vorhergehende Identifikation) ist?" (Die Aufmerksamkeit richtet sich auf die anderen Rollen.)

6. „Und darüber hinaus, ist das alles, was du bist? Wie viel mehr bist du als das?" (Die Realitätsstrategie des Klienten verändert sich.)

7. „Woher weißt du das?" (Neue Realitätsstrategien werden verankert, der Klient überzeugt sich selbst.)

Verstand versus Erfahrung. Das Besondere an den Kant-Interventionen ist die Art der Gesprächsführung. Klienten werden zur Reflexion eingeladen, es geht vordergründig nicht um Lösungen oder Ziele. Die Klienten konstruieren auf unbewusste Art und Weise Lösungsideen und neue Erfahrungen, eine Fähigkeit, die Kant dem reinen Verstand zuordnete. Der Coach stellt Fragen und lädt damit den Klienten ein, seine Erfahrungen in einen anderen Kontext zu stellen, sie neu zu betrachten oder zu überprüfen. Oberflächlich betrachtet wirkt diese Interventionsform wie Smalltalk.

10 Minuten konstruieren. Die Kant-Interventionen können Sie als einzelne Phasen jederzeit im Coaching einsetzen: wenn der Klient sein Thema oder sein Anliegen nicht formulieren kann, wenn er sein Thema nicht kennt, das Problem nicht beschreiben kann oder sein Problem als zu umfassend und zu groß empfindet. Signalisieren Sie Zustimmung bei der Beantwortung der Fragen, zeigen Sie sich überrascht von den Interpretationen Ihres Klienten. Nicken Sie zustimmend! Verstärken Sie die Lösungsideen, geben Sie Zuversicht!

ZUSAMMENFASSUNG

Entwickelt und weiterentwickelt von Roman Braun und dem Team von Trinergy®International

Die Aristoteles-Integration

Der Mensch als Ganzes. Lassen Sie den Klienten die vier Bereiche seiner Persönlichkeit wahrnehmen, stärken und integrieren.
Ur-Ursachen. Vier Ursachen für Entwicklung:

- Causa materialis, das materielle Umfeld, in dem sich der Mensch bewegt (Kontext, Handlungen, Fähigkeiten, Einstellungen, Identität).
- Causa formalis, der Bereich, der uns Menschen formt – die Eltern, Familie und die Systeme, von denen wir ein Teil sind.
- Causa efficiens, das was uns antreibt, also Ziele, Visionen und die Mission.
- Causa finalis, die den Seinszweck umfassende Spiritualität.

Alles und noch mehr. Die Aristoteles-Integration eignet sich als Abschlusssequenz des Coaching-Prozesses oder auch einer einzelnen Sitzung. Besprechen Sie mit dem Klienten nach der Integration die Veränderungen, die er erlebt hat, verstärken Sie die Lernschritte: der Praxistransfer wird erleichtert und das Selbstverständnis Ihres Klienten gestärkt!

Der Lebensfreudeprozess

Freude, schöner Götterfunken. Machen Sie den Klienten zum Beobachter seines Lebens im Großen und im Kleinen. Der Klient schaut sich beim Beobachten seines Lebens gleichsam selbst über die Schulter und erkennt, was bisher unsichtbar blieb.

Auf die Sonnenseite schauen. Besonders gut geeignet ist der Prozess bei Klienten, die lösungsorientiert sind und eine gute emotionale Beteiligung zeigen.

Timeline-Coaching®

Pseudoorientierung in der Zeit. Nutzen Sie die Zeitlinie des Klienten, um Zukunft denkbar zu machen und ausgerichtet auf ein Ziel den Weg dahin so zu gestalten, dass es erreichbar wird, auf eine Art und Weise, dass auch der Weg dahin schön und lebenswert ist.

Zuversicht stärken. Sie können Timeline-Coaching® nützen, wenn Ihr Klient ein Ziel formuliert, und noch zusätzliche Ressourcen möchte oder zu wenig Zuversicht verspürt. Erhöht sich die Zuversicht, steigt auch die Wahrscheinlichkeit, dass die nötigen Fähigkeiten zum richtigen Zeitpunkt zur Verfügung stehen.

In-Trinergy®

Der Klient als Zukunfts-Designer. Machen Sie Ihrem Klienten ein Angebot – nicht die Lösung, sondern einen Lösungsprozess, eine Wegstruktur, die der Klient nimmt und sich damit selbst aus dem Schlamassel zieht.

Kreative Gewohnheiten entwickeln. Der Prozess ist für Klienten geeignet, die damit hadern, kein kreatives Potenzial zu besitzen. Durch die auch räumliche Trennung der drei Zustände fällt es ihnen leicht, Ideen zu entwickeln.

Der Triolog

Das Gute sehen. Lassen Sie Ihren Klienten das Leid willkommen heißen, um sich dann in Frieden davon zu verabschieden.

Einfach und wirksam. Diese Technik überrascht Ihren Klienten: Das Drama darf gehen, Lernen und Veränderung wird möglich.

Der Schopenhauer-Prozess

Pessimismus versus Optimismus. Zeigen Sie Ihrem Klienten, was es bedeutet, wenn Werte vor Ideenoptimismus sprühen.
Lernen ist immer und überall. Sie können den ersten Teil dieser Arbeit in jedem Erstgespräch einsetzen, wenn Sie die Wertehierarchie Ihres Klienten elizitieren wollen. Vermuten Sie einen Wertekonflikt, überprüfen Sie die Glaubenssätze zu diesem Wert.

Re-Judgement

Sackgasse. Bieten Sie Ihrem Klienten eine neue und überraschende Bewertung seiner Situation. Eine Bewertung besteht aus drei Komponenten:

1. Wahrnehmung der Situation, die zu bewerten ist.
2. Wertehaltung bzw. Wertehierarchie.
3. Beurteilung der Wahrnehmung anhand der Werte.

Problemsicht, die Wahrnehmung verletzt den Wert. Damit kommt der Klient zu Ihnen. Seine Bewertung fiel negativ aus, es ist keine Lösung in Sicht, und das ist sein Problem.
Weitung, die Wahrnehmung verletzt auch einen anderen Wert. Diese Variante des Neubewertens ist besonders hilfreich, wenn sich der Klient in der vom Schicksal getriebenen Opferrolle zeigt und keine Möglichkeiten erkennt, damit umzugehen.
Reframing, die Wahrnehmung erfüllt einen anderen Wert. Das ist das klassische Reframing. Ein Wert ist verletzt, aber ein anderer, ranghöherer wird erfüllt. Eine Neubewertung für Menschen, die sich im Einklang mit der Welt sehen, aber die anderen als dumm oder gemein wahrnehmen.
Wandlung, die Wahrnehmung erfüllt den Wert. Eine Neubewertung für Klienten, die in der Rolle der Kritiker oder Ratgeber kommen. Zeigen Sie ihnen, dass ihre Sichtweise nur eine von vielen ist.

Die Kant-Interventionen

Struktur versus Flexibilität. Überraschen Sie Ihren Klienten mit nebenbei eingestreuten Fragen nach Kants Kategorien.

Kant Intervention Raum: Ich bin zu ... Diese Intervention unterstützt, einschränkende Entscheidungen zu reflektieren und neue Entscheidungsmöglichkeiten zu finden. Sie beschränkt die Entscheidung räumlich, reduziert das Problem auf eine örtliche Gegebenheit.

Kant-Intervention Zeit: Zeit ohne Probleme. Diese Intervention ist eine Trance-Induktion, die den Klienten in die Zukunft führt und ihn die Zeit ohne sein Problem erleben lässt. Sie können diese Trance begleitend zu Ihrer Coaching-Arbeit nützen.

Kant-Intervention Qualität: Problem und sonst nichts. Die Intervention ist hilfreich, wenn Menschen vom Problem vollständig vereinnahmt scheinen. Die Fragen reduzieren das Problem auf realistische Dimensionen und machen es für den Klienten bewältigbar.

Kant-Intervention Quantität: Zwei Seelen. Diese Intervention ist nützlich in Fällen, wo der Klient zu einer Entscheidung zwei Seelen in seiner Brust spürt.

Kant-Intervention Modalität: Muss und darf nicht. Wenden Sie diese Form der Intervention an, wenn der Klient häufig Modaloperatoren der Notwendigkeit benutzt (ich muss, ich kann nicht, ich darf nicht, ich soll, usw.).

Kant-Intervention Relation: No option. Wenn Ihr Klient sich in einer negativen Rolle verfestigt sieht, in der er zu wenig Optionen und Fähigkeiten denken kann, lassen Sie ihn eine neue Rolle erfinden.

10 Minuten konstruieren. Die Kant-Interventionen können Sie als einzelne Phasen jederzeit im Coaching einsetzen. Wenn der Klient sein Thema oder sein Anliegen nicht formulieren kann, wenn er sein Thema nicht kennt, das Problem nicht beschreiben kann oder sein Problem als zu umfassend und zu groß empfindet.

11   TRINERGY®-PERSÖNLICHKEITS-
ENTWICKLUNG

Das eigene Potenzial harmonisch entwickeln

DAS TAO ERZEUGT DIE EINS.
DIE EINS ERZEUGT DIE ZWEI.
DIE ZWEI ERZEUGT DIE DREI.
DIE DREI ERZEUGT ALLE DINGE.

TAO TE KING

Steh zu dir! Virginia Satir, die Begründerin der systemischen Familientherapie, postuliert fünf Freiheiten des Menschen:

- Die Freiheit zu sehen und zu hören, was ist, statt zu sehen und zu hören, was sein sollte oder einmal war oder sein wird.
- Die Freiheit zu sagen, was du fühlst und denkst, statt zu sagen, was du darüber sagen solltest.
- Die Freiheit, um das zu bitten, was du möchtest, statt immer auf die Erlaubnis dazu zu warten.
- Die Freiheit zu fühlen, was du fühlst, statt zu fühlen, was du fühlen solltest.
- Die Freiheit zu wagen, was dich reizt, statt immer nur „Sicherheit" zu wählen und „das Boot nicht zum Kentern zu bringen".

Lebe dein Potenzial. Der Professor für Kognitionswissenschaften und Erkenntnistheorie Francisco Varela meinte in einer internationalen Konferenz im März 2000 zum Thema „Destruktive Emotionen", dass Einfühlungsvermögen als Fähigkeit ebenso trainiert werden kann wie eine Sportart. Die Frage: „Wie geht Persönlichkeitsentwicklung?" ist damit schon grundsätzlich beantwortet: durch Training, so wie wir unsere Muskeln trainieren. Coaching ist nicht nur Problemlösung, es ist immer auch Persönlichkeitsentwicklung. Jenseits von Problemen stellt sich daher die Frage: Was ist das Ziel von Persönlichkeitsentwicklung und wie funktioniert sie in der Praxis?

Daher erfahren Sie in diesem Kapitel, wie Sie Ihre Klienten dabei unterstützen können,

- *ihre Primärenergien zu entwickeln, durch*
- *Vollbotschaften und*
- *Trinergy-Mentaltraining.*

DIE DREI PRIMÄRENERGIEN

Der rote Faden. Wenn man Coachs fragt, wie sie sich Persönlichkeitsentwicklung vorstellen, hört man Dinge wie:

- „sich voll entfalten" oder
- „Stärken stärken" oder
- „zur eigenen Mitte finden."

Diese Antworten werfen mehr Fragen auf, als sie beantworten, denn: was entfaltet sich, wenn man sich entfaltet, wie stärkt man Stärken und womit, woher weiß ich, wo die Mitte ist und wie man sie erreicht? Im Trinergy® haben wir eine Antwort gefunden, die zugleich eine direkt umzusetzende Anleitung ist.

Muse, Macher, Mentor. Wir verstehen unter Persönlichkeitsentwicklung:

1. Entwickeln der drei Primärenergien: Muse, Macher, Mentor
2. Strategien zur Nutzung der drei Primärenergien lernen
3. Alte Dramen auflösen

Die drei Archetypen

Die Trias. Quer durch Modelle der Philosophie und Psychologie ist eine Trias zu finden, mit wechselnden Begriffen, jeweils zur Ausrichtung der Schule passend. Sie stehen stellvertretend für drei Primärenergien, die wir sinnvoll beim Menschen unterscheiden können, wir nennen sie:

- Muse
- Macher
- Mentor

Sehen Sie in der folgenden Tabelle eine Zusammenschau einiger Ausprägungen dieser Trias:

TRINERGY®	Muse	Macher	Mentor
PLATONS IDEEN	Schöne	Wahre	Gute
ARISTOTELES' IDEEN	Lustvolle	Nützliche	Gute
CHARLES DARWIN	Variation	Selektion	Stabilisation
IMMANUEL KANT	Emotionen	Verstand	Vernunft
PSYCHOANALYSE	Lustprinzip	Realitätsprinzip	Empathie
TRANSAKTIONS-ANALYSE	Kind	Erwachsenen-Ich	Eltern-Ich
GEHIRNREGION	Limbisches System	Primäre Rindenfelder	(Prä-)Frontallappen
DREI JUWELEN DES BUDDHISMUS	Buddha	Dharma	Sangha
TRIMURTI DES YOGA VEDANTA	Brahma	Vishnu	Shiva

Muse, Macher, Mentor

Dieser historische Rückblick gibt erste Ideen von den Qualitäten der drei Primärenergien. Hier ein Überblick über die Bedeutung dieser drei Archetypen in der Persönlichkeitsentwicklung:

	MUSE	MACHER	MENTOR
ZIEL	Optionen	Planen	Prüfen
PROZESS	Synthese	Unterscheidung	Werterhaltung
KOMPETENZ	Einfallsreichtum	Durchsetzungskraft	Einfühlungsvermögen
FOKUS	Emotion	Kognition	Kontinuität

Ausgewogenheit. Diese archetypischen Stärken kommen voll zur Geltung, wenn sie ausgewogen sind und einander unterstützen. Die Kreativität braucht die Kraft, um Ideen Realität werden zu lassen. Handeln braucht Einfühlsamkeit, sonst wäre es nur ein sinnloses Tätigsein. Doch Einfühlsamkeit allein tut zwar niemandem weh, bewegt aber auch nichts. Für langfristig positive Entwicklung brauchen wir also Ausgewogenheit zwischen diesen drei Primärenergien. Der Primärenergie-Test auf **www.trinergy.at** gibt Ihnen Auskunft über die aktuelle Ausprägung der drei. Im Folgenden finden Sie eine Möglichkeit, um Primärenergien selektiv zu stärken.

Die richtige Nutzung

Reihenfolge. Doch Ausgewogenheit der Kräfte allein ist auch zu wenig; entscheidend für Erfolg, wie es die Natur vorzeigt, ist die Reihenfolge, in der die Natur die drei Kräfte nützt. Alles beginnt mit einer Idee, die nicht verworfen wurde. Die Idee braucht den Kontakt mit der Realität, muss sich dort bewähren, um sich dann der Umwelt anzupassen und stabil zu werden. Auch Regelkreise funktionieren so: Ein Heizungssystem wird durch einen Schalter gestartet (neuer Zustand) und die Heizung erfüllt ihre Funktion (verändert die Realität). Ein Sensor misst und erkennt bei Überschreiten der Temperatur die Abweichung vom Sollwert. Der Schalter nimmt einen neuen Zustand an und deaktiviert die Heizung. Der Schalter sorgt für Veränderung, die Heizung für Funktion und der Sensor für Stabilität. In dieser Reihenfolge arbeiten Systeme, die Funktionen oder Weiterentwicklung aufrecht erhalten.

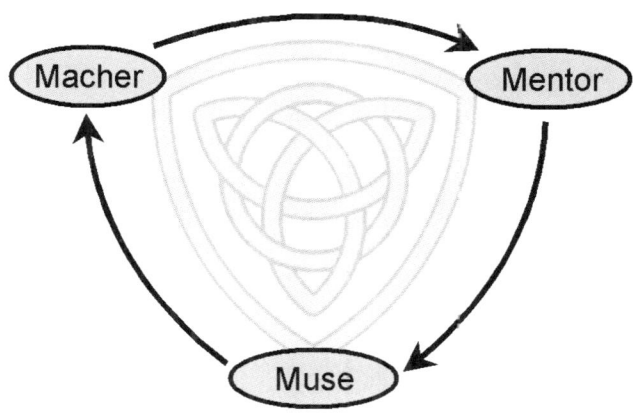

Abbildung 8: Die Reihenfolge ist entscheidend

Die Aufwärtsspirale. Diese Sequenz hilft beim Entwickeln neuer Ideen, bei Teambesprechungen, in Führungssituationen und in den effektivsten Coaching-Prozessen. Entwickeln Sie Ihre Primärenergien und nutzen Sie sie dann auch trinergetisch! Die Methode im nächsten Kapitel ist selbst ein Beispiel dafür.

TRINERGY®-MENTAL-COACHING

VORSTELLUNGSVERMÖGEN IST
WICHTIGER ALS WISSEN.

ALBERT EINSTEIN

Flexibilität lässt sich entwickeln, einfach durch Kopfarbeit. Leistungssportler trainieren ihre Muskeln und ihren Kopf. Fußballspieler gehen gedanklich jede nur mögliche Spielsituation durch. Boxer erleben im Geist immer wieder, wie sie Angriffe parieren und kontern und Skiläufer fahren die Piste Dutzende Male im Geist ab, bevor das Rennen beginnt. So können Sie auch kreativ neue Fähigkeiten entwickeln und aufbauen. Die Idee zu diesem Prozess stammt von Bandler und Grinder, die Technik, die ihm zu grunde liegt, ist der Kern des NLP: Modeling (siehe auch NLP, Seite 179).

Vorbildlich. Das Lernen am Vorbild ist die erste Lernform, die wir als Menschen verwendeten, es ist die effektivste Form, weil sie alle unsere unbewussten Fähigkeiten mit einbezieht und Spaß macht: Jamie Oliver kocht „Spagetti bolognese", am nächsten Tag stehen sie bei uns zu Hause auf dem Tisch. Diese Art des Lernens hat eine andere Qualität: Es fügt dem, was schon vorhanden ist, etwas hinzu. Die Idee ist einfach und klar: Sie möchten etwas lernen? Suchen Sie sich jemanden, der diese Fähigkeiten besitzt und gut einsetzen kann. Schauen Sie ihm zu, wie er es macht, und probieren Sie es dann selbst aus. Ändern Sie es so lange, bis es für Sie passt, und setzen Sie es dann um.

Der Prozess im Überblick:

Trinergy®-Mental-Coaching

1. Primärenergie: Welche Primärenergie und dahinter liegende Fähigkeit möchte Ihr Klient stärken? (Z.B. Durchsetzungskraft und damit einen Dialog mit jemandem führen, der den Klienten bisher nicht zu Wort kommen ließ.)

2. Fähigkeit: Zerlegen Sie die Fähigkeit in drei bis fünf Phasen, etablieren Sie für jede Phase einen Bildschirm. Mindestens drei! Allein das kann schon eine erleuchtende Einsicht für den Klienten sein: Es gehört mehr dazu, als er bislang dachte!

3. Rollenbesetzung: Ihr Klient wählt für jede Phase ein Vorbild, das höchst kompetent ist für diese Phase, eine „Starbesetzung".

4. Dissoziiert die Starbesetzung erleben: Ihr Klient sieht die fünf Phasen mit der jeweiligen Starbesetzung und lernt.

5. Dissoziiert sich selbst sehen: Ihr Klient ersetzt die Starbesetzung durch sich selbst und sieht sich in den fünf Phasen, er achtet auf Veränderungen und lernt.

6. Assoziiert die Situation erleben: Ihr Klient wechselt in die Situation und erlebt sich selbst. Die Phasen werden verschmolzen.

7. Ihr Klient achtet auf Ökologie: Schafft der Klient mit seiner erworbenen Fähigkeit Win-Win-Situationen? Falls nicht: zurück an den Start, bessere Vorbilder suchen!

Praxisbeispiel

Oliver ist Bewerbungs-Coach und unterstützt Gernot dabei, eine gute Anstellung zu bekommen.

Gernot: „Ich habe nächste Woche ein Hearing. Ich habe mich um einen Job als Führungskraft beworben und möchte stark und selbstsicher auftreten."

Oliver: „Wenn wir diese Fähigkeit in Abschnitte teilen, was wäre der erste Teil?"

Gernot: „Als ersten Teil brauche ich Mut. Als zweiten Teil so etwas wie Sammlung, durchatmen und wissen, es wird gut gehen. Der dritte Teil ist – Kraft und Aktivität."

Oliver: „Das ist sehr gut, und der vierte Teil?"

Gernot: „Dass ich selbstsicher antworte und auch Fragen stelle. Der fünfte Teil ist der Abschluss. Ein Ausklang. Ich nehme die Reaktion, was immer da auch kommt."

Oliver: „Sehr gut. Stellen Sie sich vor, Sie sehen fünf Bildschirme vor sich, unter den Bildschirmen befinden sich Videorecorder, und in jedem Recorder wird eine Aufnahme von jemandem sein, der diese Phase ideal spielen kann. Sie sind jetzt im Besetzungsbüro und suchen sich für jede dieser Phasen jemanden aus, der eine dieser fünf Phasen spielen wird. Sie können Schauspieler dafür nehmen oder Menschen, von denen Sie wissen, dass sie diese Fähigkeiten besitzen. Danach werden Sie auf dem ersten Bildschirm den ersten Videoclip sehen. Wenn eine Phase abgelaufen ist, erscheint auf dem nächsten Bildschirm die nächste bis zur fünften."

Gernot wählt fünf Akteure und lässt sie auf den fünf Bildschirmen nacheinander ihre Fähigkeiten ausspielen.

Oliver: „Als nächstes führe ich Sie noch einmal durch diese Szenen, diesmal sind Sie der Hauptdarsteller. Sie sagen Ihren Akteuren: Danke, ich mach das jetzt selbst. Dann sehen Sie hin auf den ersten Schirm und lassen es beginnen. Sehen Sie dem Gernot zu, wie er es jetzt macht, anders als bisher, bis die Szene zu einem guten Ende gekommen ist. Und dann die nächste Szene auf dem nächsten Schirm.

Und jetzt wechseln Sie hinein in den Film: Sie sehen aus Ihren eigenen Augen heraus. Sie bemerken, wie der Mut sich in Ihrer Körperhaltung ausdrückt, und Ihr Atem, tief und ruhig ... und erleben, wie es sich anfühlt, wenn Sie die Reaktion nehmen als Chance, egal was da kommt, weil Sie wissen, dass Sie dadurch weiterlernen, wie Sie schon so viel gelernt haben."

Wie Superman. Die Personen, die der Klient auswählt, können jedes beliebige Alter, Geschlecht, jede Herkunft haben. Er muss sie nicht persönlich kennen. Jede beliebige Figur ist möglich, es kann auch Superman sein. Der Klient schaut sich einen Film nach dem anderen an. Geben Sie ihm die Zeit, die er benötigt, damit die Szene zu einem guten Ende kommt. Ihr Klient sieht sich dann selbst in den einzelnen Phasen. Betonen Sie die Unterschiede, die neuen Lernerfahrungen: Was ist jetzt anders, welche Fähigkeiten sind neu dazugekommen? Was sieht Ihr Klient anders? Wie anders ist seine Atmung, seine Körperhaltung? Was kann er jetzt sagen, tun? Bis jetzt sieht Ihr Klient die Szenen dissoziiert, er sieht sich selbst in dem Film. Im nächsten Schritt wechselt er in den Film hinein, er erlebt die Szenen.

Human becomings. Der Kybernetiker Heinz von Foerster meinte, der Begriff „human being" ist irreführend, es müsste eigentlich „human becoming" lauten: Wir „werden" beständig. Dieser Prozess unterstützt das Werden: Wir wissen nicht, was der Klient daraus machen wird. Er wählt Personen, die etwas sehr gut können, und fügt seines dazu – es entsteht etwas Neues. Wollen Sie die Musenenergie Ihres Klienten stärken, dann lassen Sie ihn ein Modell wählen, das besonders kreativ und flexibel ist, die Macherenergie stärken Sie durch ein Modell mit hoher Durchsetzungskraft, Energie und Planungsfähigkeiten und die Mentorenenergie durch jemanden, der gut positive Kritik üben kann, viel Einfühlungsvermögen zeigt und seine Umwelt sensibel wahrnimmt.

TRINERGETISCHE RHETORIK

Mut zur Message. Eine weitere Möglichkeit, in der täglichen Praxis die Primärenergien ausgewogen zu stärken, ist, allen dreien ausgewogen Ausdruck zu verleihen: Trinergetische Rhetorik bedeutet zu sprechen über

- die eigenen Wahrnehmungen und Gedanken,
- die eigenen Bedürfnisse und Werte,
- die eigenen Emotionen und Impulse.

Charisma-Sprache. Diese Form der Kommunikation trainiert Ihre Primärenergien, wird als Charisma-Faktor von anderen geschätzt und reduziert die Dramagefahr (mehr dazu im nächsten Kapitel). Die drei Formen der trinergetischen Kommunikation sind:

1. Trinergy®-Vollbotschaften
2. Trinergy®-Dank
3. Trinergy®-Bitte

Trinergy®-Vollbotschaften

Vollbotschaften – eine einfache Möglichkeit. Die Leser eines Buches wissen es zu schätzen, wenn das Buch eine Aufeinanderfolge von vollständigen Sätzen ist, die insgesamt einen Sinn ergeben. Vollständige Kommunikation verringert die Wahrscheinlichkeit von Missverständnissen.

Er macht jeden Tag Überstunden und kommt selten vor 20 Uhr nach Hause. Sie ist meistens schon gegen 17 Uhr zu Hause. Heute kommt er einmal früher heim, er kühlt eine Flasche Sekt ein, macht es sich auf dem Sofa gemütlich und wartet auf seine Frau. Sie kommt heim, schaut überrascht auf die Uhr und freut sich, ihn zu sehen.

Sie sagt ihm: „Das ist toll, dass du dir einmal Zeit für dich nimmst. Das tut dir sicher gut."

Zwei Tage später teilt er ihr mit, dass er sich in einen Tennisclub eingeschrieben hat und drei Mal pro Woche trainieren wird.

Das ist das Gegenteil dessen, was sie ihm sagen wollte. Sie hätte auch folgende Möglichkeit gehabt:

„Hallo, Schatz! Ist das schön, dich zu sehen. Weißt du, es bedeutet mir viel, Zeit mit dir zu verbringen. Deshalb freue ich mich auf einen langen Abend mit dir."

Der Vollständigkeit halber. So zu kommunizieren bedeutet Aufwand und braucht Zeit. Es ist sicher einfacher davon auszugehen, dass der andere errät, was man gemeint hat. Sich darauf zu verlassen wird Beziehungen nicht besser machen. So hat sie ihm gesagt, worum es ihr geht: Sie kommuniziert die

- **Landkarte** („Hallo, Schatz! Ist das schön, dich zu sehen.")
- **Bedürfnisse** („Weißt du, es bedeutet mir viel, Zeit mit dir zu verbringen.")
- **Emotion** („Deshalb freue ich mich auf einen langen Abend mit dir.")

Er weiß jetzt eher, worum es ihr geht. Kann er noch immer im Tennisclub landen? Ja natürlich, aber nicht mehr aus einem Missverständnis heraus. Und wenn uns nur jene unerfreulichen Ereignisse erspart blieben, die durch Missverständnis zu Stande gekommen sind. Die Vollbotschaft führt zu einem besseren Ergebnis. Je unvollständiger die Botschaft ist, desto leichter wird sie missverstanden. Je vollständiger die Botschaft, desto leichter kann sie verstanden werden.

Trinergy®-Dank

Danke – die subtile Drama-Falle. Kann ein „Danke" Drama auslösen? Und ob! Jemand kann zu uns sagen: „Du bist echt super." Das ist nett gemeint, sagt jedoch gar nichts. Noch schlimmer ist: Diese Aussage hat die Struktur einer Pseudowahrheit.

- Ich weiß nicht, was ich getan habe – die Landkarte des anderen bleibt mir verborgen.
- Ich weiß nicht, welches Bedürfnis erfüllt ist – die Werte des anderen könnte ich nur erraten.
- Ich weiß nicht, wie der andere sich fühlt – über die Emotionen kann ich nur spekulieren.

Und wenn ich beim nächsten Mal keinen Zufallstreffer lande, kann mein Gegenüber sofort sagen: „Ich weiß auch nicht, aber manchmal bist du einfach so unsensibel." Und da ist das Drama schon losgegangen.

Zuckerbrot und Peitsche. Abgesehen davon, dass bei „Du bist super" die wesentlichen Dinge ungesagt bleiben, hat die Aussage im Kern einen dramatischen Charakter, nämlich den unausgesprochenen Appell: „Sei bitte immer so". Das ist kein Danke, sondern eine Aufforderung. Echter Dank ist an keine Bedingungen geknüpft.

> *Herbert hat die halbe Nacht an einem komplizierten Bericht gearbeitet. Er weiß, dass sein Chef ihn dringend braucht und hat es geschafft, einen Tag früher als geplant fertig zu werden. Der Chef kommt in sein Büro, klopft ihm auf die Schulter und sagt: „Hervorragende Arbeit, weiter so!" Mit leicht gequältem Lächeln wendet sich Herbert wieder seiner Arbeit zu ...*

Knapp vorbei ist auch daneben. Dabei hatte der Chef wirklich das aufrichtige Bedürfnis sich zu bedanken. Nur das ist nicht angekommen. Im Gegenteil: Herbert macht sich gerade Bilder von Nächten, die er mit Berichten verbringen wird. Die Alternative ist:

> *„Ich habe gerade Ihren Bericht gelesen. Mir hat besonders gut gefallen, dass Sie das Für und Wider ausführlich behandelt und verschiedene Schriftarten verwendet haben. Das hat es mir ermöglicht, die komplizierte Materie leicht zu erfassen. Ich weiß das sehr zu schätzen und das Wissen, Sie in meinem Team zu haben, gibt mir ein Gefühl von Sicherheit. Danke."*

Die Struktur des Trinergy®-Danks:
Das Akronym dafür ist „e L B E":

0. e wie Emotion: die positive Emotion intern wahrnehmen, ohne sie gleich zu äußern.

1. L wie Landkarte: Beschreiben Sie konkret, wofür Sie dankbar sind.

2. B wie Bedürfnis: Nennen Sie das erfüllte Bedürfnis, den erfüllten Wert.

3. E wie Emotion: Sagen Sie etwas über das positive Gefühl und enden Sie mit DANKE.

Kommt das an? Ja, immer dann, wenn die Absicht ist, einfach Danke zu sagen. Als Technik, um andere zu mehr Leistung zu motivieren, ist diese Art des Danks ungeeignet – es gilt dann ein Wort von Goethe: Man merkt die Absicht und ist verstimmt.

Trinergy®-Bitte

Bitte – das Zauberwort. Nicht immer präsentiert sich die Welt so, wie wir sie gerne hätten. Die Frage ist: Muss in diesem Fall zwangsläufig Drama entstehen? Wenn wir keine anderen Strategien gelernt haben, dann ist die Antwort Ja. Es gibt allerdings auch andere Möglichkeiten. Maßgeblich dafür ist eine Idee von Schopenhauer: Er unterscheidet einerseits Sinnespessimismus; damit meint er die Fähigkeit, durchaus jene Dinge zu sehen, die wir gerne anders hätten. Auf der anderen Seite steht Ideenoptimismus, die Fähigkeit, konkrete Ideen zu entwickeln, um eine bessere Welt neben die aktuelle zu stellen (siehe auch Seite 226).

Sinnespessimismus und Ideenpessimismus. Das ist eine Dramakombination. Die Welt ist nicht so, wie ich sie gerne hätte; und anstelle von Ideen entwickeln wir Rechtfertigungen dafür, warum die Welt so ist. Deutlich wird das in der täglichen Coaching-Praxis. Ein und dasselbe Argument dient als Rechtfertigung für entgegengesetzte Standpunkte: Der junge Mitarbeiter, der meint, dass die Jungen es schwer haben, weil ihnen die Erfahrung fehlt. Der ältere Mitarbeiter, der sich beklagt, dass die Älteren nicht mehr mithalten können und zu teuer werden. Rechtfertigungen sind beliebig austauschbar. Auf der anderen Seite gibt es Menschen, die haben Ergebnisse.

> *Heinz und Gerhard sind unterwegs zum Meeting. Als sie den Raum betreten, sagt Gerhard: „Du, sei so nett und lass auch die anderen zu Wort kommen. Ich würde mir gerne auch ihre Ideen anhören." Heinz murmelt ein Okay, setzt sich, verschränkt die Arme und denkt: „Na, da bin ich ja echt gespannt." ...*

Gut gemeint ist nicht genug. Gerhards Bedürfnis ist, möglichst viele Ideen zu sammeln. Bei Heinz kommt an: Du redest zu viel, lass auch die anderen zu Wort kommen. Gerhard hätte auch Folgendes sagen können:

„Du, ich habe eine Bitte. Wir haben bei den letzten Meetings wirklich viel weitergebracht. Besonders deine kreativen Vorschläge sind ein wichtiger Beitrag. Wichtig wäre jetzt, dass wir im folgenden Meeting ein möglichst breites Spektrum an Meinungen hören und die paar stillen Wasser im Team noch besser einbinden. Ich freue mich einfach jedes Mal, wenn ich sehe, dass jeder die Möglichkeit nutzt, Beiträge zu liefern. Was würdest du davon halten, wenn wir den anderen heute mehr Möglichkeiten geben, sich einzubringen? Wäre das okay für dich?“ ...

Der Ton macht die Musik. Inhaltlich gibt es zwischen beiden Botschaften keinen Unterschied. Der Unterschied ist: Bei der zweiten Botschaft weiß Heinz viel eher, worum es Gerhard eigentlich geht.

Die Struktur der Trinergy®-Bitte:
Das Akronym dafür ist g A B E N:

0. g wie gute Idee: Wenn Sie eine gute Idee haben, stehen Sie dazu. Damit machen Sie das Gute einer Situation noch besser.
1. A wie aktuelle Landkarte: Beginnen Sie mit: „Ich habe eine Bitte“ und beschreiben Sie konkret die aktuelle Landkarte – das, was im Moment gut läuft.
2. B wie Bedürfnis: Nennen Sie das Bedürfnis bzw. den Wert hinter der guten Idee.
3. E wie Emotion: Sagen Sie etwas über das Gefühl, das Sie bei der Erfüllung des Bedürfnisses hätten.
4. N wie neue Landkarte: Schildern Sie die neue Landkarte – die gute Idee, wie es noch besser sein könnte.

Bitte oder Forderung – ein wichtiger Unterschied. Diese Form der Bitte setzt voraus, dass kein Drama läuft. Eigentlich ist alles okay, es könnte aber noch besser sein. (Drama-Interventionen finden Sie im nächsten Kapitel.) Wie auch beim Trinergy®-Dank ist die Absicht entscheidend. Im Fall der Bitte heißt das: Es gibt keine! Steht hinter der Bitte eine Absicht, ist es eine Forderung. Den Unterschied können Sie leicht feststellen: Gibt es eine negative Konsequenz, wenn die Bitte nicht erfüllt wird (wären Sie z.B. sauer)?

Die Frage ist auch, wie wichtig es ist, ob die Idee aufgegriffen wird. Je wichtiger das ist, desto größer ist die Gefahr für Drama. Diese Gefahr wird mit steigender Anzahl von Ideen geringer. Machen Sie eine Gewohnheit daraus, gute Ideen zu äußern. Je mehr Sie äußern, desto mehr werden angenommen werden.

ZUSAMMENFASSUNG

Das eigene Potenzial harmonisch entwickeln

Die drei Primärenergien

Muse, Macher, Mentor. Wir verstehen unter Persönlichkeitsentwicklung:

1. Entwickeln der drei Primärenergien: Muse, Macher, Mentor.
2. Strategien zur Nutzung der drei Primärenergien lernen.
3. Alte Dramen auflösen.

Ausgewogenheit. Diese archetypischen Stärken kommen voll zur Geltung, wenn sie ausgewogen sind und einander unterstützen.

Die richtige Nutzung

Reihenfolge. Ausgewogenheit der Kräfte allein ist zu wenig, entscheidend für Erfolg ist die Reihenfolge. Alles beginnt mit einer Idee, die nicht verworfen wurde. Die Idee braucht den Kontakt mit der Realität, muss sich dort bewähren, um sich dann der Umwelt anzupassen und stabil zu werden.
Die Aufwärtsspirale. Diese Sequenz hilft beim Entwickeln neuer Ideen, bei Teambesprechungen, in Führungssituationen und in Coaching-Prozessen.

Trinergy®-Mental-Coaching

Flexibilität lässt sich entwickeln, einfach durch Kopfarbeit. Mit dem in diesem Kapitel beschriebenen Prozess können Sie kreativ neue Fähigkeiten entwickeln und aufbauen.

Vorbildlich. Das Lernen am Vorbild ist die effektivste Form, weil sie alle unsere unbewussten Fähigkeiten mit einbezieht. Die Idee ist einfach und klar: Sie möchten etwas lernen? Suchen Sie sich jemanden, der diese Fähigkeiten besitzt. Schauen Sie ihm zu, wie er es macht und probieren es dann selbst aus.

Trinergetische Rhetorik

Mut zur Message. Eine weitere Möglichkeit in der täglichen Praxis, die Primärenergien ausgewogen zu stärken, ist, allen dreien ausgewogen Ausdruck zu verleihen: Sprechen Sie über Ihre eigenen Wahrnehmungen, Emotionen und Bedürfnisse.
Charisma-Sprache. Diese Form der Kommunikation trainiert Ihre Primärenergien, wird als Charisma-Faktor von anderen geschätzt und reduziert die Drama-Gefahr.

Trinergy®-Vollbotschaften

Vollbotschaften – eine einfache Möglichkeit. Vollständige Kommunikation verringert die Wahrscheinlichkeit von Missverständnissen.
Der Vollständigkeit halber. So zu kommunizieren braucht Zeit. Verlassen Sie sich nicht darauf, dass der andere errät, was Sie meinen. Kommunizieren Sie die

- *Landkarte*
- *Bedürfnisse*
- *Emotion*

Trinergy®-Dank

Danke – die subtile Drama-Falle. Wenn jemand sagt „Du bist echt super", ist das nett gemeint. Leider hat diese Aussage die Struktur einer Pseudowahrheit.
Zuckerbrot und Peitsche. Aussagen wie „Du bist super" haben einen unausgesprochenen Appell: „Sei bitte immer so". Das ist eine Aufforderung. Echter Dank ist an keine Bedingungen geknüpft.

e L B E – der Tringergy®-Dank. Ausgehend von einer positiven *E*motion beschreiben Sie konkret die *L*andkarte, das, wofür Sie dankbar sind; Sie nennen das erfüllte *B*edürfnis und sagen etwas über die positive *E*motion. Das ist undramatisch und leicht zu nehmen.

Trinergy®-Bitte

Bitte – das Zauberwort. Nicht immer präsentiert sich die Welt so, wie wir sie gerne hätten. Ein undramatischer Umgang damit beruht auf einer Idee von Schopenhauer: Er unterscheidet Sinnespessimismus – zu sehen, was anders sein sollte – und Ideenoptimismus, der Fähigkeit, konkrete Lösungen zu entwickeln.

Sinnespessimismus und Ideenpessimismus. Das ist eine Drama-Kombination, anstelle von Lösungen treten Rechtfertigungen dafür, warum die Welt so ist. Rechtfertigungen sind beliebig austauschbar und verhindern Ergebnisse.

g A B E N – Die Trinergy®-Bitte als Alternative. Ausgehend von einer *g*uten Idee, die die Situation noch besser machen könnte, beschreiben Sie die aktuelle *L*andkarte. Sie nennen das *B*edürfnis hinter der guten Idee und sagen etwas über die *E*motion, die mit der Erfüllung des Bedürfnisses einhergeht. Abschließend machen Sie einen Vorschlag für eine neue *L*andkarte.

Bitte oder Forderung – ein wichtiger Unterschied. Die Absicht entscheidet. Steht hinter der Bitte eine Absicht, ist es eine Forderung. Je wichtiger es ist, dass die Idee aufgegriffen wird, desto größer ist die Gefahr für Drama. Machen Sie eine Gewohnheit daraus, gute Ideen zu äußern.

12 TRINERGY®-KONFLIKTLÖSUNG

Recycling von Drama-Energie – volle Kraft voraus!

DER FRIEDE IST DAS MEISTERSTÜCK DER VERNUNFT.

IMMANUEL KANT

Das Do-it-yourself-Drama. 1912 gab der elfjährige Jascha Heifetz sein USA-Debut. Im Publikum saßen unter anderem sein Kollege Mischa Elman, der ein Leben lang mit ihm um den Titel des größten Violinisten wetteifern sollte, und der Pianist Arthur Rubinstein.

Je länger Heifetz spielte, umso unruhiger wurde Elman: Er rückte auf seinem Sitz hin und her, der Schweiß rann ihm von der Stirn und der Kragen wurde ihm zu eng.

Er bemerkte, dass ihn Rubinstein von der Seite anlächelte, und sagte: „Wirklich heiß hier heute!"

Darauf Rubinstein: „Nicht für Pianisten."

Angst macht eng. Die Anforderungen an die Menschen in der Geschäftswelt steigen von Tag zu Tag, es weht ein rauer Wind. Miesmachen, Unzufriedenheit, Frustration und Stress sind Indikatoren für Drama-Spiele. Sie laufen nicht nur in der Form von Konflikt-Interaktionen, sondern auch in den Köpfen der Menschen. Abgesehen davon, dass sie die Lebensqualität reduzieren, sind sie ein erstrangiger Kapital-Killer in der Wirtschaft. Manager, die nach Gründen suchen, warum sich trotz maximalem Einsatz der Erfolg nicht im entsprechenden Verhältnis einstellt, erkennen bei genauerem Hinsehen die Drama-Spiele als einen Auslöser. Ihr Know-how über Drama-Strukturen und Möglichkeiten der Umkehr wird bei Business- und Privatkunden geschätzt werden.

In diesem Kapitel erfahren Sie, wie Sie
- ***Dramen erkennen,***
- ***Dramen anhalten und umkehren,***
- ***Drama-Energie konstruktiv nutzbar machen.***

DAS DRAMA-DREIECK

HOMO HOMINI LUPUS.
(DER MENSCH IST DEM MENSCHEN WOLF.)

THOMAS HOBBES

Die Schattenseite. Wo Sonne ist, da ist auch Schatten. Die drei Primärenergien haben Schattenseiten, die Transaktionsanalyse macht es deutlich.
Sie definiert neben den drei positiven Ausprägungen der Ich-Instanzen auch
drei dramatische Ausprägungen: das angepasste Kind, das rebellische Kind
und das kritische Eltern-Ich. Eric Berne, der Begründer der Transaktionsanalyse, nannte die Interaktionen zwischen den dramatischen Ich-Instanzen Spiele. Sie bestehen aus einer fortlaufenden Folge von Komplementär-
Transaktionen zwischen den Ich-Ausprägungen, die zu einem vorhersag-
baren Ergebnis führen. Er sagt: „Jedes Spiel ist im Grunde unehrlich, und
das Ergebnis ist nicht nur erregend, sondern erfüllt von echter Dramatik."
Das Drama-Dreieck. Stephen Karpman stellte diese Rollen und Interaktionen in Form des Drama-Dreiecks dar:

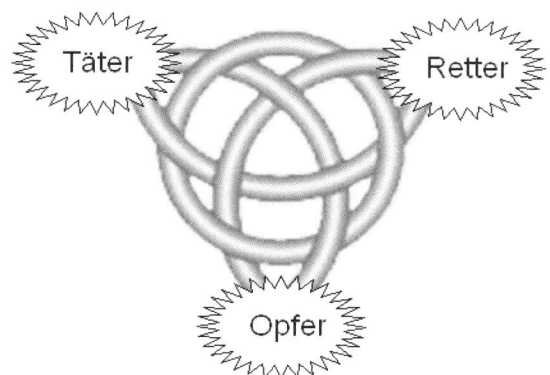

Abbildung 9: Das Drama-Dreieck

Roman Braun ordnete die unproduktiven Ich-Instanzen den Rollen des
Drama-Dreiecks zu: Täter – rebellisches Kind, Retter – kritisches Eltern-
Ich und Opfer – angepasstes Kind. Nach Roman Braun entsteht Drama-

Dynamik, wenn Menschen in ihrem Spiel ihre Rollen wechseln: aus Tätern werden Opfer, aus Opfern Retter und aus Rettern Täter. Dazu später mehr, sehen wir uns zuerst die Drama-Rollen näher an.

Der Täter

Attacke. Der Angriff ist seine Domäne. Etwas hat ihn in Rage gebracht und nun schnaubt er vor Wut. Der oder die anderen sind dumm oder böse, und das muss er ihnen austreiben. Seine Sicht ist: „Ich bin o.k., die anderen sind nicht o.k." Darum beschuldigt er und greift an – verbal und vielleicht auch körperlich. Sein großes Bedürfnis ist Selbstbestimmung. Ihm diese Freiheit zu nehmen macht ihn wütend und aggressiv. Mit seiner Tat stellt er WIN-LOSE-Situationen her, das Schicksal der anderen ist sekundär.

Täter-Denke. Er meint: Was ich mache, kann nicht falsch sein. Und wenn andere damit ein Problem haben, ist es ihr Problem. Oder auch: Man muss einfach hart durchgreifen, sonst werden die Leute übermütig. Wenn nicht genug Druck ausgeübt wird, geht nichts weiter … Die Angst, die dahinter steckt, ist Angst vor Beziehungen und vor damit verbundenen Enttäuschungen. Gleichzeitig ist der Wunsch nach Nähe und Liebe die treibende Kraft, die den Klienten ins Coaching bringt. Er zeigt der Umwelt ein Bild von sich, dem er nicht entspricht, und bekommt deshalb auch nicht, was er möchte.

Vorgebrachte Anliegen:

- „Ich fahre so leicht aus der Haut, aber die anderen sind daran schuld."
- „Sagen Sie meiner Frau, dass sie sich ändern soll, sonst geht unsere Ehe auseinander."
- „Ich möchte lernen, mehr aus meinen Mitarbeitern rauszuholen."
- „Meine Mitarbeiter benötigen ein Coaching. Ziel: Steigerung der Effizienz und Effektivität der Produktionsabläufe und Erhöhung der Produktivität um 20 Prozent."

Ein Klient erzählte, er sei letztens fast ausgerastet. Während er noch im Büro war, hatten seine Frau und die Kinder beschlossen, zum Wochenende gemeinsam in die Berge zu fahren. Als er nach Hause kam, umringten ihn die Kinder: „Weißt du schon das Neueste: Wir fahren in die Berge." Zuerst hielt er es für einen Scherz, doch als er merkte, dass sie über seinen Kopf hinweg einen Beschluss gefasst hatten, überrollte ihn der Zorn.

Das Opfer

Sicherheit. Täter haut Opfer – das ist die klassische Version von Drama. Doch es bedarf nicht des Angriffs eines Täters. Jede unangenehme Lebenssituation kann Opferumfeld sein. Die Herausforderungen des Berufs oder des Lebens sind zu groß oder das soziale Verhalten der Umgebung ist nicht wertschätzend genug. Opfer haben ein großes Bedürfnis nach Sicherheit. Wird Sicherheit durch die Situation oder die Menschen gefährdet, beklagen sie sich darüber oder sie ziehen sich zurück, dorthin, wo sie mehr Sicherheit vermuten. Gerade wenn eine Situation unangenehm ist, sollte man etwas anderes tun, um sie zu verändern. Doch Frustration und der Wunsch nach Sicherheit überschwemmen das Opfer und blockieren kreatives Denken.

Opfer-Denke. Die Grundannahme des Klienten: „Ich bin nicht o.k., du bist o.k.; und weil ich nicht o.k. bin, tu ich alles, was du möchtest." Die dahinterliegende Angst ist: Verlust des anderen, Verlust der Nähe. Wenn ich nicht so bin, wie du es möchtest, werde ich dich verlieren.

Vorgebrachte Anliegen:

- „Ich bin immer so traurig, ich mache nie was richtig."
- „Ich weiß einfach nicht mehr, was ich tun soll, nie gelingt mir etwas."
- „Ich möchte mehr Selbstvertrauen. Aber eigentlich ist das ohnehin nicht so wichtig …"
- „Ich kann tun, was ich will, meine Kollegin wird vom Chef mehr geschätzt als ich. Dabei mach ich viel mehr …"

Ein politischer Funktionär war heftigen Angriffen der gegnerischen Parteien ausgesetzt. Es ging um die Verwendung öffentlichen Geldes. Als ihn hohe Funktionäre der eigenen Partei deswegen auch rügten, zog er sich mehrere Tage lang zurück und war für niemanden zu sprechen.

Der Retter

Anerkennung. Die klassische Version von Drama ist: Ein Mann greift eine Frau an und will ihr die Handtasche rauben. Passanten greifen ein und überwältigen den Täter. Sie retten die Frau vor körperlicher Gefahr und Verlust, geben ihr die Sicherheit zurück. Die Rettung war eine soziale Leistung. In vielen Fällen ist aber der Rettungsversuch des Retters keine positive Leistung, weil er dem Opfer nicht hilft, aus der Opferrolle zu gelangen. Klagen des Opfers locken den Retter an wie der Balzruf des Auerhahns die Hennen der Umgebung. Aufopfernd ist er für die anderen da und kümmert sich kaum um sich selbst. Der Retter stimmt in das Klagelied des Opfers ein und macht damit die Situation noch schlimmer. Oder er übernimmt die Aufgabe, die das Opfer nicht zu bewältigen glaubt, und ändert damit nichts an der Hilflosigkeit des Opfers. Das große Bedürfnis des Retters ist Anerkennung. Die holt er sich vom Opfer.

Retter-Denke. In der Welt des Retters ist niemand o.k., weder er noch die anderen. Klienten mit diesen Strategien nützen Coaching selten. Kommen sie ins Coaching, dann, um anderen zu helfen. Sie sind Menschen, die glauben, andere unterstützen zu müssen.

Vorgebrachte Anliegen:

- „In meinem Unternehmen werden die Mitarbeiter falsch geführt. Die Führungskräfte haben keine Ahnung und herrschen nur mit Durchsetzungsgewalt. Die Leute leiden darunter und außerdem ist es ineffizient. Was kann man da machen?"
- „Ich hab da so einen Fall, da wird die Frau von ihrem Mann geschlagen. Was könnte man da tun?"
- „Ich hab ein bekanntes Ehepaar, die machen genau das, was Sie jetzt beschrieben haben. Was ist da zu machen?"

Susanne bittet eine Bürokollegin um Hilfe: „Lisa, ich komm mit der Serienbrief-Funktion nicht zurecht. Du hast mir das zwar schon ein paar Mal erklärt, aber wahrscheinlich bin ich zu blöd dafür."

Lisa: „Ich weiß auch nicht, warum das im Word so kompliziert sein muss. Warte, ich zeig es dir noch einmal."

Lisa setzt sich an Susannes Platz, zischt mit der Maus über die Tischplatte und sagt: „Siehst du, so einfach ist das. Jetzt brauchst du es nur mehr ausdrucken."

Maschine oder selbstbestimmt? Menschen haben Gewohnheiten, auch bei der Wahl der Drama-Rollen. Die Gewohnheiten sind unterschiedlich stark ausgeprägt, wie Schieber eines Mischpults im Tonstudio. Der eine hat den Täter-Schieber weit nach oben geschoben und die beiden anderen nur ein klein wenig nach oben gerückt. Bei anderen sind alle drei etwa gleich hoch oder zwei höher und einer tiefer. Typische Drama-Einladungen für Täter, Opfer oder Retter sind wie Knöpfe an der Maschine Mensch.

Checker, Diva, Nörgler – die Abwartepositionen

Drama ohne Drama. Und was ist, wenn gerade kein Drama läuft? Unsere Gewohnheiten sind nicht abhängig davon, ob gerade Drama läuft oder Schönwetter ist. Die Bedürfnisse bleiben dieselben, sie sind nur bei Schönwetter nicht gefährdet. Sie brauchen nicht auf Schlechtwetter zu warten, um zu erkennen, wer dann welche Rolle spielt. Auch wenn kein Drama läuft, können wir die rollentypischen Handlungs- und Kommunikationsgewohnheiten zuordnen.

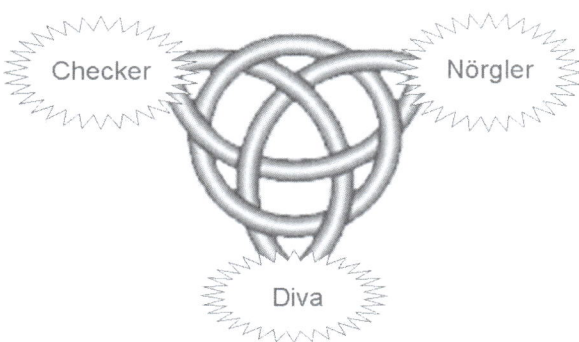

Abbildung 10: Typische Handlungs- und Kommunikationsgewohnheiten

Checker

Checker, der verborgene Täter. Er weiß, wo es langgeht. Nach wie vor ist er so ziemlich der Einzige, der o.k. ist. Die anderen haben keine

266

Ahnung. Daher sagt er ihnen, was Sache ist. Er beeindruckt mit Zahlen, Daten und Fakten. Die Kommunikation ist sachlich und trocken. Emotionen sind nicht seine Sache, er denkt und handelt rational. Er ist ein cooler Typ. Kaum wird seine Kompetenz in Frage gestellt oder jemand widerspricht ihm, wird er zum Täter.

Dieter zu seinem Kollegen Peter: „Ich brauche ihnen wohl nicht zu sagen, was eine Drei-Phasen-Analyse ist? Oder muss ich Ihnen wirklich zuerst die Basics erklären, bevor wir zu arbeiten beginnen können?"

Diva

Diva, das verborgene Opfer. Stress blockiert das Denken, Opfer haben sich zwischen Angriff und Flucht für das Zweite entschieden. Da ist kein Raum für Kreativität und Innovationskraft. Aber wenn kein Stress ist, dann zeigen sie, was sie können. Dann geht es um das Schöne im Leben. Sehen und gesehen werden, auffallen und Allüren zeigen ist dann die Devise. Wenn draußen auch Sicherheit herrscht, zeigt sich die Diva bunt schillernd und auffällig in Worten, Posen und Verhalten.

Benedikt hat sich in einem Workshop zu Wort gemeldet.
Der Workshop-Leiter lobt die vorgebrachte Idee: „Benedikt, Sie haben verstanden, worum es geht. Das war ein ausgezeichneter Gedanke."

Benedikt richtet sich auf, sein Gesicht strahlt, er reißt beide Arme in die Höhe und winkt. Während er mit den Hüften wackelt, dreht er sich auf seinem Platz im Kreis, als würden ihm die anderen zujubeln. Es ist Ausdruck seiner Genugtuung.

Nörgler

Nörgler, der verborgene Retter. Er ist der seltsamste Typ in Drama-Spielen: In Krisen spielt er die scheinbar positive Rolle und bei Schönwetter wird er zum Nörgler. Er greift niemanden direkt an, aber „möchte schon drauf hinweisen, dass man so mit anderen nicht umgeht". Er ist schnell mit seinen Urteilen und Bewertungen, ein destruktiv mahnender Kritiker.

Christine kommt nach Hause. Der Tag war lang und anstrengend. Sie lässt sich auf das Sofa fallen und sagt zu ihrem Mann:

„Du kannst dir nicht vorstellen, was in unserer Abteilung läuft, meine Bürokollegin telefoniert den ganzen Tag privat und die anderen trinken einen Kaffee nach dem anderen und tratschen. Die haben keinen Funken Pflichtbewusstsein, und dem Chef ist das anscheinend alles egal. Ich bin ja nicht der Chef, aber da würde ich schon mal nach dem Rechten schauen. So kann man doch nicht arbeiten. Was sagst du dazu?"

Machen Sie den Test. Die einfachste Intervention ist, sich die eigene Rolle im Drama bewusst zu machen. Diese Erkenntnis reicht oft aus, um diese Gewohnheit abzulegen. Mit den Hinweisen in diesem Kapitel und Ihrer Wahrnehmungsgenauigkeit können sie die Rollenneigungen erkennen. Als Unterstützung dazu finden Sie im Internet einen einfachen und aussagekräftigen Test unter **www.trinergy.at**. Das Ergebnis gibt auf einer Skala von 0 bis 100 Auskunft darüber, wie hoch die Drama-Schieber sind. Es steht Ihnen frei, mittels Test auch mehr über sich selbst zu erfahren – eine einfache Form der Selbst-Supervision.

DIE DRAMA-DYNAMIK

Drama drastisch drosseln. 1997 beim Weltkongress für Transaktionsanalyse in Los Angeles wurde der Psychologe Stephen Karpman gefragt, wie Drama aufgelöst werden könne. Seine Antwort war: „Am besten lässt man sich gar nicht erst darin verstricken." Damit sollten wir uns nicht zufrieden geben. Mit Trinergy®-Coaching-Techniken können Sie ein Drama erkennen, stoppen und in WIN-WIN-Lösungen transformieren.

Trio-Drama

Drama-Dreieck in Bewegung. In der „Vollform" braucht man für ein Drama drei Beteiligte. In dieser Besetzung kann man dafür sorgen, dass einfache Konflikte durch persönliche Stressroutinen der Beteiligten immer schlimmer und schlimmer werden: Das nennen wir dann Drama.

Die Vollversion. Alle drei Rollen sind besetzt:

Elternsprechtag. Die Mutter klagt dem Ehemann ihr Leid:

Mutter: „Er hat keine Hausübungen gemacht, war drei Tage unentschuldigt nicht in der Schule und hat alles im Kopf, nur nicht beim Unterricht aufzupassen. Ich weiß nicht mehr, was ich tun soll. Das Ganze wächst mir über den Kopf."

Vater wendet sich an seinen Sohn: „Hör mal, du willst doch später einen ordentlichen Beruf haben, aber so geht das nicht. Was man in der Schule nicht lernt, kann man später auch nicht lernen. Das haben wir dir schon hundertmal gesagt und jetzt reicht es langsam. Wenn du nicht sofort vernünftig wirst, setzt es eine Ohrfeige."

Der Vater droht auch körperlich, und der Sohn nimmt Deckung, um nicht mit der harten Hand des Vaters Bekanntschaft zu machen.

Mutter: „Mann, ist das notwendig, dass du ihm gleich drohst. Dass ihr Männer immer gleich aggressiv werden müsst. Kannst du ihm nicht vernünftig sagen, was er zu tun hat, du Dummkopf?"

Sohn: „Sagt mal, müsst ihr den immer gleich streiten?"

Turn around and around and around. Das ist Drama-Dynamik: Die Mutter ist Opfer des Schulverhaltens Ihres Sohnes, er ist in ihren Augen Täter. Sie lädt ihren Mann durch ihre Klage ein, sie zu retten. Er nimmt an, und um sie zu entlasten, wendet er sich an den vermeintlichen Auslöser des Dramas: seinen Sohn. Anfänglicher Tadel transformiert zu Aggression – der Vater wird zum Täter. Das ist der erste Rollenwechsel vom Retter zum Täter; der Vater setzt damit weitere Rollenwechsel in Gang: Der Sohn wird zum Opfer der potenziellen Handgreiflichkeit. Die Mutter übernimmt die frei werdende Rolle der Retterin: Um ihren Sohn in Schutz zu nehmen, nörgelt sie über das Verhalten ihres Mannes und befindet sich auch schon auf dem Sprung zur Täterin, der Teufelskreis rotiert.

Duo-Drama

Es müssen nicht drei sein. Drama-Spiele funktionieren auch zu zweit.

Martha zu ihrem Mann: „Du sitzt bloß mürrisch herum, trinkst dein Bier und starrst in die Glotze. Kannst du nicht einmal ein bisschen nett zu mir sein?"

Tom denkt: „Oh Gott, schon wieder das Thema!" Er fühlt sich als Opfer eines Frontalangriffs und würde aus seiner Sicht Opfer bleiben, wenn er nachgibt. Er rettet sich selbst aus der Situation und sagt: „Ich habe den ganzen Tag gearbeitet, jetzt will ich Ruhe haben."

Martha empfindet das als Angriff. Er erkennt nie an, dass sie auch hart arbeitet, aber eben nur Hausarbeit. Sie fühlt sich als Opfer. Doch sie belässt es nicht dabei und rettet sich: „Ist Hausarbeit vielleicht nichts? Ich bin dir wohl nicht gut genug für ein Gespräch, was?"

Tom glaubt, zwei Alternativen zu haben: sich retten und den nächsten Gegenangriff starten oder Opfer bleiben und den Mund halten.

Solo-Drama

Ich mit mir. Wir brauchen nicht einmal andere Menschen, um Drama zu spielen. Es geht auch allein. Das ist die am wenigsten erkennbare Form von Drama. Da ist der unangenehme Kunde, den Sie anrufen sollten, und von dem Sie sich schon vorher ausmalen, wie er böse reagieren wird; Sie retten sich, und rufen später an. Der Mitarbeiter, dem Sie sagen sollten, dass Ihnen sein Bericht nicht gefallen hat; das ist unangenehm, und Sie verbessern ihn selber. Sie haben eine schlaflose Nacht, weil Sie sich vom Vorgehen eines Kollegen verletzt fühlen und grübeln, wie Sie ihm das heimzahlen werden. Jemand schnappt Ihnen den Parkplatz weg oder nimmt Ihnen die Vorfahrt, und Sie sind lange empört. Sie fühlen sich verletzt, vernachlässigt, gedemütigt und beklagen Ihr Schicksal. Die Phantasie der Menschen, inneres Drama zu inszenieren, ist grenzenlos.

Herbert kommt nach Hause. Der Tag war lang und hart, er ist frustriert und geschlaucht. Er nimmt ein Bier aus dem Kühlschrank und genehmigt sich einen großen Schluck. Da meldet sich ein Gedanke zu Wort: „Das darf doch nicht wahr sein! Gestern hast du dir vorgenommen, nichts mehr zu trinken, und kaum weht ein raues Lüftchen, fällst du schon um!" Er geht so hart mit sich zu Gericht, dass er sich schließlich selbst Leid tut. Der Tag war ja auch außergewöhnlich schlimm. Um sich zu retten, geht er zum Kühlschrank und trinkt das zweite Bier.

rEvolution

Revolution oder Evolution der Persönlichkeit. Nicht nur die negativen Ausprägungen der Ich-Instanzen sind für Drama-Dynamik entscheidend. Auch die Richtung, in der die Positionen durchlaufen werden, entscheidet über Revolution (im Sinne von Rückentwicklung) oder Evolution. Philosophen, Psychologen und die Natur sind sich also einig: Persönlichkeitsentwicklung definiert sich als

- Stopp von Drama-Dynamik,
- Reduktion der negativen Ausprägungen der Ich-Instanzen,
- Stärkung der positiven Kräfte (Flexibilität, Aktivität und Sensibilität),
- Nutzen der positiven Kräfte in evolutionärer Reihenfolge.

Ein Leitspruch als Coach könnte sein: „Am Ende wird alles gut sein, und wenn es einmal nicht gut ist, dann ist es noch nicht zu Ende." Solange der Teufelskreis rotiert, ist es eben noch nicht zu Ende. Es ist noch was zu tun.

DIE DRAMA-AUFLÖSUNG

HOMO HOMINI DEUS.
(DER MENSCH IST DEM MENSCHEN GOTT.)

THOMAS HOBBES

Nichts Menschliches ist mir fremd. Eines Tages ging Chuang Tzu mit einem Freund den Fluss entlang. „Schau, wie sich die Fische im Wasser bewegen", sagte Chuang Tzu, „sie genießen es." „Du bist kein Fisch", sagte der Freund, „Wie kannst du wissen, dass sie es genießen?" „Du bist nicht ich", sagte Chuang Tzu, „woher weißt du also, dass ich nicht weiß, dass es die Fische genießen?"

Lebensstrategen. Konflikte, Grabenkämpfe, Kontroversen, Krieg, Zwist, Auseinandersetzungen; so wie die Inuit in Grönland viele Vokabeln für Schnee haben (weil er in ihrem Leben eine große Rolle spielt), haben wir viele Vokabeln für Drama, jedoch wenige für das Gegenteil – ein harmonisches Zusammenleben. Dramen stressen und frustrieren, doch jeder Gedanke, der weh tut, ist ein Irrtum. Die folgende Strategie soll uns und Ihren Klienten den Ausstieg aus den Lebensdramen leicht und zu einer natürlichen Gewohnheit machen, damit wir besser als bisher im Stande sind, unsere Irrtümer zu bereinigen.

Die 6-„ER"-Strategie der Trinergy®-Konfliktlösung im Überblick:
1. **ERkennen der Drama-Dynamik**
2. **ERraten der aktuellen Drama-Rolle des anderen**
3. **ERfassen der Landkarte, Bedürfnisse und Werte des anderen**
   a. **Täter: Frage nach den verletzten Werten**
   b. **Opfer: Frage nach der Landkarte**
   c. **Retter: Frage nach den Emotionen**
4. **ERöffnen der eigenen Landkarte, Bedürfnisse und Emotionen**
5. **ERsinnen gemeinsamer Ziele**
6. **ERschaffen erster gemeinsamer Ergebnisse**

Schritt 1: ERkennen der Drama-Dynamik

Den Deckmantel lüften. Um etwas dagegen zu tun, müssen wir zuerst wissen, dass es da ist. Wenn es kracht zwischen Konfliktparteien, ist es leicht erkennbar, aber das ist bei weitem nicht die einzige Form von Drama. Darüber hinaus sollten wir auch eine Idee davon haben, wer welche Rolle spielt. Denn für jede Rolle besteht ein anderes Ausstiegsszenario. Wenn Ihr Klient in seinem Drama die Opferrolle übernommen hat, brauchen Sie andere Techniken, ihm herauszuhelfen, als wenn er Täter oder Retter ist. Erkunden Sie in der Phase Offenlegen (siehe Seite 47) die für den Anlass des Klienten relevante Existenz von Drama und die Rollen der Beteiligten.

Der Drama-Wächter. Woran erkennen wir, dass Drama läuft? Die Natur hat uns dafür einen exzellenten Indikator gegeben: Gefühle. Wir vergleichen die Wahrnehmung jedes Augenblicks mit unseren Bedürfnissen, permanent, unbewusst und blitzschnell. Wenn die Wahrnehmung unsere Bedürfnisse nicht tangiert, bleiben wir gleichgültig, werden sie befriedigt, empfinden wir positive Gefühle (Freude, Stolz, Zuneigung, Geborgenheit, Liebe, ...). Werden Bedürfnisse verletzt, fühlen wir negativ (Trauer, Ärger, Hass, Zorn, ...). Diese unmittelbare Reaktion auf die Realität ist unser Drama-Wächter. Akut auftretende negative Emotionen sind der Bifurkationspunkt, an dem sich entscheidet, ob Drama startet oder nicht. Nehmen wir die Einladung an oder gehen wir andere Wege? Seien Sie Ihrem Drama-Wächter dankbar für seine Funktion. So wie Schmerzsensoren den Körper schützen, so schützen die unmittelbaren Emotionen unsere Psyche.

Drama light ist auch schwer. Muss Drama immer dramatisch sein? Nein, es beginnt bei Nörgelei und Getratsche über nicht Anwesende. Die Wirkung? Das alles geht dem Nörgler lange schon im Kopf herum und vergiftet sein Denken. Dem nicht genug, speit er das Gift dann noch auf andere aus und versaut ihnen den Tag. Wie viel wäre inzwischen giftfrei mit diesen Köpfen möglich gewesen?

Die Emotion verrät es. Das Wissen über die drei Gefühlkategorien (siehe „Emotionen, die Macht im Hintergrund", Seite 132) ist die Basis, um Drama zu erkennen. Im Drama gibt es keine Primärgefühle. Drama hat immer mit Sekundär- und Fremdgefühlen zu tun. Und unser Drama-Wächter reagiert sehr sensibel darauf. Sie kennen das sicher: Während Sie mit jemandem reden, haben Sie ein „komisches" Gefühl. Irgend etwas stimmt nicht. Was Ihr Gegenüber sagt, passt nicht mit dem zusammen, was Sie sonst noch wahrnehmen. So fühlt es sich an, wenn jemand Sekundärgefühle zeigt. Ein anderes Beispiel: Sie reden mit jemandem und urplötzlich explodiert Ihr Gegenüber. Etwas hilflos fragen Sie sich: „Was hab ich jetzt verpasst?" Gar nichts – das sind Fremdgefühle.

Schritt 2: ERraten der Drama-Rollen

Erraten – ein Drama-Lotto? Nein, es geht nicht darum, mit einer Wahrscheinlichkeit von 1:3 die Position des anderen zu erraten. Worum es geht, ist, wahrzunehmen, eine Hypothese zu bilden und ein Ausstiegsszenario vorzubereiten. Dabei hilft das Wissen über die Gefühlskategorien und genaues Zuhören. Drama-Statements haben eine bestimmte Struktur und wir können sie daher leicht erkennen. Im Drama ist echte Beziehung unmöglich. Gefühle, Bedürfnisse und Werte können nicht kommuniziert werden; sie werden maskiert und in Pseudobotschaften verpackt.

Du bist böse – oder des Täters Pseudowahrheit

Ein Ehepaar möchte noch einen Versuch unternehmen, ihre Ehe zu retten. Die Ehefrau bestreitet den Hauptteil der Kommunikation, er sitzt mit vorgebeugtem Körper da, sein Blick ist auf den Boden geheftet. Nach einer halben Stunde springt die Ehefrau auf und ruft: „Du bist doch wirklich das Allerletzte! Ich bemühe mich und du sitzt einfach nur da. Das war immer schon so, du entsetzlicher Egoist." Der Ehemann richtet sich auf und sieht seine Frau aus weit geöffneten Augen an. Der Coach schaltet sich ein: „Was genau möchten Sie von Ihrem Mann? Was ist Ihnen wichtig, was bekommen Sie im Moment nicht?" Sie antwortet: „Er soll mich anschauen während des Gespräches und sich mehr beteiligen." Der Coach: „Und wenn er das macht, wie fühlen Sie sich dann?" Sie: „Sicher. Wenn er mich ansieht und auch mal was sagt, fühle ich mich sicherer. Ich weiß gar nicht, was ich jetzt sagen soll." Der Coach fragt den Ehemann: „Sind Sie bereit, Ihrer Frau diese Bitte zu erfüllen?" „Ja, wenn sie sich dadurch besser fühlt, können wir es probieren."

Durch die Aussage der Frau hat sich das Drama verschlimmert. Warum? Bei ihren Aussagen handelt es sich um Pseudowahrheiten.

Du bist böse – tatsächlich? Sagen wir zu jemandem: „Deine Hose ist grün", gibt es deshalb kein Drama, es handelt sich um eine Beschreibung. Warum macht es einen Unterschied, zu sagen: „Du bist böse"? „Böse" ist keine Eigenschaft eines Menschen, die Aussage betrifft eine Qualität der Beziehung, sie hat nichts mit dem anderen Menschen zu tun, sie sagt wesentlich mehr über denjenigen aus, der diese Aussage trifft – im Sinne der „Reflexivbestimmung" Hegels. Sie sagt etwas darüber aus, wie der Sprecher sein Gegenüber bewertet. Damit maßt sich der Sprecher an, die Wahrheit über den anderen zu kennen. Die Klientin sagt ihrem Mann nicht, was sie gerne hätte, was ihr wichtig wäre, sie stellt fest, was mit ihm nicht stimmt. Damit vergrößert sie die Distanz und stellt auf abstruse Art sicher, das, was sie möchte, nicht zu bekommen.

Ich fühle mich ausgenutzt – Opfer und ihre Pseudogefühle

„Ich fühle mich von meinem Mann ausgenutzt." Er hat seinen Sport, geht drei Mal in der Woche trainieren, an einem Tag hat er eine Saunarunde, und ein Mal in der Woche kegelt er mit seinen Freunden. Und ich muss zu Hause sitzen wegen der Kinder. Und wenn ich mit ihm darüber spreche, sagt er nur, ich kann ja auch gehen, dann bleibt er zu Hause." „Ah, und Sie möchten gar nicht ausgehen?" „Ich fühle mich nicht verstanden, ausgenutzt und ..."

Ich fühle mich ausgegrenzt. Wie fühlt sich „ausgegrenzt, unverstanden, ausgeschlossen, zurückgesetzt" usw. an? Das sind keine Gefühle, es sind Prozesswörter, Verben: ausgrenzen, ausschließen, nicht verstehen, zurücksetzen. Benützt ein Klient diese Verben, erkennen wir sofort: Das sind keine Gefühle, sondern Interpretationen der Wirklichkeit. Es ist Gedankenlesen im Bezug darauf, was andere tun. Was dabei ausgeschlossen wird, ist der Vergleich der Sichtweisen. Die Klientin interpretiert die Handlungen ihres Mannes als Ausschließen, Nichtverstehen. Diese Interpretation kann richtig sein. Entscheidend ist, dass die Interpretation nicht mit den Bedürfnissen der Klientin zusammenpasst und es ihr emotional damit schlecht geht.

Das kann man doch nicht machen – die Pseudowerte des Retters

In einer Filiale einer großen Handelskette wird Irene als neue Abteilungsleiterin eingestellt. Sie möchte einige neue Ideen umsetzen und merkt, dass sie auf Widerstand stößt. Beim Teambildungsprozess merkt Irene, dass das Team in zwei Gruppen gespalten ist – eine Gruppe tendiert zu ihr, die andere Gruppe zeigt Ablehnung. Irene bittet die Sprecherin der zweiten Gruppe, ihr zu sagen, was ihr nicht passt. „Man kann nicht so einfach alles umschmeißen und umorganisieren. Wir sind seit Jahren in der Firma. Bis jetzt hat immer alles geklappt. Und dann soll auf einmal alles anders werden. So kann man mit uns nicht umgehen ...“

Man kann nicht, sollte nicht, darf nicht ... Solche Aussagen generalisieren einen Wert, der für alle gelten soll. Der Wert selbst wird dabei gar nicht direkt genannt; und außerdem tut der Sprecher so, als ob es ihm selbst nichts ausmachen würde. Er möchte lediglich darauf hinweisen, dass so etwas für andere problematisch werden wird. Beliebte Einleitungsfloskeln sind: „Ja, aber man ...“ oder „Ich möchte nur anmerken, dass man ...“

Schritt 3: ERfassen der Landkarte, Werte und Emotionen

Die Landkarte ist nicht das Gebiet. Der Chef – als Täter – schnauzt einen Mitarbeiter – das Opfer – wegen eines Berichtes an. Eine klare Sache – zumindest von außen betrachtet. Könnten wir in die Köpfe der beiden sehen, würden wir erkennen: Da sind zwei Opfer: der Mitarbeiter, der einen Rüffel bekommt, und der Chef, der sich als Opfer der Unfähigkeit anderer erlebt. Wie gehen wir jetzt vor? Behandeln wir den Chef als Täter oder Opfer? Hier geht es um das eigene Erleben. Um Drama zu stoppen, müssen wir aus der eigenen Landkarte heraus agieren. Drama ist keine Energie, sondern Energieverlust; so wie Dunkelheit nicht schwarze Energie, sondern das Fehlen von Licht ist. Wenn Sie dem Klienten die Technik geben, Dramen zu stoppen, öffnen Sie ihm wieder den Zugang zu seinen Primärenergien.

3-Schritt-Technik zur Beziehung. Die Stopp-Strategie ist abhängig davon, in welcher Rolle man selbst und der Gesprächspartner agiert. Drama-Stopp allein würde ein Vakuum hinterlassen, daher sollten wir zeitgleich Beziehung aufbauen. Im Kapitel „Vertrauen – die Beziehung trägt" (Seite 87), haben wir das Konzept schon vorgestellt: Pacing – Outing – Leading. Dieser Struktur folgt auch der Drama-Stopp.

Täter-Stopp

1. *Täter-Pacing.* Täter sind aufgebracht, Adrenalin wirkt, die Pulsfrequenz ist hoch. Mit samtweicher Stimme lässt sich da nichts stoppen, im Gegenteil: Der Täter glaubt sich verhöhnt und wird noch aggressiver. Wiederholen Sie das Statement des Täters mit kräftiger Stimme, nur wenig leiser als er (verbales Pacen). Täter positionieren sich konfrontativ, das heißt direkt gegenüber dem anderen. Lösen Sie wenn möglich diese Position auf und gehen Sie an seine Seite, während Sie die Aussage wiederholen. Damit geht sein Angriff räumlich ins Leere.
2. *Outing.* Bleiben Sie an seiner Seite und sagen Sie mit fester Stimme: „Moment, das möchte ich jetzt verstehen." Sie gehen damit in die Macher-Ecke und nähern sich dem Täter, denn auch ihm geht es um Fakten.
3. *Leading – vom Täter zum Mentor.* Nun reißen Sie das Steuer herum und vollziehen eine Kehrtwendung in die positive Richtung. Aus der Ecke von Täter/Macher ist in dieser Richtung der Mentor am nächsten. Die Stärke des Mentors ist, Bedürfnisse zu berücksichtigen. Sprechen Sie also die Bedürfnisse des Gesprächspartners an: „Ihnen geht es also um ... Ihnen ist also wichtig, dass ..." Stellen Sie keine Fragen (die könnten als Gegenangriff empfunden werden), sondern geben Sie Tipps ab und hinterfragen Sie dann erst. Der Stil der weiteren Kommunikation ist Erraten von Lösungen.

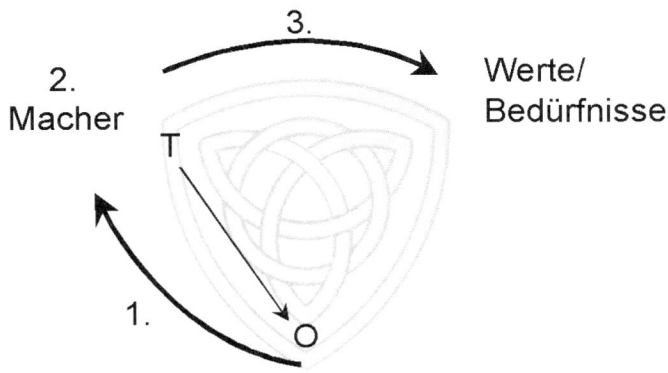

Abbildung 11: Vom Täter zum Mentor

Tom, ein Mitarbeiter in der Controlling-Abteilung von Markus, schaut erschreckt auf, als Markus, sein Chef, zur Tür hereinpoltert. Mit rotem Kopf stellt sich Markus vor Tom auf:

„Tom, Sie sind ein Dummkopf. Muss ich Ihnen wirklich erklären, wie man eine Statistik liest? Ich habe Ihnen schon hundert Mal gesagt, lieber zweimal checken, sonst blamieren wir uns. Die haben sich über Ihren Bericht totgelacht. Und an wem bleibt's hängen? An mir natürlich!"

Tom atmet durch und stellt sich an die Seite seines Chefs:

„Sie sagen, die haben sich über den Bericht totgelacht und an Ihnen bleibt es hängen. Moment mal, Chef, das möchte ich jetzt verstehen. Ihnen geht es darum, nicht das Gesicht zu verlieren und dass die Berichte Hand und Fuß haben, nicht wahr?"

Markus: „Ja, verdammt noch mal."

Tom: „Dann hätte ich eine Idee, ich könnte ..."

Tom schlägt Lösungen vor und bewegt sich gemeinsam mit Markus von der Täter-Ecke zum Mentor (durch Ansprechen der Bedürfnisse) und weiter zur Muse (Aufzeigen von kreativen Ideen). Er bewegt sich in evolutionärer Richtung. Markus' Adrenalinspiegel sinkt und er hört Tom zu. Das Drama ist gestoppt. Tom hat ein paar nützliche Ideen, die auch berücksichtigen, dass Markus künftig das Gesicht wahrt. Dann wird es ein gutes Gespräch und Markus verlässt beruhigt das Zimmer.

Opfer-Stopp

1. **Opfer-Pacing.** Das Opfer eröffnet sein Klagelied, die Haltung ist zusammengesunken, der Kopf hängt nach unten, die Stimme ist schwach, er atmet flach im Brustbereich. Pacing des Opfers bedeutet körpersprachliches Pacing. Gleichen Sie sich der Haltung des Opfers an, während Sie die Aussage des Opfers wiederholen.

2. **Outing.** In dieser Haltung spüren Sie ziemlich bald: Das ist kein besonders gutes Lebensgefühl. Ein typisches Retter-Statement an dieser Stelle wäre, Verständnis zu signalisieren. Retter-Antworten ist das Opfer gewohnt und – sie sind nutzlos. Empathie heißt nicht Verständnis für die Situation, sondern einfühlen können. Wenn Sie Verständnis zeigen, würden Sie damit den Schicksalsgedanken des Opfers bestätigen. Zeigen Sie Empathie und seien Sie gleichzeitig überrascht, dass das Opfer glaubt, so einen Zustand zu brauchen. Das hilft viel mehr, denn es bedeutet dem Opfer: Ich könnte mich auch anders entscheiden. Sagen Sie: „Wirklich? Das erstaunt mich jetzt aber!"

3. **Leading zum Macher.** Staunen über die Welt ist eine Fähigkeit der Muse. Sie haben sich ihm nun zur Seite gestellt und beginnen mit ihm den evolutionären Weg hin zur nächsten Station: dem Macher. Dort geht es um Realität und Fakten. Das Opfer nimmt nur sich selbst wahr, alles andere ist böse Umwelt (außer ein paar vorbeiziehenden Rettern). Das Opfer braucht daher den Blick für die Realität der anderen: „Was glauben Sie, wie würde der andere die Situation schildern?" Das ist der Start der Umkehrung, für alles Weitere stellen Sie zirkuläre Fragen. Sie sind die ideale Technik für potenzielle Opfer, weil sie diese wieder in Kontakt bringen mit der Realität und der Sichtweise der anderen.

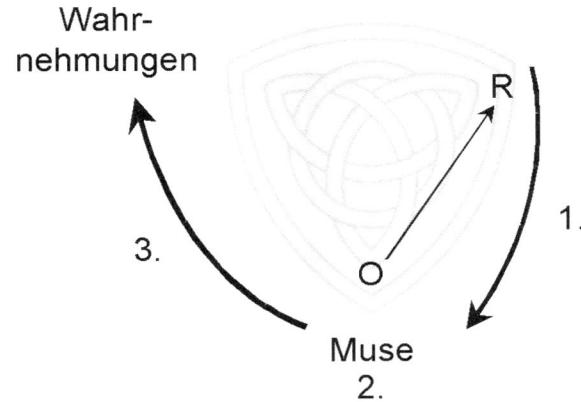

Abbildung 12: Vom Opfer zum Macher

Manuela ist neu im Unternehmen. Thea ist ihre Zimmerkollegin. Sie erscheint am Morgen mit verweinten Augen und schluchzt los:

„Ich weiß mir keinen Rat mehr. Mein geschiedener Mann versucht mir, meinen Sohn wegzunehmen. Er ruft ihn täglich an und versucht ihn gegen mich aufzubringen. Ich stehe dem bösen Spiel hilflos gegenüber. So was ist doch eine Schweinerei, oder?"

Manuela: „Aha, Ihr geschiedener Mann versucht, Ihnen den Sohn wegzunehmen. Er ruft ihn täglich an, um ihn gegen Sie aufzubringen. Und Sie stehen dem hilflos gegenüber. Tatsächlich? Das überrascht mich aber! Erklären Sie mir das bitte näher: Was glauben Sie, wie würde Ihr Sohn die Situation schildern?"

Thea: „Mmmhh, der würde sagen, Papa ruft mich eben gerne an. Und ich rede auch gerne mit ihm."

Thea hat mit dieser Frage erkannt, dass sich für ihren Sohn die Situation anders darstellt. Manuela wird sie weiterfragen, was Thea dazu sagt, wenn ihr Sohn das so sieht und was ihr Sohn zu ihrer Sicht der Dinge sagen würde. Und sie hilft Thea damit, ihren Tunnelblick zu erweitern. Wenn Manuela ganz schlau ist, wird sie Thea auch noch fragen, was ihr dabei wichtig ist und welche Bedürfnisse sie bei ihrem Geschiedenen und ihrem Sohn vermutet. Dann ist es nicht mehr weit zu Lösungsideen.

Retter-Stopp

1. **Retter-Pacing.** Der Nörgler nörgelt und kritisiert. „Man will ja nichts gesagt haben, aber so geht nun wirklich nicht ..." Wiederholen Sie präzise das Statement des Retters.
2. **Outing.** Der Retter ist in der Ecke der Werte, die hat er immer im Blickfeld, um urteilen zu können. Um ihn auch im Ich-Statement zu pacen, sprechen Sie daher Werte an: „Also das scheint mir jetzt sehr wichtig zu sein."
3. **Leading – vom Retter zur Muse.** Retter verschleiern ihre Aussagen mit „man", „sollte", „es" oder „manche", selten klagen sie andere direkt an. Und sie tun so, als hätte das Ganze nichts mit ihnen zu tun. Daher hören Sie von Rettern auch oft: „Mich geht es ja nichts an, aber ..." Sie verschleiern auch ihre eigene Rolle im Spiel. Sie tun auch so, als würde sie das emotional nicht berühren. Geübte Retter trennen sich immer mehr von ihren Gefühlen ab. Dorthin sollten wir sie also führen, damit sie wieder das Ganze sehen können. „Bitte sagen Sie mir: Was ist Ihre Rolle dabei? Wie geht es Ihnen damit?" Retter sind Opfer gewohnt und Opfer bitten um Hilfe. Daher macht es Sinn, auch hier zu bitten.

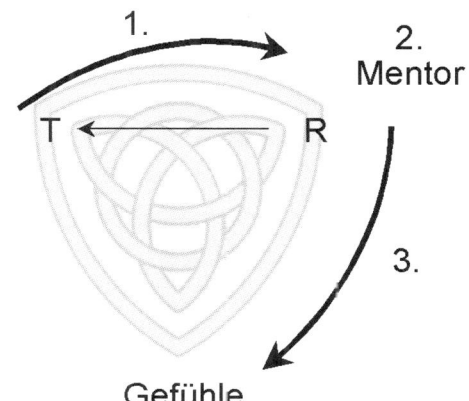

Abbildung 13: Vom Retter zur Muse

Karl weiß nicht, wie ihm geschieht. Klara hat ihn im Flur am Ärmel zur Seite gezogen und flüstert:

„Es ist grotesk. Unsere Meetings sind eine Katastrophe. Gestern wieder: Die meisten kommen zu spät, niemand hat was vorbereitet, es gibt praktisch keine Moderation und die verteilten Aufgaben macht sowieso keiner. Wenn das so weitergeht ...“

Karl: „Klara, Sie sagen, unsere Meetings sind eine Katastrophe. Ich glaube das ist jetzt wichtig. Sagen Sie mir bitte: Wie geht es Ihnen eigentlich dabei?“

Klara überlegt lange: „Mir? Was soll ich sagen, ich finde das nicht in Ordnung.“

Karl bleibt dabei: „Und wenn Sie es nicht in Ordnung finden, wie geht es Ihnen dabei?“

Klara: „Nicht gut. Weil ...“

Karl: „Aha, bitte sagen Sie mir, welche Ideen hätten Sie, um die Dinge zu verbessern?“

Mehr als „nicht gut“ ist von einem passionierten Retter kaum zu erwarten; von Gefühlen abgeschnitten, fehlt schließlich auch das Vokabular für Emotionen. Hauptsache, die Richtung stimmt. In der Position der Muse werden Ideen möglich. Geben Sie keine Lösungen vor, sondern führen Sie einen Dialog, aus dem heraus Ihr Gegenüber Lösungen entwickelt.

Veränderung geht nur rasch. Konsequent angewendet, ist die Stopp-Strategie eine Sache von vielleicht 30 Sekunden. Mehr braucht es nicht, um Drama in zielorientierte Konversation umzukehren.

Aspirin gegen Drama. Hilft diese Stopp-Strategie immer? Es gibt keine absolute Garantie für Erfolg, Sie haben aber eine größere Chance, Drama von Anfang an zu unterbrechen. Besonders dann, wenn Sie sich darin üben. Sie wissen: Am Trainingsanfang bildet das Gehirn die entsprechenden Areale aus, neue Verbindungen entstehen und vertiefen sich; so lange, bis es Routine wird und Ihr Gehirn die Aufgabe des Drama-Stopp auf untergeordnete Areale übergeben kann. Dann läuft Drama-Stopp wie routiniertes Autofahren. So funktioniert Persönlichkeitsentwicklung.

Schritt 4: ERöffnen der eigenen Landkarte, Bedürfnisse und Werte

Wir sind keine Heiligen. Es reicht nicht, wenn Täter beruhigt, Opfer in Sicherheit sind und Retter wieder Zugang zu ihren Emotionen haben. Es geht auch um uns. Denn schließlich werden wir immer wieder eingeladen, im Drama mitzuspielen, obwohl wir das nicht wollten. Doch wie legen wir unseren Standpunkt dar, ohne wieder Drama zu provozieren?

Und jetzt ich! Unsere Eröffnung beginnt dort, wo das Erforschen begonnen hat. Wir wechseln dabei das Subjekt vom Du zum Ich und schaffen damit die Verbindung für das kommende Wir. Wenn Ihnen jemand als Täter begegnet, beginnen Sie mit den eigenen betroffenen Bedürfnissen, welche Emotion die Bedürfnisverletzung in Ihnen ausgelöst hat, wie Sie sich stattdessen lieber fühlen würden, was geschehen müsste, damit Sie sich so fühlen können und wie die neue Realität Ihr Bedürfnis erfüllt. Damit haben Sie einen vollständigen evolutionären Kreislauf kommuniziert. Wenn Ihnen jemand als Nörgler begegnet, starten Sie mit den eigenen Emotionen und bei Opfern mit der selbst wahrgenommenen Realität. Von dort setzen Sie jeweils den evolutionären Kreislauf fort.

> *Tom: „Markus, mir geht es um Wertschätzung meiner Person und ich fühle mich unsicher. Ich würde mich sicherer fühlen, wenn Sie mir sagen, was ich falsch gemacht habe, und mir Gelegenheit geben, meinen Fehler zu bereinigen."*

Lösung als Draufgabe. Markus weiß nun, was Tom wichtig ist und was er fühlt, und er kann dieses Wissen bei nächster Gelegenheit nützen, um auf Markus als Mensch besser als bisher einzugehen. Die Beziehung kann wachsen. Als Draufgabe hat Markus auch einen Lösungsvorschlag, der im Sinne beider ist.

Schritt 5: ERsinnen gemeinsamer Ziele

Drei Schritte bis zum Ziel. Wenn das Drama gestoppt ist und Landkarten, Werte und Emotionen abgeglichen sind, wird Beziehung möglich. Das bedeutet nicht, dass es keine Differenzen mehr gibt. Allerdings sind sie dort, wo sie hingehören: auf der Sachebene. Markus hat erkannt, dass Tom kein Dummkopf ist. Und Tom weiß, dass Markus nur seine Aufgabe erfüllt. Gemeinsam können sie nun überlegen, was in Zukunft anders sein wird. Wieder geht es in evolutionärer Richtung:

1. zunächst Ideen entwickeln (Muse), dann
2. die Umsetzung durchdenken (Macher) und zum Schluss
3. überprüfen, ob das Ergebnis zufrieden stellend ist (Mentor).

Mit dieser Strategie des In-Trinergy®, die Sie im Kapitel über Coaching-Techniken nachlesen können (siehe Seite 217), hat Walt Disney seinen Konzern aufgebaut. Gute Ideen zu haben, sich zu überlegen, wie man es angehen kann und zu überprüfen, ob das Ergebnis passt, reicht noch nicht aus. Eine entscheidende Kleinigkeit fehlt noch. Nämlich:

Schritt 6: ERschaffen gemeinsamer Ergebnisse

„Erfolg hat drei Buchstaben: TUN", sagte schon Goethe! Das ist der entscheidende Schritt nach außen. Die besten Ideen sind nutzlos, wenn sie in der Schublade bei all den anderen Ideen landen, die wir nie umgesetzt haben. Das Geheimnis lautet: Geh nach außen und fang an! Und wieder geht es in evolutionärer Richtung:

- Aus dem Macher wird der Aktive, der die Idee umsetzt.
- Der Mentor wird zum Sensiblen, der überprüft, ob die Ergebnisse passen, und
- aus der Muse wird der Flexible, der das Tun anpasst.

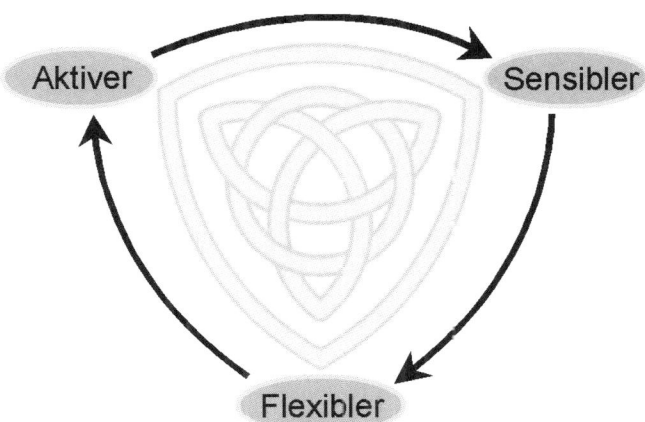

Abbildung 14: Geh nach außen und fang an!

Die „Mehr desselben"-Falle. Paul Watzlawick hat gut erkannt, dass Menschen dazu neigen, Lösungen, die einmal erfolgreich waren, immer wieder anzuwenden. Das ist zwar noch immer Tun, der Kreislauf ist aber durchbrochen. Wir nehmen kein Feedback, sondern tun einfach weiter.

> *Ein Mann möchte von Wien nach München. Er hat die Idee, mit dem Auto zu fahren. Er setzt die Idee um und fährt los. In Budapest stellt er fest, dass die Richtung, in die er fährt, nicht optimal ist. Was tut er? Er denkt: „Ich geb' einfach mehr Gas, dann wird es schon passen."*

Zugegeben, man kann von Wien auch über Budapest nach München fahren. Es wird nur recht lange dauern. Feedback zu nehmen ist wichtig – nicht nur, wenn wir nach München fahren wollen. Wie hat schon Richard Bandler gesagt: „Wenn du tust, was du schon immer getan hast, wirst du bekommen, was du schon immer bekommen hast. Und wenn das, was du bekommst, nicht das ist, was du bekommen möchtest – dann tu etwas anderes."

Trinergy® in der Coaching-Praxis

Die Praxis macht's. Wie können Sie das Modell und die Strategien in Ihre tägliche Arbeit als Coach einfließen lassen? Was tun, wenn der Klient Ihnen als geübtes Opfer begegnet oder wünscht, dass sich die anderen gefälligst verändern sollten, oder wenn ihn die täglichen Konflikte im Beruf und zu Hause belasten und er keine Idee hat, das zu verändern? Wie können Sie Ihren Klienten unterstützen, Konflikte zu lösen und die Ich-Evolution zu fördern?

Erst die Beziehung, dann die Lösung. Drama tut so, als wären Menschen nicht o.k., entweder man selbst oder die anderen oder überhaupt alle. Doch solange wir meinen, dass mit dem anderen oder einem selbst etwas nicht stimmt, können wir das eigentliche Problem nicht lösen. Eine Vorannahme des NLP lautet „Hinter jedem Verhalten steht eine positive Absicht". Robert McDonald konnte diesen Satz beweisen. Er befragte die schlimmsten Verbrecher amerikanischer Gefängnisse nach den Motiven ihrer Tat. In letzter Konsequenz war es bei allen ein tiefes Bedürfnis nach Zugehörigkeit. Sie hatten allerdings den schlechtesten aller Wege gewählt, dieses Bedürfnis zu erfüllen. Deshalb trennt NLP zwischen Verhalten und Absicht und lässt den Klienten Wege für besser geeignetes Verhalten entwickeln. Erst wenn der Klient diesen Zusammenhang erkennt und sich und die anderen als Mensch anerkennt, kann er das Problem lösen. Goethe sagte: „Wer den Menschen nimmt, wie er ist, macht ihn schlechter; wer ihn nimmt, wie er sein könnte, macht ihn besser." Einigung mit dem bösen oder gemeinen Ehepartner funktioniert nicht, erst wenn Anerkennung möglich ist, ist Einigung denkbar. Darum geht Drama-Lösung vor Problem-Lösung.

Retter oder Mentor. Dasselbe gilt auch für Sie als Coach. Sie leisten Drama Vorschub, wenn Sie glauben, Ihr Klient sei nicht o.k. Mit diesem Glaubenssatz stempeln Sie sich von vornherein zum Retter und sind für den Klienten wertlos. Wenn Sie den Menschen als Ganzes sehen, mit allem, was er sein könnte, und mit seinen positiven Absichten, können Sie als Mentor wirksam unterstützen.

Die einfachen Dinge zuerst

Aller Anfang ist leicht. Beginnen Sie mit kleinen Schritten. Lassen Sie Ihren Klienten die gewohnten Spiele erkennen und reflektieren. Öffnen Sie sein Bewusstsein für die Drama-Einladungen, die er erhält und aussendet und deren Einfluss auf das tägliche Leben und die Probleme, mit denen er zu Ihnen gekommen ist. Nützen Sie dafür den kostenlosen Online-Primärenergie-Test im Internet unter **www.trinergy.at**. Ihr Klient beantwortet dort ein paar Fragen und Sie erhalten auf Knopfdruck die Auswertung. Sie gibt Auskunft über die Rollenneigungen Ihres Klienten und wie sehr ihm die drei Primärenergien frei zur Verfügung stehen. Geben Sie Ihrem Klienten Aufgaben, die ihn trainieren, Dramen im Ansatz zu erkennen und die Rollen zu identifizieren.

Achtung, Schublade. Wir brauchen Modelle, um die Welt in ihrer Komplexität verstehbar zu machen. Auch die Drama-Rollen sind ein Modell. Während Sie Trinergy®-Coaching nützen, sollten Sie das stets im Auge behalten. Täter, Opfer und Retter sind weder Schicksale noch Schubladen. Es sind Gewohnheiten, die man nehmen und ablegen kann wie Kleider. Niemand ist Anzugträger, weil er eine Zeit lang Anzüge trägt. Bringen Sie das auch Ihrem Klienten schonend bei, sonst erschaffen Sie Multiplikatoren neuer Schimpfnamen und setzen damit noch mehr Drama in die Welt.

Stop and go. Erkennen allein ist zu wenig. Wie kann sich Ihr Klient befähigen, Drama zu stoppen? Dafür gibt es die Stopp-Strategie. Trainieren Sie mit dem Klienten den Drama-Stopp. Ihr Klient übernimmt oft die Opferrolle? Dann üben Sie mit ihm, wie er Täter stoppen und Retter-Einladungen ausschlagen kann. Lassen Sie ihn die ersten Übungen „im Trockendock" machen, indem Sie selbst die Täter- und Retter-Rolle übernehmen. Variieren Sie Ihre Einladungen, damit der Klient ein Repertoire an Referenzerfahrungen im Drama-Stopp sammelt. Geben Sie ihm Aufgaben, seine Fähigkeiten zu erproben. Lassen Sie ihn zunächst an harmlosen Drama-Einladungen Erfolge sehen, um sich dann den schwereren Fällen zuzuwenden. Ging der Stopp einmal daneben, schreiben Sie es der zu großen Forschheit des Klienten zu. So gewinnt er langsam, aber sicher Vertrauen.

Performance jetzt

Start frei. Auch wenn Drama zunächst einmal gestoppt ist, die unterschiedlichen Standpunkte bleiben. Wie kann Ihr Klient trotzdem die Interaktion dramafrei erhalten und zu gemeinsamen Lösungen finden? Sobald Drama seinen geringen Platz als Indikator von Werteverletzungen zugewiesen erhalten hat, ist der Interaktionsraum frei für unsere drei Primärenergien. Jetzt können wir sie vollständig nutzen – in der richtigen Reihenfolge: Kreativität, Durchsetzungskraft und Einfühlungsvermögen. Damit lässt sich gut gemeinsame Sache machen.

Einigungen. Ihr Klient möchte sich mit jemandem über etwas einig werden? Ganz einfach: Er beginnt mit der Erforschung der gemeinsamen Interessen und Bedürfnisse (Mentor), gemeinsam entwickeln die beiden Ideen, wie die Bedürfnisse erfüllt werden könnten (Muse), sie setzen die Ideen in Pläne um (Macher) und prüfen kritisch, wie das Ergebnis in der Realität wirken könnte und wo es noch hakt (Mentor). Für die Haken entwickeln sie Ideen (Muse) und korrigieren die Pläne (Macher) so lange, bis die kritische Prüfung nichts mehr daran auszusetzen hat (Mentor).

Pläne schmieden. Ihr Klient will sich über seine Zukunft klar werden? Gleiches Prinzip: Er entwickelt Zukunftsideen, konkretisiert sie, prüft sie kritisch und entwickelt für die Knackpunkte weitere Ideen usw. Walt Disney ging nach demselben Prinzip vor, als er sein riesiges Unterhaltungsimperium entwickelte. Jede seiner Erlebniswelten, jeder seiner Filme und Comics ist so entstanden. Für jede der drei Primärenergien hatte er einen eigenen Raum, in dem er und seine Leute nur kreativ, nur konkret oder nur kritisch waren. Robert Dilts modellierte Disneys hervorragende Eigenschaft und nannte die drei Energien den Träumer, Realisten und Kritiker. Die im Kapitel „Team-Formation – Gemeinschaft schaffen" (siehe Seite 146) beschriebene Moderationstechnik und im Kapitel „Acht neue Coaching-Techniken" (siehe Seite 206) dargestellte Technik des In-Trinergy folgen dem gleichen Muster.

Vom Planen zum Handeln. Die evolutionäre Nutzung der Primärenergien ist eine Universalie der Natur. Sie macht Weiterentwicklung möglich, auch dort, wo Pläne in Handlungen umgesetzt werden. Das kybernetische Handlungsmodell unterscheidet drei Qualitäten: Ausgerichtet auf ein Ziel sind

- Handlung,
- Feedback und
- Flexibilität

die handlungsorientierten Qualitäten der drei Primärenergien. Das Handlungsmodell unterstützt den Klienten, seine Ziele zu verwirklichen, wenn kein Drama im Weg steht und er seine Primärenergien vollständig nützen kann.

Primär-Kreislauf des Coachs. Das ist auch das Prinzip, nach dem erfolgreiche Coachs auf die aktuelle Situation mit dem Klienten hin agieren. Mittels der Informationen der Phase Offenlegen und der Synthese der Phase Annähern plant der Coach eine Handlungsoption, um seinen Klienten zu Lösungen zu führen. Während er die Technik anwendet, beobachtet er permanent Aktion und Reaktion des Klienten. Er gibt sich selbst Feedback und erhält Feedback vom Klienten über den Grad der Veränderung. Stimmt das Zwischenergebnis mit den Erwartungen von Coach und Klient überein, macht er weiter, wenn nicht, geht er den evolutionären Weg und entwickelt flexibel eine neue Idee über sein weiteres Vorgehen, handelt dementsprechend und nimmt Feedback. Das ist der Kreislauf exzellenter Coachs.

ZUSAMMENFASSUNG

Recycling von Drama-Energie – volle Kraft voraus

Das Drama-Dreieck

Die Schattenseite. Die drei Primärenergien haben Schattenseiten. Die Transaktionsanalyse definiert neben den drei positiven Ausprägungen der Ich-Instanzen auch drei dramatische Ausprägungen: das angepasste Kind, das rebellische Kind und das kritische Eltern-Ich.

Das Drama-Dreieck. Stephen Karpman stellte diese Rollen und Interaktionen in Form des Drama-Dreiecks dar. Drama-Dynamik entsteht, wenn Menschen die Rollen wechseln: aus Tätern werden Opfer, aus Opfern Retter und aus Rettern Täter:

- **Der Täter.** Der direkte Angriff ist seine Domäne. Etwas hat ihn in Rage gebracht. Der oder die anderen sind dumm oder böse, und das muss er ihnen austreiben. Seine Sicht ist: „Ich bin o.k., die anderen sind nicht o.k." Darum beschuldigt er und greift an.
- **Das Opfer.** Täter haut Opfer – die klassische Version von Drama. Doch es bedarf nicht des Angriffs eines Täters. Jede unangenehme Lebenssituation kann Opferumfeld sein. Seine Sicht ist: „Ich bin nicht o.k., die anderen sind o.k."

- **Der Retter.** Klagen des Opfers locken den Retter an. Er ist für andere da und kümmert sich kaum um sich selbst. Der Retter stimmt in das Klagelied des Opfers ein und macht die Situation noch schlimmer. Seine Sicht ist: „Ich bin nicht o.k., du bist nicht o.k."

Checker, Diva, Nörgler – die Abwartepositionen

Checker, der verborgene Täter. Nach wie vor ist er so ziemlich der Einzige, der o.k. ist. Er sagt den anderen, was Sache ist, mit Zahlen, Daten und Fakten. Die Kommunikation ist sachlich, er denkt und handelt rational.

Diva, das verborgene Opfer. Wenn gerade kein Stress ist, dann zeigen Opfer, was sie können. Dann geht es um das Schöne im Leben – sehen und gesehen werden, auffallen und Allüren zeigen. Wenn draußen Sicherheit herrscht, zeigt sich die Diva bunt schillernd und auffällig.

Nörgler, der verborgene Retter. Der seltsamste Typ in Drama-Spielen: wenn er niemanden retten kann, wird er zum Nörgler. Keine Angriffe, aber er „möchte schon drauf hinweisen, dass man so mit anderen nicht umgeht". Er urteilt und ist ein mahnender Kritiker.

Die Drama-Dynamik

Trio-Drama

Drama-Dreieck in Bewegung. In der „Vollform" braucht man für ein Drama drei Beteiligte. In dieser Besetzung kann man dafür sorgen, dass einfache Konflikte immer schlimmer und schlimmer werden: Das nennen wir dann Drama.

Duo-Drama

Es müssen nicht drei sein. Drama-Spiele funktionieren auch zu zweit. Die beliebteste Version ist zu zweit schlecht über einen abwesenden Dritten zu reden.

Solo-Drama

Ich mit mir. Wir brauchen nicht einmal andere Menschen, um Drama zu spielen. Es geht auch alleine. Das ist die am wenigsten erkennbare Form von Drama. Die Phantasie der Menschen, inneres Drama zu inszenieren, ist grenzenlos.

rEvolution

Revolution oder Evolution der Persönlichkeit. Nicht nur die negativen Ausprägungen der Ich-Instanzen sind für Drama-Dynamik entscheidend. Auch die Richtung, in der die Positionen durchlaufen werden, entscheidet über Revolution (im Sinne von Rückentwicklung) oder Evolution. So lange der Teufelskreis rotiert, ist noch etwas zu tun.

Die Drama-Auflösung

Die 6-„ER"-Strategie der Trinergy®-Konfliktlösung

1. *ERkennen der Drama-Dynamik*
2. *ERraten der aktuellen Drama-Rolle des anderen*
3. *ERfassen der Landkarte, Bedürfnisse und Werte des anderen*
   a. *Täter: Frage nach den verletzen Werten*
   b. *Opfer: Frage nach der Landkarte*
   c. *Retter: Frage nach den Emotionen*
4. *ERöffnen der eigenen Landkarte, Bedürfnisse und Emotionen*
5. *ERsinnen gemeinsamer Ziele*
6. *ERschaffen gemeinsamer Ziele*

Schritt 1: Erkennen, dass Drama läuft

Die Emotion verrät es. Im Drama gibt es keine Primärgefühle. Drama hat immer mit Sekundär- und Fremdgefühlen zu tun.

Schritt 2: Erraten der Drama-Rollen

Erraten – ein Drama-Lotto? Drama-Statements haben eine bestimmte Struktur. Gefühle, Bedürfnisse und Werte werden in Pseudobotschaften verpackt:

- *Du bist böse – oder des Täters Pseudowahrheit.* „Du bist böse" ist keine Eigenschaft eines Menschen. Sie sagt etwas darüber aus, wie der Sprecher sein Gegenüber bewertet.
- *Ich fühle mich ausgenutzt – Opfer und ihre Pseudogefühle.* Wie fühlt sich „ausgenutzt" an? Das ist kein Gefühl, es ist Gedankenlesen in Bezug darauf, was andere tun.
- *Das kann man doch nicht machen – die Pseudowerte des Retters.* Solche Aussagen generalisieren einen Wert, der für alle gelten soll. Der Wert selbst wird dabei gar nicht direkt genannt.

Schritt 3: Erfassen der Landkarte, Werte und Emotionen

Die Landkarte ist nicht das Gebiet. Auch Täter können sich als Opfer der Unfähigkeit anderer erleben. Trotzdem geht es um das eigene Erleben. Um Drama zu stoppen, müssen wir aus der eigenen Landkarte heraus agieren. *3-Schritt-Technik zur Beziehung.* Die Stopp-Strategie ist abhängig davon, in welcher Rolle man selbst und der Gesprächspartner agiert. Die Struktur des Drama-Stopps ist Pacing – Outing – Leading.

Schritt 4: Eröffnen der eigenen Landkarte, Bedürfnisse und Werte

Und jetzt ich! Es reicht nicht, wenn Täter beruhigt, Opfer in Sicherheit sind und Retter wieder Zugang zu ihren Emotionen haben. Es geht auch um uns. Wir wechseln das Subjekt vom Du zum Ich und schaffen damit die Verbindung für das kommende Wir.

Schritt 5: Ersinnen gemeinsamer Ziele

Drei Schritte bis zum Ziel. Wenn das Drama gestoppt ist, wird Beziehung möglich. Die Differenzen sind auf der Sachebene. Und hier entwickeln wir Ideen, denken dann die Umsetzung durch und prüfen, ob das Ergebnis zufrieden stellend ist.

Schritt 6: Erschaffen gemeinsamer Ergebnisse

Erfolg hat drei Buchstaben: TUN. Das ist der entscheidende Schritt nach außen. Aus dem Macher wird der Aktive, der die Idee umsetzt. Der Mentor wird zum Sensiblen, der überprüft, ob die Ergebnisse passen; und aus der Muse wird der Flexible, der das Tun anpasst.

Tringery® in der Coaching-Praxis

Erst die Beziehung, dann die Lösung. Drama tut so, als wären Menschen nicht o.k. Solange wir meinen, dass mit dem anderen oder einem selbst etwas nicht stimmt, können wir das eigentliche Problem nicht lösen. Darum geht Drama-Lösung vor Problemlösung.

Retter oder Mentor. Sie leisten Drama Vorschub, wenn Sie glauben, Ihr Klient sei nicht o.k. Mit diesem Glaubenssatz sind Sie Retter und sind für den Klienten wertlos.

Aller Anfang ist leicht. Lassen Sie Ihren Klienten die gewohnten Spiele erkennen und reflektieren. Öffnen Sie sein Bewusstsein für die Drama-Einladungen, die er erhält und aussendet.

Achtung, Schublade. Täter, Opfer und Retter sind weder Schicksale noch Schubladen. Es sind Gewohnheiten, die man nehmen und ablegen kann wie Kleider.

Stop and go. Trainieren Sie mit dem Klienten den Drama-Stopp „im Trockendock". Übernehmen Sie selbst die Täter-, Retter- und Opferrolle Geben Sie ihm Aufgaben, seine Fähigkeiten in der Praxis zu erproben.

Primär-Kreislauf des Coachs. Sie planen eine Handlungsoption und beobachten die Reaktion. Stimmt das Ergebnis mit den Erwartungen überein, machen Sie weiter, wenn nicht, entwickeln Sie eine neue Idee.

13   IM FLUSS

**Wenn Sie nichts anderes machen als Hoffnung,
ist es schon Coaching**

> HOFFNUNG IST NICHT DIE ÜBERZEUGUNG,
> DASS ETWAS GUT AUSGEHT,
> SONDERN DIE GEWISSHEIT,
> DASS ETWAS SINN HAT,
> EGAL, WIE ES AUSGEHT.
>
> VACLAV HAVEL

PRÄNATALES ZWILLINGSGESPRÄCH

„Sag mal, glaubst du eigentlich an ein Leben nach der Geburt?" fragt der eine Zwilling.

„Ja, auf jeden Fall! Hier drinnen wachsen wir und werden groß und stark für das, was draußen an der frischen Luft kommen wird", antwortet der andere Zwilling.

„Ich glaube, das hast du eben erfunden!" sagt der Erste. „Es kann kein Leben nach der Geburt geben – und wie soll denn ‚frische Luft' bitteschön aussehen?"

„So ganz genau weiß ich das auch nicht. Aber es wird sicher viel heller sein, wir werden das Licht sehen, und vielleicht werden wir auf unseren Füßen gehen und mit unserem Mund tolle Sachen essen?"

„Schon wieder dieser esoterische Licht-Schwachsinn! Und herumgehen, mit diesen schwachen Beinen, wie willst du damit herumgehen? Außerdem ist die Nabelschnur dafür viel zu kurz. Übrigens nährt uns die auch! Mit dem Mund essen, was für eine perverse Idee."

„Doch, das geht ganz bestimmt. Es wird eben alles nur ein bisschen anders sein."

„Du träumst wohl! Es ist doch noch nie einer zurückgekommen von ‚nach der Geburt'. Mit der Geburt ist das Leben einfach zu Ende, punktum! Man muss die Realitäten des Lebens einfach zur Kenntnis nehmen."

„Ich gebe ja zu, dass keiner genau weiß, wie das Leben ‚nach der Geburt' aussehen wird. Aber ich weiß, dass wir dann Vater und Mutter begegnen werden und sie werden sicher für uns sorgen."

„Vater und Mutter? Du glaubst doch wohl nicht an Eltern? Wo sollen denn DIE nun sein, bitteschön?"

„Ohne sie gäbe es uns gar nicht, und Mutter ist sowieso hier überall um uns herum, die ganze Zeit. Wir sind und leben in ihr und durch sie."

„So ein Blödsinn! Von einer Mutter habe ICH noch nie etwas bemerkt, also gibt es sie auch nicht! Schluss damit!"

„Doch, manchmal, wenn wir ganz still sind, kannst du SIE leise singen hören. Oder spüren, wenn SIE unsere Welt von außen ganz sanft und liebevoll streichelt ..."

POSTULATE

... sind weder unmittelbar einsichtige, noch beweisbare Sätze, die innerhalb eines Denksystems jedoch unentbehrlich und, wenn man Glück hat, dort auch reflektiert sind. Für die Autoren sind sinnvolle Postulate der Veränderung:

EIN GEDANKE,
DER WEH TUT,
IST EIN IRRTUM.

ALLES, WAS ICH
DENKE, SAGE ODER TUE,
IST „BITTE" UND „DANKE".

SOLANGE ICH MEINE, DASS MIT DIR ODER MIR
ETWAS NICHT STIMMT, KÖNNEN WIR
DAS EIGENTLICHE PROBLEM NICHT LÖSEN.

HINTER MEINEM ÄRGER STECKT ANGST,
HINTER MEINER ANGST STECKT
MEIN WUNSCH NACH ZUGEHÖRIGKEIT.

LIEBE IST GLÜCKLICHSEIN MIT ZWEI IDEEN:
ICH VERDANKE DIR MEINE FREUDE, UND
DU VERDANKST MIR DEINE.

AM ENDE WIRD ALLES GUT SEIN,
UND WENN ES EINMAL NICHT GUT IST,
DANN IST ES NOCH NICHT ZU ENDE.

ALLES GESCHIEHT AUS LIEBE.

DES RÄTSELS LÖSUNG

Wenn du ein Boot in den Fluss schiebst,
und es dann tausend Meilen fährt bis zum Meer,
wem gebührt das Verdienst für die Reise:
dem Schiebenden oder dem Fluss?
Der Seetüchtigkeit des Bootes!

ANHANG

DANKSAGUNGEN

Die Autoren danken allen, die mitgeholfen haben, dass dieses Buch Wirklichkeit geworden ist. Allen voran dem Team vcn Trinergy®International, geführt von Viktoria Wunder, und den Teilnehmern der Seminare von Trinergy®International für ihre Anregungen.
Monika Braun für die Erstellung der Grafiken.
Maria Gawlas, Petra Heidler, Annika Harmsen. Silke Karger, Christoph Vitr und Uta Kenda für ihre Geduld und Mitarbeit.
Otto Knapp, Renate Wustinger, Steve DeShazer, Wyatt Woodsmall und allen DJs von CHINA für Inspiration, Ermutigung und den kollegialen Austausch.

Literaturliste

ARISTOTELES: Hauptwerke. (Alfred Kröner Verlag, Stuttgart 1977)

BANDLER, Richard & GRINDER, John: Kommunikation und Veränderung. Struktur der Magie 2. (Junfermann, Paderborn 1976)

BANDLER, Richard & GRINDER, John: Metasprache und Psychotherapie – die Struktur der Magie I. (Junfermann, Paderborn 1994, 8. Auflage)

BANDLER, Richard & GRINDER, John: Neue Wege der Kurzzeittherapie. (Junfermann, Paderborn 2001, 13. Auflage)

BATESON, Gregory: Ökologie des Geistes. (Suhrkamp, Frankfurt 1980)

BATESON, Gregory: Geist und Natur. (Suhrkamp, Frankfurt 1982)

BERNE, Eric: Transaktionsanalyse der Intuition. Ein Beitrag zur Ich-Psychologie. (Junfermann, Paderborn 1999, 3. Auflage)

BOERNER, Moritz: Byron Katies The Work. Der einfache Weg zum befreiten Leben. (Goldmann, München 1999)

BRAUN, Roman: NLP – Eine Einführung. Kommunikation als Führungsinstrument. (Ueberreuter, Wien 1999, 2. Auflage)

BRAUN, Roman: NLP für Chefs und alle, die es werden wollen. (Ueberreuter, Wien 2000, 2. Auflage)

BRAUN, Roman: Die Macht der Rhetorik. (Ueberreuter, Wien 2001)

CHOMSKY, Noam: Syntactic Structures. (Mouton & Co., Den Haag 1957)

DAMASIO, Antonio: Descartes' Irrtum. (dtv, München 1997)

DAMASIO, Antonio: Ich fühle, also bin ich. (List Verlag, München 1999)

DE SHAZER, Steve: „Worte waren ursprünglich Zauber". Lösungsorientierte Therapie in Theorie und Praxis. (Verlag Modernes Lernen, Dortmund 1996)

DE SHAZER, Steve: Der Dreh. Überraschende Wendungen und Lösungen in der Kurzzeittherapie. (Carl Auer Systeme Verlag, Heidelberg 1999)

DILTS, Robert & BANDLER Richard, GRINDER John, DELOZIER Judith (Hrsg.): Strukturen subjektiver Erfahrung, ihre Erforschung und Veränderung durch NLP. (Junfermann, Paderborn 2003, 6. Auflage)

ERICKSON, Milton & ROSSI, Ernest: Hypnotherapie. Aufbau, Beispiele, Forschungen. (Klett-Cotta, Stuttgart 2001)

FARRELY, Frank & BRANDSMA, Jeffrey M.: Provokative Therapie. (Springer Verlag 2001)

FELDENKRAIS, Moshe: Die Entdeckung des Selbstverständlichen. (Suhrkamp, Frankfurt 1987)

FOERSTER, Heinz von: KybernEthik. (Merve Verlag, Berlin 1993)

FRANKL, Viktor: Logotherapie und Existenzanalyse. (Quintessenz, München 1994)

GENDLIN, Eugene: Focusing, Technik der Selbsthilfe bei der Lösung persönlicher Probleme. (Otto Müller Verlag, Salzburg 1981)

GLASERSFELD, Ernst von: Wege des Wissens. Konstruktivistische Erkundungen durch unser Denken. (Carl Auer, Heidelberg 1997)

GROVE, David & PANZER, B.: Das Trauma heilen, Metaphern und Symbole in der Psychotherapie (Verlag für Angewandte Kinesiologie, Freiburg 1992)

HELLINGER, Bert: Die Quelle braucht nicht nach dem Weg zu fragen. (Carl Auer Systeme Verlag, Heidelberg 2001)

JAMES, Tad & WOODSMALL, Wyatt: Time Line. (Junfermann, Paderborn 1991)

KANT, Immanuel: Kritik der reinen Vernunft. Philosophische Bibliothek, Bd. 37a. (Verlag von Felix Meiner, Leipzig, 1930)

KANT, Immanuel: Kritik der Urteilskraft. Werkausgabe X. (Suhrkamp Taschenbücher, 1968; © Inselverlag, Wiesbaden 1957)

LINKE, Detlef: Das Gehirn. (Verlag C.H. Beck, München 1999, 2. Auflage)

MC ADAMS, Dan: The Stories We Live By: Personal Myths an the Making of the Self. (Guilford Publications, 1997)

PANIKAR, Raimon: Der Dreiklang der Wirklichkeit. Die kosmotheandrische Offenbarung. (Verlag Anton Pustet, Salzburg 1995)

PERLS, Fritz: Grundlagen der Gestalttherapie. Einführung und Sitzungsprotokolle. (Klett-Cotta, Stuttgart 2002)

ROSENBERG, Marshall: Gewaltfreie Kommunikation. (Junfermann, Paderborn, 2001)

SATIR, Virginia: Kommunikation, Selbstwert, Kongruenz. (Junfermann, Paderborn 1996, 5. Auflage)

SCHOPENHAUER, Arthur: Die Welt als Wille und Vorstellung I. Band 2. (Mundus Verlag, Deutschland 1999)

SHAPIRO, Francine & EMDR, Eye Movement Desensitization and Reprocessing, Grundlagen & Praxis, Handbuch zur Behandlung traumatisierter Menschen. (Junfermann, Paderborn 1998)

SMULLYAN, Raymond: Das Tao ist Stille. (Fischer Taschenbuch Verlag, Frankfurt am Main, 1997)

SPINOZA, Benedictus de: Die Ethik, Lateinisch und Deutsch. (Phillip Reclam jun. GmbH & Co, Stuttgart 1977)

STEINER, Rudolf: Das Geheimnis der Trinität. Der Mensch und sein Verhältnis zur Geisteswelt im Wandel der Zeiten. (Rudolf Steiner Verlag, Dornach 1970)

TULKU, Tarthang (Hrsg): Die Drei Juwelen. Buddha, Dharma und Sangha. (Dharma-Publishing Deutschland, Münster 1996)

TURNING, Alan: „Computing Machinery and Intelligence" (Mind, Vol. 59, 1950, No. 236, pp. 433-460)

WATZLAWICK, Paul: Wie wirklich ist die Wirklichkeit? Wahn, Täuschung, Verstehen. (Piper, München 1976)

WEBER, Gunthard (Hrsg.): Praxis der Organisationsaufstellungen (Carl Auer Systeme Verlag, Heidelberg 2000)

WIPPICH, Jürgen & DERRA-WIPPICH, Ingrid: Lachen lernen. Einführung in die Provokative Therapie Frank Farrellys. (Junfermann, Paderborn 1996)

WOI, Amatus: Trinitätslehre und Monotheismus. Die Problematik der Gottesrede und ihre sozio-politische Relevanz bei Jürgen Moltmann. (Europäischer Verlag der Wissenschaften, Frankfurt am Main 1998)

ZEIG, Jeffrey (Hrsg.): Meine Stimme begleitet Sie überall hin. Ein Lehrseminar mit Milton H. Erickson. (Klett-Cotta, Stuttgart 2003)

PERSONEN- UND SACHREGISTER

KONTAKT

Die Autoren sind für Fragen und Anregungen zu erreichen über
Trinergy International
Linzer Straße 77
A-1140 Wien
Österreich
Tel.: (+43 1) 985 10 60
Homepage: www.trinergy.at
Auf obiger Internet-Seite ist auch der Primär-Energien-Test zu finden.